mandelbaum *verlag*

MARGOT
FISCHER

ESSBARE WILDPFLANZEN FÜR EINSTEIGER

mandelbaum *verlag*

Der Inhalt dieses Buches wurde mit größter Sorgfalt verfasst und geprüft. Dennoch ist seitens der Autorin und des Verlages eine Garantie oder Haftung ausgeschlossen. Die Hinweise zu Heilwirkungen und medizinischen Anwendungen der Pflanzen sind nicht als Anregung zur Selbstmedikation zu verstehen und ersetzen nicht die Konsultation medizinischer oder pharmazeutischer Fachkräfte.

Bildnachweis
Werner Arnold: Seiten 17, 27, 29, 33, 40, 42, 44, 50, 57, 62, 65, 68, 69, 75, 77, 83, 85, 87, 92, 95, 97, 101, 115, 117, 120, 121, 122, 123, 127, 133, 138, 141
Michael Baiculescu: Seiten 3, 6, 8, 11, 13, 14, 21, 23, 28, 31, 37, 45, 46, 48, 53, 55, 59, 73, 76, 81, 88, 96, 99, 104, 106, 107, 108, 111, 113, 119, 125, 126, 127, 129, 131, 135, 143, 144
Verena Hammerschmidt: Seiten 241–244
iStock: Seiten 15, 19, 49, 61, 71, 74, 91, 103, 124, 136, 140
Margot Fischer: Seiten 5, 24, 25, 36, 38, 39, 47, 56, 60, 79, 80, 94, 98, 105, 118, 132, 150, 153, 155, 159, 163, 167, 173, 175, 179, 181, 191, 194, 197, 207
Bertram Till: Seite 82

mandelbaum.at • mandelbaum.de

ISBN 978-3-99136-0018

2. Auflage 2023

Lektorat: Katharina Wind
Satz und Umschlag: Michael Baiculescu
Umschlagillustration: Linda Wolfsgruber
Druck: Interpress, Budapest

INHALT

Unkraut gibt's nicht!

Viele gute Gründe, Wildpflanzen zu genießen 7
Eine kleine Kulturgeschichte der Wildpflanzen 8
Wann sammeln? 10
Was mitnehmen? 11
Wo sammeln? 12
Was sammeln? 12
Ein Spaziergang in die essbare Wildnis 12

DIE STANDORTE

Wegrand, Brachland und Schotterfläche 14
Acker 49
Wiesen 61
Rasen 61
Fettwiese 74
Mager- und Trockenrasen ... 82
Ufer, Feuchtwiese und Sumpf .. 91
Auwald 94
Hecke und Gebüsch 103
Laub- und Mischwald 124
Moor und Heide 140
Hochland und Gebirge 143

DIE PFLANZEN

Acker-Senf 15
Bärenklau, Wiesen- 46
Bärlauch 95
Berberitze 104
Birke 17
Bocksbart, Wiesen- 80
Brombeere 106
Brennnessel, Große 50
Brunnenkresse, Echte 92
Dost, Gewöhnlicher 83
Eberesche 108
Edelkastanie 125
Eselsdistel 19
Franzosenkraut, Kleinblütiges .. 55
Gänseblümchen 62
Giersch, Gewöhnlicher 22
Gundelrebe 65
Guter Heinrich 24
Hasel 111
Heidelbeere 141
Himbeere 113
Hirtentäschel, Gewöhnliches ... 57
Holunder, Schwarzer 115
Hopfen 97
Huflattich 27
Klette, Große 29
Knoblauchsrauke 31
Kornelkirsche 118
Labkraut, Echtes 85
Linde, Sommer- 129

Löwenzahn 68
Melde, Spießblättrige..........59
Nachtkerze, Gewöhnliche......33
Nelkenwurz, Echte............133
Pastinak, Gewöhnlicher........75
Portulak 36
Quendel, Echter 88
Robinie 38
Sanddorn..................... 40
Sauerampfer *und* Verwandte ..77
Scharbockskraut 99
Schlehdorn 120
Spitzwegerich *und* Verwandte.42
Springkraut, Großes 136
Vogel-Sternmiere 71
Erdbeere, Wald-..............127
Veilchen, Wohlriechendes 138
Waldmeister 101
Weidenröschen, Wald-.........44
Wild-Rose 122
Zirbe 144

146 Sammelkalender

150 DIE KULINARISCHEN SEITEN

Wilde Keimsprossen..........150
Smoothies, Bowls & Snacks ... 151
Vorspeisen, Salate und kleine Gerichte 156
Suppen 171
Für den großen Hunger.......176
Für wilde Naschkatzen........188
Delikater Vorrat und willkommene Geschenke 200
Flüssige Schätze.............213

218 Die wilde Hausapotheke
229 Die wichtigsten Inhaltsstoffe
234 Wilde Gartenhelfer
235 Haltbar machen
238 Wildpflanzen selbst ziehen
238 Anpflanzen
241 Botanische Begriffe
245 Rezeptverzeichnis
248 Die Autorin

UNKRAUT GIBT'S NICHT!
Viele gute Gründe, Wildpflanzen zu genießen

Als »Unkraut« werden sie beschimpft. »Beikräuter« nennt sie politisch korrekter und dennoch herablassend der Fachjargon. Wanderschuhe zertreten sie achtlos. Mordlustig schwingen Gärtner und Bauern allerlei Geräte und Chemikalien gegen den vermeintlichen Feind – und vernichten damit das Kostbarste, das auf ihrem Land wächst.

Wildpflanzen sind wesentlich reicher an wertvollen Inhaltsstoffen als Zuchtpflanzen. Neben den hohen Gehalten an Vitaminen, Mineralstoffen, Spurenelementen, Aminosäuren, Chlorophyll und Ballaststoffen liefern sie große Mengen an Antioxidantien, Omega-3-Fettsäuren und vieles mehr. Die Vogel-Sternmiere zum Beispiel bietet im Vergleich zu Kopfsalat die achtfache Menge an Vitamin C, siebenmal so viel Eisen, dreimal so viel Magnesium und Kalium sowie doppelt so viel Kalzium und Vitamin A. Während Orangen lediglich 50 Milligramm Vitamin C pro 100 Gramm liefern, enthält die gleiche Menge Sanddorn rund 500 Milligramm, Wald-Erdbeeren 600 Milligramm, Hagebutten je nach Sorte und Reife 500–1.500 Milligramm. Darüber hinaus enthalten Wildpflanzen eine Vielzahl weiterer hochwirksamer Substanzen zur Stärkung und Heilung in natürlicher Form und Zusammenstellung, die in dieser Vielfalt und Qualität weder von Zuchtpflanzen noch von Nahrungsergänzungsmitteln geboten werden können, wie die Übersicht im Anhang zeigt.

Wildpflanzen benötigen zum Gedeihen keinen pflegenden Hofstaat, keine Maschinen, keine Herbizide, Pestizide oder Fungizide, keinen Kunstdünger, kein klimatisiertes Glashaus, keine künstliche Bewässerung. Sie wachsen in unserer Nähe und werden daher nicht unreif geerntet, mit haltbarkeitsverlängernden Mitteln behandelt und üppig verpackt, um danach einen Transport über weite Strecken und lange Lagerzeiten zu überstehen. Nicht zuletzt werden wegen Wildpflanzen keine Menschen ausgebeutet oder gar ihres Landes beraubt, auch keine klimatechnisch essenziellen Wälder gerodet, um Anbauflächen für Konzerne zu schaffen.

Wildpflanzen gedeihen an den unwirtlichsten Standorten unter extremsten Bedingungen. Sogar der mächtige Global Player Monsanto verliert den Kampf gegen diese Überlebenskünstler: Während erst aufwendige Gentechnik Zuchtpflanzen gegen die Pestizide der Firma resistent gemacht hat, wachsen mittlerweile auf den mit Tonnen von Gift besprühten Flächen schon wieder munter die wilden Kerle, die kein Labor nötig haben, um sich gegen die chemischen Keulen zu immunisieren. Bei Wildpflanzen steht nicht die Menge im Vordergrund, sondern die Vitalität. Sie sind Konzentrate an wirksamen Substanzen, die ihr Überleben sichern. Für uns werden sie dadurch bereits in kleinen Mengen genossen zu probaten Mitteln zur Gesunderhaltung. Es ist kein Zufall, dass bahnbrechende Medikamente wie die Präparate mit Salicylsäure oder Digitalis auf Pflanzenwirkstoffe zurückgehen. Auch die Entwickler von hochwertiger Technologie und Kosmetik bedienen sich zunehmend bei der Natur.

Eine kleine Kulturgeschichte der Wildpflanzen

Seit Millionen von Jahren nähren und heilen Wildpflanzen und bieten das Ausgangsmaterial für Kleidung, Seile, Farben, Gerbstoffe, Waschmittel und Papier. Viele von ihnen haben sich seit prähistorischen Zeiten kaum verändert – ein Zeichen für eine ausgesprochen erfolgreiche Entwicklung, der die Evolution kaum etwas hinzufügen musste. Als die Menschen noch intensiveren Kontakt zur Natur hatten und damit Gelegenheit, das vielschichtige Zusammenspiel zahlreicher Faktoren zu beobachten, war ihnen die Bedeutung der Wildpflanzen durchaus bewusst. Selbst nachdem Weidewirtschaft und Ackerbau bereits weitgehend in ursprüngliche Landschaften eingegriffen hatten, blieben zumindest Feldraine und Heckenbereiche unberührt. Nicht ohne Grund: Perfekt an die Standorte angepasst, bieten die Pflanzen in diesen komplexen Systemen jenen Tieren einen Lebensraum, die Bauern und Gärtnern bei der Lockerung und Belüftung der Scholle sowie dem Schutz der Ernte vor allzu gefräßigen Insekten helfen. Die widerstandsfähigen Wildpflanzen hemmen sogar bei Regenmangel und Stürmen das Austrocknen und die Erosion des Bodens. Auch die Gewächse selbst tragen zur Auflockerung des Bodens und zum Nährstoffeintrag bei, ernähren bestäubende

Insekten und halten unangenehmes Getier fern.
Im Übergang vom Sammeln wilder Pflanzen zum systematischen Anbau von durch gezielte Selektion veränderten Zuchtsorten blieben beide Versionen der Nahrungsbeschaffung lange Zeit parallel bestehen. In Anlehnung an antike medizinische Schriften, in denen die Nahrung als entscheidender Faktor zur Gesunderhaltung und Genesung anerkannt war, boten bis in die späte Neuzeit heilkundliche Werke neben Anleitungen für medizinische Zubereitungen auch zahlreiche Rezepte für Gerichte mit Wildpflanzen. Wie stark der Gedanke der Heilkraft der Nahrung verankert war, zeigt sich über Jahrhunderte in den Vorworten zahlreicher Kochbücher, in denen der Koch als der beste Arzt dargestellt ist. Entsprechend enthielten selbst Rezeptsammlungen der gehobenen bürgerlichen und der höfischen Küche bis ins 19. Jahrhundert ein breites Spektrum an Wildpflanzen als Zutaten und zwar nicht nur, aber auch in Diätspeisen, vor allem gegen die »Krankheiten der Könige« wie Gicht, Organbeschwerden und Stoffwechselprobleme.
Allerdings veränderte die Entwicklung der Landwirtschaft die Ernährungsweise gravierend. Wildpflanzen blieben zwar als Heilmittel in Verwendung, ernährungstechnisch wurden sie jedoch zunehmend zur »Speise des armen Mannes«. Doch selbst der »arme Mann« büßte im Zug der zunehmenden Industrialisierung und Verstädterung diese Quelle ein. Sukzessive schwand das Wissen um die Wirkungen und Verwendungsmöglichkeiten von Wildpflanzen. Die Fokussierung auf wenige Arten von Getreide und Knollen (in der nördlichen Hemisphäre die Kartoffel) als Grundnahrungsmittel war in mehrerlei Hinsicht problematisch. Sie verdrängte den ursprünglichen Abwechslungsreichtum; die Ausgewogenheit ging ebenso verloren wie die Versorgung mit wichtigen Inhaltsstoffen. Neben dem Qualitätsverlust der Kost stieg zudem in Monokulturen durch Vernichtung der gesamten Ernte bei Auftreten von Pflanzenkrankheiten die Gefahr weiträumiger Hungersnöte, die zuvor noch durch Wildsammlung abgefedert werden konnten. Bedeutung als Nahrungsmittel behielten Wildpflanzen lediglich in abgelegenen Regionen (etwa im Nordosten Thailands, wo sie auch auf Märkten noch einen beachtlichen Anteil des Warenangebotes ausmachen) sowie als Bestandteil der traditionellen Frühjahrskuren nach den vitalstoffarmen Wintern und – bis heute – als Erinnerung an archaische Kultspeisen

in Form von Gründonnerstagskrapfen, Neunerleisuppen und -küchlein, Gorebelküchlein oder die grüne Sauce zum Aal. Bemerkenswert ist der seit der Frühgeschichte erfolgreiche Einsatz von Wildpflanzen zur Abwehr unsichtbarer negativer Elemente. Die »Hexen, Geister und Dämonen«, die Mensch und Tier bedrohten, sind seit der Erfindung des Mikroskops als Bakterien, Pilze und Viren identifiziert. Darüber hinaus schlossen diese Begriffe ebenso psychische Faktoren ein und zeugen damit bereits von einem tiefen Verständnis des Zusammenspiels von Körper und Geist. Diese Verbindung konnte in jüngerer Zeit unter anderem mit dem Nachweis des Einflusses des Darmmikrobioms auf die Stimmungslage wissenschaftlich untermauert werden. Dieses Verständnis für größere Zusammenhänge führte zu klugen Anwendungen, die mehreren Anforderungen gleichzeitig gerecht werden. Eines der besten Beispiele ist das »Bettstroh«: Gebärenden und Wöchnerinnen, die zu den besonders gefährdeten Gruppen zählten, legte man spezielle Kräuter in Kissen und Matratzen, um sie nicht nur vor Infektionen zu schützen, sondern auch zu beruhigen, zu entspannen und die Stimmung aufzuhellen.

Bekannt war überdies der Wert von Wildpflanzen als Weide für Insekten, die essenziell für die Bestäubung und damit die Sicherung der Ernte sind. So ließ man etwa selbst im aufgeräumtesten Garten eine Ecke mit Brennnesseln stehen – für den gichtkranken Opa ebenso wie für Bienen und Schmetterlingsraupen.

Wann sammeln?

Zum Sammeln eignet sich am besten ein niederschlagsfreier Tag, für Kräuter und Blüten vorzugsweise der frühe Vormittag, sobald der Tau getrocknet ist, für Früchte der frühe Nachmittag. Wenig sinnvoll ist das Sammeln nach langen Regenperioden, da dadurch einige Inhaltsstoffe, im Besonderen jedoch das Aroma, ausgeschwemmt werden.

Für kulinarische Zwecke ist bei Kräutern und Blüten vor allem im Frühling und Frühsommer Hochsaison. Angesichts des Klimawandels verschieben sich allerdings teilweise die Wachstumsperioden der Pflanzen. Immer öfter gibt es bereits Ende Februar eine reiche Auswahl. Ausnehmend zart und aromatisch sind die Knospen und jungen Pflanzentriebe, die überdies besonders reich an wertvollen Inhaltsstoffen sind. Auf Wiesen, die gemäht werden, wachsen immer wieder junge Pflänzchen nach – so lässt sich die Sammelsaison verlängern, ebenso durch Abschneiden der Blütenansätze. Im Sommer verlocken vor allem aromatische Gewürzpflanzen, zum Herbst hin Früchte und Wurzeln. Doch auch im Winter wachsen sogar unter Schnee noch einige Wildkräuter wie das Gänseblümchen und die Vogel-Sternmiere.

Traditionell sammelt man Blätter und Blüten während der Phase des zunehmenden Mondes, unterirdische Teile während des abnehmenden Mondes. Für magische Zwecke ist vorwiegend der Vollmond als optimaler Zeitpunkt überliefert, seltener der Neumond. Die Überlieferung kennt auch spezielle Sammeltage, an denen die Pflanzen die optimale Konzentration an Wirkstoffen aufweisen oder die sich an archaischen kultischen Kalendern orientieren. Heute sind viele dieser Termine durch christliche Feiertage ersetzt. Am weitesten verbreitet sind die Walpurgisnacht am 30. April, Belta(i)ne am 1. Mai, die Sommersonnenwende am 21. Juni, der Johannistag am 24. Juni und der Frauendreißiger ab dem 15. August.

Was mitnehmen?

- Dieses Buch oder ein Pflanzenbestimmungsbuch.
- Bei der Verwendung von Apps zur Identifizierung sollte ein Anbieter mit botanischem Fachwissen und kontrollierten Beiträgen gewählt werden.
- Behälter in verschiedenen Größen, um die Pflanzen nach Sorten getrennt zu halten. Kräftiges Papier und dicht gewebter Stoff eignen sich für die meisten Pflanzen.
- Zum Transport besonders empfindlicher Kräuter und Blüten empfehlen sich Tiefkühlbeutel mit Zippverschluss, in die man ein wenig Luft bläst. Die zarte Feuchtigkeit des Atems und die Polsterung durch die Luft bieten einen guten Schutz gegen Welken und Quetschen. Die Beutel nach Gebrauch gut trocknen lassen und beim nächsten Spaziergang wieder mitnehmen.
- Handschuhe, eine Schere sowie eine kleine Schaufel zum Ausgraben von Wurzeln.

Wo sammeln?

Die besten Sammelplätze liegen möglichst weit weg von viel begangenen Wegen, stark befahrenen Straßen, konventionell (mit Herbiziden und Pestiziden) arbeitenden landwirtschaftlichen Betrieben sowie Fabriken. In Naturschutzgebieten ist das Sammeln nicht gestattet. Bei Futterwiesen und Äckern empfiehlt es sich, den Besitzer vor dem Sammeln zu fragen und sich nur an den Rändern zu bewegen.

Bäche, die durch Weideflächen geflossen sind, können Larven des Leberegels enthalten und sind daher zu meiden. Aufgrund der steigenden Zahl an Füchsen, die mancherorts bereits in die Städte vordringen, ist vor allem in Westösterreich, Süddeutschland und der Ostschweiz in Regionen, die nicht flächendeckend mit medikamentösen Ködern gegen den Fuchsbandwurm ausgestattet sind, vom Verzehr ungewaschener Pflanzen und Früchte auch aus dem eigenen Garten abzuraten. Eine Ansteckung erfolgt allerdings vorwiegend durch das Streicheln oder Abgelecktwerden durch Haustiere, die in befallenen Gebieten unterwegs waren.

Was sammeln?

Pflücken soll man nur eindeutig identifizierte Pflanzen, die nicht unter Naturschutz stehen. Stark verschmutzte sowie von Insekten oder Pilzen befallene Exemplare sind nicht geeignet. Zur Arterhaltung von Pflanzen und Tieren sollte von einzelnen Beständen maximal ein Drittel gepflückt werden. Wird die Wurzel nicht benötigt, reißt man das Gewächs nicht aus, sondern schneidet es ab. In jedem Fall ist ein schonender Umgang angebracht, der auch das Vermeiden unnötigen Niedertretens anderer Pflanzen einschließt.

Ein Spaziergang in die essbare Wildnis

Viele Lebensräume von Pflanzen und Tieren sind von den Menschen geschaffen worden. Ursprünglich waren weite Teile der Erde von Wäldern bedeckt. Die Menschen lebten vom Jagen und Sammeln. Mit der – zunächst nomadischen – Viehhaltung entstanden immer größere Weideflächen, da die Tiere junge Bäume und Büsche auffraßen und somit die Wälder zurückdrängten. Mit der Sesshaftwerdung und dem Ackerbau entstanden durch Rodung Wiesen, Äcker und Brachland, auf

denen eine höhere Zahl von Arten gedeiht als in den ursprünglichen Wäldern.
Diese Vielfalt ist allerdings durch allzu einschneidende Eingriffe wieder massiv im Rückgang begriffen. Intensive Landwirtschaft in Monokulturen unter Verwendung von Herbiziden und Pestiziden, die weiträumige Versiegelung des Bodens durch den Bau von Straßen, Häusern und Parkplätzen, immer kleiner werdende Freiflächen und allzu häufig gemähte Rasen in Parks und Gärten sowie nicht zuletzt die Umweltverschmutzung und der damit einhergehende Klimawandel beschleunigen das Aussterben zahlreicher Pflanzen und Tiere in besorgniserregendem Ausmaß. Wie essenziell wichtig die Erhaltung der Vielfalt für das Funktionieren der ineinander verzahnten Ökosysteme ist, wird erst langsam erfasst und gelangt in unser Bewusstsein.
Wildpflanzen wachsen an den unterschiedlichsten Plätzen. Der Bewuchs eines Standortes hängt unter anderem von Bodenbeschaffenheit, Lichteinfall und Feuchtigkeit ab. Manche Pflanzen benötigen besondere Bedingungen, andere sind weniger anspruchsvoll. Der Einfachheit halber sei hier auf die komplizierte Kategorisierung der Fachleute verzichtet und eine Einteilung der Lebensräume getroffen, wie sie auch ohne Spezialwissen auf einem Spaziergang wahrgenommen werden kann. Ausgehend von einem Siedlungsgebiet bewegt sich der Streifzug nach und nach in Richtung Wald.
Aus der Vielzahl existierender essbarer Wildpflanzen sind hier die verbreitetsten kulinarisch und medizinisch ergiebigen Arten ausgewählt. Die Pflanzenportraits beinhalten auch verwandte oder ähnlich aussehende Gewächse. Zur raschen Orientierung sind deren Namen mit einem Farbcode versehen:
Grün bedeutet, die Pflanze ist essbar.
Violett bezeichnet bedingt (nach entsprechender Behandlung) essbare oder kulinarisch unergiebige Gewächse.
Rot steht für: Vorsicht! Giftig.

WEGRAND, BRACHLAND UND SCHOTTERFLÄCHE

Wegränder, Brachen und Schotterflächen (auch Ruderalflächen genann
sind vom Menschen beeinflusst, jedoch nicht bewirtschaftet. Hier wacl
sen vor allem einjährige und Pionierpflanzen. Letztere sind besonders a
passungsfähig und produzieren rasch oder besonders viele Samen, d
durch Wind oder Vögel weit verbreitet werden. An Wegrändern müsse
die Gewächse mit verdichteten Böden zurechtkommen, nutzen jedoch d
durch Fußgänger oder Fahrzeugräder aufgerissenen Stellen zum Keime
Bei Bahndämmen ist zu beachten, dass die meisten Bahnbetreiber an vi
len Stellen zumindest im Frühjahr Herbizide einsetzen. Werden die Fl
chen selten gemäht, setzen sich mehrjährige Pflanzen durch, der Reichtu
an Arten und Blüten steigt. Bei sehr seltener Mahd können sich Sträuch
und Bäume entwickeln.
Besonders häufig vorkommende Arten sind – neben den hier portraitie
ten – Ampfer (S. 77), Dost (S. 83), Gänseblümchen (S. 62), Hirtentäsch
(S. 57), Königskerze (S. 34), Labkraut (S. 85), Löwenzahn (S. 68), Nelke
wurz (S. 133), Portulak (S. 36), Rauken (S. 31), Steinklee und Vogel-Ster
miere (S. 71).

ACKER-SENF

Sinapis arvensis L.
Kreuzblütengewächse (Brassicaceae)

SYNONYME: *Hederich, Wilder Senf*

Bereits in der Antike waren Senfsamen ein beliebtes Nahrungs- und Heilmittel. Feinschmecker schätzten damals vor allem die Samen aus Ägypten. Wegen der kräftigen ätherischen Öle diente Senf auch als Abwehrpflanze gegen Infektionen. Noch heute ist in Indien das Räuchern der Babystube mit Senfsaat üblich. Das Kommando in der Ehe versuchten sich Bräute mit Senfkraut in Schuhen und Strümpfen zu sichern: »Ich hab Senf und Dill, mein Mann muss tun wie ich will.« Shakespeare nennt eine seiner Elfen in seinem *Sommernachtstraum* »Senfsamen« – alle Elfen in diesem Stück sind nach traditionellen Heilmitteln benannt. Auch Zwerge tragen mitunter diesen Namen.

Kennzeichen: Die einjährige Pflanze wird bis 80 cm hoch mit dünner Pfahlwurzel. Der untere Bereich ist meist rau behaart. Frische Blätter laufen an sehr trockenen und warmen Standorten mitunter an der Oberseite violett an. Die unteren Blätter sind gestielt, verkehrt eiförmig und leierförmig gefiedert mit großem, unregelmäßig gezähntem Endabschnitt. Die oberen Blätter sind wesentlich kleiner, sitzend bis kurzgestielt, meist ungeteilt, eiförmig-länglich und unregelmäßig gezähnt. Die schwefelgelben oder weißen Blüten (Mai bis August) mit 4 waagrecht abstehenden Kelchblättern stehen in dichten endständigen Blütenständen. Die Schoten mit

aufgewölbten Fruchtklappen und 3–5 deutlichen Nerven sind über den meist 3 enthaltenen Samen gewölbt und stehen waagrecht oder nach unten gebogen.

Standort: Schuttplätze, Wegränder und Bahndämme in Europa und Asien bis etwa 800 m Seehöhe.

Verwechslungsmöglichkeiten: Schwarzer Senf, *Sinapis nigra L.*, auch Brauner Senf genannt, hat dunkelbraune, sehr scharfe Samen. Er wird in der Homöopathie gegen Gicht und Rheuma, Heiserkeit und Heuschnupfen sowie Sodbrennen eingesetzt. Weißer Senf, *Sinapis alba L.*, mit nach Vanille duftenden Blüten und milderen Samen, dient als Gewürz, Futterpflanze und Dünger.

Sammelzeit: junge Blätter vor der Blüte, Samen von Frühsommer bis Herbst.

Inhaltsstoffe: Eiweiß, Glucosinolate (Sinalbin, Sinigrin), Fettsäuren, Schleimstoffe, Vitamin C.

Medizinische Eigenschaften: antirheumatisch, durchblutungsfördernd, fiebersenkend, hautreizend und verdauungsfördernd.

Mögliche Nebenwirkungen: Da Senf bei allzu großzügiger innerlicher Anwendung Schleimhautreizungen hervorrufen kann, sind große Mengen der Samen bei Reizungen der Harnwege und des Verdauungstraktes nicht empfehlenswert. Das Senföl ist nur äußerlich und verdünnt zu benutzen.

Medizinische Anwendung: Senfkraut dient der Behandlung von Lungenleiden und ausbleibender Menstruation sowie als harntreibendes und verdauungsförderndes Mittel. Leonhart Fuchs schreibt 1543: »... senffs blätter roh und in guter menig gegessen, reyzen zur unkeuschheit.« Auch bei Zahnschmerzen und zur Belebung des Geistes kam Senfsaat zur Anwendung. Senfpflaster legt man bei Bronchitis, Brustfellentzündung, kältebedingter Neuralgie und Rheumatismus auf die schmerzenden Bereiche. In denselben Indikationen kommt Senföl zum Einsatz. Senfspiritus ist als Einreibung bei Muskelschmerzen, Verrenkungen und Verstauchungen sowie Rheuma hilfreich. Vollbäder mit 500 g Senfmehl leiten eine Schwitzkur bei beginnender Erkältung ein. Bei kalten Füßen streut man Senfmehl in die Socken. Die Bachblütenessenz *Mustard* wird bei Depressionen und Verlust des seelischen Gleichgewichts angewendet. In der Traditionellen Chinesischen Medizin ist Senf der Lunge zugeordnet.

Kulinarische Verwendung: Junge Sprosse, Wurzeln sowie Blätter würzen Salate und Gemüsegerichte. Blüten und Samenhülsen sind aromatischer Dekor. Die Samen dienen zum Keimen oder Einlegen von Gemüse und Pilzen. Geröstete Samen aromatisieren Saucen und Chutneys. Seit dem 13. Jahrhundert werden Senfsamen zerstoßen und mit Most – daher der Name »Mostrich« – oder dem Saft unreifer Trauben zu einer Würzpaste vermengt. Die im Süden Italiens und auf Sizilien lebenden Arbëresh bereiten noch heute traditionelle Speisen mit Acker-Senf zu.

BIRKE

Hängebirke: Betula Roth
Birkengewächse (Betulaceae)

SYNONYME: *Besenbaum, Besenbirke, Hängebirke, Frühlingsbaum, Maibaum, Moorbirke, Sandbirke, Warzenbirke, Weißbirke*

Das langersehnte Erscheinen der ersten grünen Blätter im Frühling wurde mit der Hochzeit der Urmutter Erde mit dem Himmel als Symbol für das Wiedererwachen der Natur gefeiert. Bis heute gilt daher eine Hochzeit im Mai als besonders Glück bringend.
Die symbolische Bedeutung der Birke sowie ihre medizinischen Eigenschaften prädestinieren sie zur Verwendung für Reinigungszeremonien nach dem Winter. Die Feste der Frühlingsgöttinnen Ostara und Brigid, in der christlichen Mythologie Maria Lichtmess, sind noch eng verbunden mit indogermanischen Reinigungsritualen, die auch im Brauchtum um die indische Göttin Saraswati bestehen blieben – ihre Attribute sind der Schwan und die Birke. Saraswati ist auch die Göttin des Redeflusses und so verwundert es nicht, dass die Veden, die Schriften der altindischen Religion, ursprünglich auf Birkenrinde geschrieben waren.
In nordischen Gebieten wird die »Unreinheit der Dunkelheit« mit Birkenreisig ausgekehrt und in Schwitzbädern mit Birkenruten ausgeschlagen. Ebenso erhalten hat sich lange Zeit das »Pfeffern« oder »Schmackostern«: Ein Schlag zwischen die Beine sollte Mädchen und Frauen Fruchtbarkeit bringen, während man »brüchige« Männer mit Birkensaft wieder fit machte. In unseren Breiten erinnert der Maibaum noch an germanisches Frühjahrsbrauchtum.
Als Baum der Weisheit lieferte die Birke auch die Ruten, mit denen Schülern der Lehrstoff eingebläut wurde. Das Harz verwendete man seit der Altsteinzeit zum Abdichten von Gefä-

ßen. Die Rinde diente zum Bau von Häusern und Kanus, als Umhang und Gamaschen, als preisgünstiger Papierersatz sowie zum Gerben mit feinem Dufteffekt. Derart behandelte Häute nannte man Juchtenleder oder Peau d'Espagne.

Kennzeichen: Der Baum wird 20–30 m hoch. Die glänzend goldbraune Rinde nimmt im Alter das typische weiß-seidige Aussehen mit schwarzen Querstreifen an. Typisch sind auch die hängenden Zweige. Die Blätter sind wechselständig, 3-eckig bis rautenförmig, am Rand scharf doppelt gesägt. Von April bis Mai erscheinen die Blüten. Die männlichen Kätzchen sind ungestielt, gelborange und lang. Die weiblichen Zapfen sind grünlich, kurz, gestielt, mit rötlichen Narben. Die Früchte sind kleine geflügelte Nüsschen.
Standort: Wälder, Brachland, Heiden und Moore in nicht zu trockenen Zonen Europas, Asiens und Nordamerikas bis etwa 2.000 m Seehöhe.
Sammelzeit: Blattknospen im März, Saft März bis Mai, Blätter und Rinde Mai bis September.
Verwechslungsmöglichkeiten: Die kleinere **Moorbirke**, *Betula pubescens L.*, wird ähnlich wie die Hängebirke verwendet. Ihre jungen Zweige sind behaart und hängen nicht.
Inhaltsstoffe: ätherisches Öl, Bitterstoffe, Flavonoide, Gallussäurederivate, Gerbstoffe, Glykoside, Harze, Invertzucker, Mineralstoffe, organische Säuren, Phenole, Phytosterine, Saponine, Triterpene (u. a. Betulin) und Vitamin C.
Medizinische Eigenschaften: blutreinigend, stark entwässernd, gallensekretionsfördernd, wundheilend, schweißtreibend und antiseptisch.
Mögliche Nebenwirkungen: Es sind allergische Reaktionen auf die Pollen möglich. Bei eingeschränkter Herz- oder Nierenfunktion soll Birke – wie alle entwässernden Pflanzen – nicht verwendet werden. Der Teer reizt die Haut, eine Eigenschaft, die für Einreibungen genutzt wird.
Medizinische Anwendung: Schon die Germaninnen tranken Birkensaft für ihre Schönheit. Saft und Rinde wirken als Frühjahrskur, bei Cellulitis, Gicht, Haarausfall, Hauterkrankungen, Nierensteinen, Ödemen, Rheuma, Übergewicht, Schweißausbrüchen und Wunden, auch in der Veterinärmedizin. Die Traditionelle Chinesische Medizin ordnet der Birke Blase, Herz, Leber und Niere zu.
Kulinarische Verwendung: Die Blütenknospen und die zarten jungen Blätter eignen sich für Salate und Gemüsezubereitungen. Getrocknete Blätter dienen als Gewürz. Aus dem durch Ritzen der Rinde gewonnenen Pflanzensaft werden Sirup, Bier, Essig, Wein und Spirituosen hergestellt. Die Indigenen Nordamerikas retteten sich mit der Vitamin-C-reichen zarten Innenrinde über die langen Winter. Die gekochte Innenrinde ergibt im Frühjahr gute Gemüsegerichte.

ESELSDISTEL

Onopordum acanthium L.
Korbblütengewächse (Asteraceae)

Synonyme: *Faule Knechte, Frauendistel, Krampfdistel, Krebsdistel, Pudelhund, Wegdistel*

Das Landessymbol Schottlands ist die Distel auf blauem Grund. Der Sage nach sollen im 13. Jahrhundert Wikingerhorden durch Schottland gezogen sein und dabei versucht haben, nachts eine Gruppe schottischer Männer zu überfallen. Die barfüßigen Wikinger verrieten sich jedoch durch ihre Schmerzenslaute, nachdem sie auf die Disteln getreten waren, die rund um das schottische Lager wuchsen. Die realistischere Erklärung für die Wahl der Distel als Symbol Schottlands ist wohl die Tatsache, dass vor der Kennzeichnung der Clans durch eigene Stoffmuster die Schotten zur Unterscheidung von Freund und Feind Pflanzen an Kleidung oder Hüten trugen – das *Clan Plant Badge* des Königshauses Stuart war die Distel. 1687 wurde *The Most Ancient and Most Noble Order of the Thistle* gestiftet, der in der Rangordnung britischer Orden gleich an zweiter Stelle hinter dem Hosenbandorden steht. Die baumwollartige Behaarung der Stängel wurde früher zur Befüllung von Kissen benutzt. Das Öl aus den Samen diente neben kulinarischen Zwecken auch als Lampenöl und zum Heizen.

Kennzeichen: Die zweijährige Pflanze wird bis 2 m hoch, hat eine kräftige rübenförmige Wurzel und einen grau-filzigen Überzug, der allerdings bei ungünstigen Bodenverhältnissen auch fehlen kann. Die aufrechten Stängel sind starr, kurz, verzweigt und breit dornig geflügelt. Die wechselständigen Blätter sind elliptisch und unregelmäßig gezähnt, die Grundblätter sehr groß, die Stängelblätter haben eine am Stängel entlanglaufende Basis. Die hell purpurnen, stacheligen Blüten (Juli bis September) mit fleischigen Köpfchenböden stehen an den Enden der Stängeläste. Die Fruchtknoten sind unterständig, zur Fruchtzeit flach und 4-kantig mit haarigem Flugorgan, das in früheren Zeiten versponnen wurde.

Standort: Äcker, Bahndämme, Schutthalden und Wegränder in ganz Europa über Vorderasien bis in den Iran bis etwa 1.200 m Seehöhe.

Sammelzeit: Blätter Mai bis August, Blüten Juli und August, Mark Mai bis September, Wurzel im Frühjahr oder Spätsommer.

Ähnliche Pflanzen: Die **Spanische Artischocke**, *Cynara cardunculus*, auch Kardunkelartischocke genannt, und ihre Verwandten sind vor allem im Mittelmeerraum verbreitet. Sie wird sowohl kulinarisch als auch medizinisch geschätzt; Extrakte der Pflanze sind häufig in Aperitifs und Digestifs zu finden. Die **Nickende Distel**, *Carduus nutans L.*, und ihre Unterarten findet man in ganz Europa mit Ausnahme des hohen Nordens. Die **Kohl-Gänsedistel**, *Sonchus oleraceus L.*, auch Gemüse-Gänsedistel oder Gewöhnliche Gänsedistel genannt, mit gestielten, tief geteilten unteren und lanzettlichen, stängelumfassenden oberen Blättern mit pfeilförmigem Grund ergibt milde grüne Smoothies, Salate und Gemüsegerichte. Auf nährstoffreichen Böden gedeiht die Wurzel rübenförmig und ist ebenfalls als Salat und Gemüse sehr schmackhaft. Die Pflanze wurde früher sogar kultiviert. Die **Scharfe Gänsedistel**, *Sonchus asper L.*, auch Dornige Gänsedistel genannt, hat große Blätter mit dornig gezähntem Rand, die zur Bereitung milder Salate und Gemüse geeignet sind. Die **Acker-Gänsedistel**, *Sonchus arvensis L.,* hat meist tief geteilte Blätter. Kulinarisch ist die Acker-Gänsedistel mäßig interessant. Die **Acker-Kratzdistel**, *Cirsium arvense L.*, auch Felddistel genannt, hat stark verästelte Zweige ohne Blüten. Die länglichlanzettlichen Blätter sind etwas herablaufend, ungeteilt oder fiederspaltig, mit meist leicht gewellten Rändern. Die Blütenkörbchen sind in Rispen angeordnet. Die Pflanze enthält Labenzym, das zur Milchgerinnung benutzt werden kann. Die **Kohl-Kratzdistel**, *Cirsium oleraceum L.*, auch als Federdistel, Kratzdistel, Pinseldistel, Wiesendistel oder Wiesenkohl bezeichnet, ist dornenlos und hat schmackhafte Blätter. Die **Lanzett-Kratzdistel**, *Cirsium vulgare L.*, auch Gemeine Kratzdistel, liefert zarte junge Triebe als Gemüse. Auch die nicht aufgeblühten Köpfchen ergeben feine Gerichte. Die **Sumpf-Kratzdistel**, *Cirsium palustre L.*, wächst an feuchten Standorten. Sie hat relativ kleine Köpfchen, die in Scheindolden angeordnet sind, und stachelig geflügelte Stängel. Die **Stängellose Kratzdistel**, *Cirsium acaule L.*, hat sitzende Köpfchen. Die Blätter sind rosettig angeordnet. Die **Wollige Kratzdistel**, *Cirsium eriophorum L.*, ist in Europa – abgesehen von den nördlichen Teilen – verbreitet und wegen ihrer sehr großen Blütenböden besonders ergiebig. Die **Alpen-Kratz-**

distel, *Cirsium spinosissimum L.*, auch als Stachelige Kratzdistel bezeichnet, hat kleine Köpfchen, doch kräftige Wurzeln, die als Gemüse zubereitet werden. Auch junge Triebe und Blätter sowie die Blüten ergeben delikate Gerichte.

Inhaltsstoffe: Alkaloide, Aesculin, ätherisches Öl, Bitterstoffe (u. a. Cynarin), Enzyme, Flavonglykoside, Gerbstoffe, Inulin und Provitamin A.

Medizinische Eigenschaften: harn- und galletreibend, leberanregend, möglicherweise antiviral.

Mögliche Nebenwirkungen: Bei Allergien gegen Korbblütengewächse sind Reaktionen möglich.

Medizinische Anwendung: Die Eselsdistel ist ein altes Volksheilmittel gegen Diabetes, Husten, Gallenleiden, Geschwüre, Herz- und Verdauungsschwäche, Leberleiden und schlecht heilende Wunden. Das Öl der Samen dient in der Volksmedizin zur Bereitung von Halsumschlägen und als Kosmetikum. Der Saft von Blättern und Wurzeln wird in der begleitenden Krebstherapie eingesetzt. Auch die Homöopathie bietet mit *Onopordon* ein Mittel gegen krebsbedingtes Unwohlsein. Die anthroposophische Medizin setzt die Eselsdistel bei Herzrhythmusstörungen ein.

Kulinarische Verwendung: Triebe und Blätter, am besten vor der Blüte gesammelt, dienen nach Entfernung der Stacheln als Beigabe zu grünen Smoothies, Salaten und Gemüsezubereitungen. Die Blütenböden schmecken wie Artischocken. In manchen Regionen werden sie in Honig eingelegt. Aus den Blüten gewinnen Bewohner des Mittelmeerraumes Lab zur Käseherstellung. Das Mark ist mild. Triebe, Blätter und Mark der Distel werden wie die der Klette zubereitet. Die zartbittere Wurzel lässt sich ebenfalls zu schmackhaftem Gemüse verarbeiten. Wer die Wurzel ganz besonders mild mag, kann sie in Salzwasser garen, um die Bitterstoffe zu entfernen. Allerdings gehen dadurch die wünschenswerten Wirkungen der Bitterstoffe wie die Anregung von Galle, Bauchspeicheldrüse und Leber verloren. Diese Effekte der Bitterstoffe werden gern in Aperitifs und Verdauungslikören genutzt. Die getrockneten Röhrenblüten sind ein ausgezeichnetes Gewürz und Färbemittel. Aus den Samen wird Salatöl gepresst.

GEWÖHNLICHER GIERSCH

Aegopodium podagria L.
Doldenblütengewächse (Apiaceae)

SYNONYME: *Ackerholler, Baumtropfen, Bodenholunder, Dreiblatt, Erdholler, Gesel, Geißfuß, Gichtkraut, Podagrakraut, Sankt Gerhardskraut, Strenzel, Zaungiersch, Zipperleinkraut*

Giersch ist eine altbewährte Heilpflanze, deren Artepitheton *podagria* auf ihre gichtheilende Wirkung hinweist. Der Gattungsname leitet sich ab vom griechischen *aigopodos*, Ziegenfuß, mit Bezug auf die Form der Blätter. Giersch ist eines der Neunerleikräuter, die seit Jahrhunderten der traditionellen Neunstärkesuppe am Gründonnerstag beigegeben werden. Das Rezept geht auf einen angelsächsischen Kräutersegen aus dem 10. Jahrhundert zurück, der die stärksten Heil- und Zauberpflanzen der Druiden beschwört. Im Mittelalter wurde die Pflanze in den Klostergärten als Heilpflanze angebaut. Sie ist dem Heiligen Gerhard geweiht, der als Nothelfer bei Gicht angerufen wird.
Berüchtigt ist die enorme Vitalität der Pflanze, die peniblen Gärtnern schon so manchen Fluch entlockt hat, bei Missernten und in Kriegszeiten jedoch ausgesprochen willkommen war.

Kennzeichen: Die ausdauernde Pflanze wird bis 1 m hoch mit langen unterirdisch wuchernden Ausläufern. Die hohlen Stängel sind kantig gefurcht, oben verzweigt. Die Grundblätter mit 3-kantigen Stängeln sind im Umriss 3-eckig ungeteilt. Der Umriss der mittleren und oberen Blätter ist doppelt 3-zählig mit gestielten, länglich-eiförmigen, gezähnten Abschnitten. Die ersten beiden Seitenabschnitte sind häufig nur 2-spaltig und erinnern an einen Ziegenhuf. Die 5-zähligen weißen Blüten (Juni bis August) stehen in flachen Doppeldolden. Die 2-teilige eiförmige Spaltfrucht ist braun mit helleren Rippen.
Standort: nährstoffreiche Böden im Schatten oder Halbschatten in Europa, Asien und Nordamerika bis etwa 1.800 m Seehöhe.
Sammelzeit: März bis September.
Verwechslungsmöglichkeiten: mit anderen Doldenblütlern. Sichere Unterscheidungsmerkmale sind der 3-eckige Querschnitt durch den Blattstiel und der petersilienwurzelartige Geruch. **Berg-Haarstrang**, *Peucedanum oreoselinum L.*, auch Bergsilge, Bergsellerie oder Grundheil genannt, hat rechtwinkelig bis stumpfwinkelig abstehende Blattfiedern und zusammengesetzte Dolden. Die alte Heilpflanze hat ähnliche Wirkungen wie die Meisterwurz. Hautkontakt mit dem Saft der Pflanze kann bei Sonne Hautreizungen

hervorrufen. Die **Hundspetersilie**, *Aethusa cynapium L.*, hat petersilienartige, glänzende Blätter und zusammengesetzte Dolden. Beim Zerreiben der Blätter entweicht ein unangenehmes Knoblaucharoma. Die Pflanze enthält in geringen Mengen das giftige Alkaloid Coniin, wurde dennoch früher verkocht. Einige Hexensalben enthielten Hundspetersilie. **Gefleckter Schierling**, *Conium maculatum L.*, hat blaubereifte Stängel mit rostroten Flecken an der Basis. Die gesamte Pflanze ist giftig und riecht nach Maus. Am höchsten ist der Coniingehalt in den unreifen Früchten, aus denen in der Antike ein Gifttrank gebraut wurde, den auch Sokrates erhielt.

Inhaltsstoffe: ätherische Öle, Kalzium, Carotin, Eisen, Flavonoide, Kaffeesäure, Kalium, Magnesium, Nitrate, Phosphor, Proteine, Silicium, Vitamine A und C.

Medizinische Eigenschaften: blutreinigend, entgiftend und harnsäuretreibend.

Mögliche Nebenwirkungen: Bei Allergie gegen Doldenblütengewächse sind Reaktionen möglich.

Medizinische Anwendung: Bereits im Mittelalter behandelte man Gicht und Herzgefäßerkrankungen mit frischem Giersch. Der Aufguss getrockneter Blätter wird äußerlich bei Gichtknoten, Hämorrhoiden, Ischias, Rheuma und schlecht heilenden Wunden angewendet. Frische Blätter sind Teil einer Frühjahrskur. Frisch zerstoßene Blättchen lindern die Folgen von Insektenstichen. In der Homöopathie werden mit *Aegopodium* Arthritis und Rheumatismus therapiert.

Kulinarische Verwendung: Die zarten, mild-würzigen Blätter, Blütenknospen und Stiele eignen sich bestens für Smoothies, Kräuterbutter und Aufstriche, Salate, Suppen und Gemüsegerichte, auch als Aroma für Essig und Öl. In Fruchtsaft mehrere Stunden angesetzt ist Giersch eine reizvolle Zutat zur Kräuterbowle. Die Blüten sind delikater Dekor. Ältere Blätter können frisch oder getrocknet wie Petersilie verwendet werden. Die Samen ergeben ein sehr aromatisches Gewürz und feine Keimsprossen.

GUTER HEINRICH

Chenopodium bonus henricus L.
Fuchsschwanzgewächse (Amaranthaceae)

SYNONYME: *Dorfgänsefuß, Ganslkraut, Hundsmilten, Mehlspinat, Schmerbel, Stolzer Heinrich, Wildspinat*

Guter Heinrich ist der Urahn unseres heutigen Spinates und scheint schon unseren Vorfahren gemundet zu haben – im Magen eines Menschen aus der Eisenzeit wurden Samen gefunden. Auch als Färbepflanze fand er Verwendung. In einigen Ländern wird Guter Heinrich noch heute als Gemüse angepflanzt. In unseren Breiten wächst er wild, ist allerdings durch die zunehmende Verstädterung der Dörfer und die intensive Landwirtschaft im Rückgang begriffen.
Zur Entstehung des Namens gibt es mehrere Erklärungen. Althochdeutsch *heim* bedeutet »Hofstatt«, *rich* stand für »gut essbar« und »häufig«. Der Name soll an die Legende vom armen Aussätzigen Heinrich erinnern, der Zusatz »gut« auf die Heilkräfte verweisen. Nach einer anderen Theorie haben die Kobolde der nordischen Sagen Gänsefüße und bewohnen die Pflanze, deren Blätter aussehen wie ihre kleinen Füße. Der Name Heinrich oder Heinz wurde häufig für Elfen und Kobolde benutzt, daher auch die Bezeichnung Heinzelmännchen. Der Pflanzenelf soll bei der Wundheilung helfen, Hautreizungen durch Nesseln lindern und den Milchfluss der Kühe fördern.

Kennzeichen: Die ausdauernde Pflanze wird 20–80 cm hoch und hat eine fleischige, weiße, mehrköpfige Pfahlwurzel. Die Stängel sind grün mit bräunlich-roten Riefen. Die 3-eckig-spießförmigen Blätter sind gestielt, grasgrün, fleischig, am Rand wellig. Junge Blätter sind unterseits mehlig bestäubt. Die kleinen grünlichen bis zartrosa Blüten (April bis Juli) stehen knäuelartig in endständigen ährenförmigen, oft nickenden Rispen. Die Pflanze ist leicht klebrig. Die Früchtchen enthalten jeweils 1 Samen.

Standort: Wiesen und Wegränder, Schuttplätze, häufig in der Nähe von Häusern und Ställen, auf nährstoff- (v. a. stickstoff)reichen Böden in Mitteleuropa bis etwa 3.000 m Seehöhe, in Nordamerika durch Siedler eingeschleppt.

Sammelzeit: Mai bis August vor der Blüte. Da in einigen Regionen der Gute Heinrich selten geworden ist, sollten zum Erhalt wildwachsender Bestände jeweils nur wenige Pflanzen entnommen und Samenstände erhalten werden.

Verwandte: Die verschiedenen Amarant-Arten sind einander ähnlich und weitgehend ident verwendbar. **Weißer Gänsefuß**, *Chenopodium album L.*, die **Gartenmelde,** *Atriplex hortensis L.*, und die **Spreizende Melde**, *Atriplex patula L.*, auch Sparrige Melde oder Rutenmelde genannt, werden seit der Jungsteinzeit genutzt. Die **Spießblättrige Melde**, *Atriplex prostrata*, und die **Pfeilblättrige Melde,** *Atriplex calotheca L.*, haben 3-eckig-spießförmige Blätter und sind ebenfalls essbar. Die Reismelde, auch **Quinoa** genannt, *Chenopodium quinoa Willd.*, ist ein wichtiger Stärkelieferant in den Anden. Sie kann bis 4.300 m Seehöhe angebaut werden. **Mexikanisches Teekraut**, *Chenopodium ambrosioides L.*, auch Breslauer Tee,

Jesuitentee oder Karthäusertee genannt, strömt einen kampferartigen Geruch aus. Das Kraut wird gegen Asthma und Nervenleiden eingesetzt, das Öl aus den Samen ist ein wirksames Wurmmittel. Homöopathische Zubereitungen behandeln Gelbsucht und die Folgen von Schlaganfällen. Ungenießbar sind die **Unechte Melde**, *Chenopodium hybridum L.*, und die **Stinkende Melde**, *Chenopodium vulvaria L.* Beide riechen nach nicht mehr ganz frischem Fisch.

Verwechslungsmöglichkeiten: **Schutt-Bingelkraut** oder Einjähriges Bingelkraut, *Mercurialis annua L.*, auch Böser Heinrich, ist nicht bemehlt und hat gegenständige gelblich-grüne Blätter. Bingelkräuter enthalten Alkylamine und Saponine, die Wurzeln auch Blausäureglykoside. Die Blätter entgiftete man durch längeres Kochen unter mehrmaligem Wasserwechsel. Blausäureglykoside verlieren durch Kochen und Trocknen ihre Giftwirkung.

Inhaltsstoffe: Oxalsäure, Saponine, reichlich Mineralstoffe (besonders Eisen) und Vitamin C.

Medizinische Eigenschaften: Die frische Pflanze regt die Darmtätigkeit an und wirkt blutreinigend sowie erweichend.

Mögliche Nebenwirkungen: Guter Heinrich ist ungeeignet für Personen mit Gicht oder Nierenerkrankungen.

Medizinische Anwendung: Die frische Pflanze dient der Behandlung von Abszessen, Anämie und Verstopfung. Umschläge mit gekochten Blättern fördern die Wundheilung. In der Volksveterinärmedizin stellte man aus der Wurzel einen Hustensaft für Schafe her.

Kulinarische Verwendung: Frisch gepresster Saft ist Teil einer Frühjahrskur. Junge Blätter und Triebspitzen eignen sich als Beigabe zu Salaten, ältere Blätter ab der Blütezeit werden bitter und daher blanchiert. Junge Triebe können wie Spargel verwendet, knospige Blütenähren in Butter gedünstet oder in Backteig frittiert werden. In Großbritannien züchtet man die Triebe im Dunkeln wie weißen Spargel. Gedünstet als Gemüse ist der Gute Heinrich eine feine Beilage zu gekochtem Rindfleisch oder Getreidelaibchen. Die Blätter kann man auch milchsauer einlegen. Auf dem Balkan wird aus den zerstoßenen Rhizomen ein nach Erdnussbutter schmeckendes Konfekt hergestellt. Die Samen werden nach dem Blanchieren als Brei oder Beigabe zu Backwerk verwendet. Auch Keimsprossen lassen sich daraus ziehen.

HUFLATTICH

Tussilago farfara L.
Korbblütengewächse (Asteraceae)

Synonyme: *Ackerlattich, Bachblümel, Berglatschen, Brandlattich, Brandletschenkraut, Brustlattich, Chapeller, Eschhuflattich, Eselshuf, Feldlattich, Fohlenfuß, Hitzeblätter, Lehmblümel, Männerblume, Märzblümel, Ohmblätter, Pestwurz, Pferdehuf, Sandblume, Seichblümel, Tabakkraut, Zeitrösel*

Huflattich wurde auch *Filius ante patrem* genannt, da die Blüten vor den Blättern erscheinen. Im Frühjahr blüht Huflattich als eine der ersten Pflanzen. In der griechischen Mythologie entsprang die Pflanze den Hufabdrücken der Zentauren. Auch die Kelten erinnerte der Umriss der Blätter an eine Hufspur. Sie weihten den Huflattich ihren Pferdegöttinnen. In der keltischen Mythologie fällt die Blüte in die Herrschaftszeit der Weißen Göttin und des Götterbären, des ungestümen, wiedergeborenen Sonnengottes. Es ist die Periode des wiedererwachenden Lebens und damit auch die Zeit, die Krankheiten des Winters zu überwinden und die aufblühenden Frühlingskräuter als Kultspeisen zu essen. Rosshändler sollen vor Viehmarkttagen Huflattichblüten unter das Futter der Pferde mischen, damit auch schon etwas in die Jahre gekommene Exemplare noch frisch und fit wirken.

Kennzeichen: Die ausdauernde Pflanze wird 10–15 cm hoch und hat stark verzweigte Wurzelstöcke. Die Blütenschäfte erscheinen vor den Blättern, sind wollig und haben rote bis grüne Schuppenblätter. Die goldgelben Blütenköpfe (Februar bis Mai) stehen einzeln mit röhrenförmigen Innenblüten und zahlreichen zungenförmigen Randblüten. Die gestielten Blätter sind grundständig und oberseits grün, unterseits weißfilzig, der Umriss ist vieleckig, die Ränder entfernt gezähnt. Die Frucht hat seidig schimmernde Haare.

Standort: tonige und lehmige Böden, feuchte Schutthalden und Ufer in ganz Europa, Westasien und Nordafrika bis etwa 2.600 m Seehöhe.
Sammelzeit: Blüten und Blütenstängel März bis Juni, Blätter Mai bis Juli.
Verwechslungsmöglichkeiten: Die **Weiße Pestwurz**, *Petasites albus L.*, und die **Rote Pestwurz**, *Petasites officinalis L.*, mit weißen bzw. roten Blüten in traubig angeordneten Körbchen sind spinnwebartig behaart. Die großen, spitz gezähnten Blätter sind breit herzförmig oder rundlich nierenförmig. Medizinisch werden sie wie Huflattich verwendet. Kulinarisch interessant ist die weiße Asche, die als Salzersatz diente.
Inhaltsstoffe: ätherische Öle, Bitterstoffe, Cholin, Gallussäure, Gerbstoffe, Hyperosid, Inulin, Pyrrolizidinalkaloide (in gestressten Pflanzen), Mineralstoffe, Rutin, Schleimstoffe und Tannin.
Mögliche Nebenwirkungen: Bei Nährstoffmangel, Insektenfraß oder Trockenheit reichern sich leberschädigende Alkaloide an. Vom Langzeitgebrauch solcher Exemplare ist abzuraten. Die Härchen können bei Überempfindlichen zu Reizungen führen.

Medizinische Eigenschaften: adstringierend, auswurffördernd, beruhigend, blutreinigend, schweißtreibend und wundheilend.
Medizinische Anwendung: In der Antike inhalierte man den Rauch gegen Atembeschwerden. Zigaretten aus Blättern lindern Asthma und helfen bei der Raucherentwöhnung. Ein Aufguss wird eingesetzt bei Bronchitis, Emphysemen, Luftröhrenentzündung, trockenem Reizhusten, Silikose sowie Magen- und Darmreizungen. Äußerlich behandelt man mit Huflattich Abszesse, fette Haut und Schweißfüße. Zerstoßene Blätter kommen bei Verstauchungen und Wunden zum Einsatz. Die Homöopathie nutzt *Tussilago farfara* bei Bronchitis, Grippe und Lungenproblemen. Die Traditionelle Chinesische Medizin ordnet dem Huflattich die Organe Lunge und Dickdarm zu; es werden nur die Blüten und deren Knospen verwendet. In der Veterinärmedizin dient Huflattich der Therapie von Atemwegs- und Hauterkrankungen.
Kulinarische Verwendung: Junge Blütenstiele, Blätter und Triebe, deren Aroma an grünen Spargel erinnert, eignen sich für Salate und Antipasti. Die Blüten ergeben zarte Gemüsegerichte und feinen Sirup, auch zur Bereitung von Desserts, und sind ein delikater Dekor. Die Wurzeln eignen sich für Gemüsegerichte und zum Kandieren. Die weiße Asche ergibt ein dezent salzig schmeckendes Gewürz.

GROSSE KLETTE

Arctium lappa L. syn. Arctium vulgare [Hill] Evans syn. Lappa major Gaertn. syn. Arctium majus Bernh. Korbblütengewächse (Asteraceae)

SYNONYME: *Bardane, Bolstern, Chläbere, Dollenkraut, Grindwurz, Haarballe, Haarwuchswurzel, Haarwachswürze, Igelklette, Klebern, Kleberwurzel, Klettendistel, Klettenwurz, Klissenwurzel, Putzenklette, Rossklettenwurz*

Bereits im Altertum waren die Heilkräfte der robusten Pflanze bekannt. Die Kelten weihten sie dem wichtigen Totem des Kriegeradels, dem Bären *(art)*. König Artus ist demzufolge ein Bärenkönig.

Die Signaturenlehre sah in der dichten Behaarung der Klette ein Zeichen für die positive Wirkung der Pflanze auf die Haarpracht. Auf die Kopfhaut appliziert, sollte der Absud nicht nur den Haarwuchs fördern, sondern auch das Gedächtnis stärken. Magische Hilfe erhoffte man sich gegen den Wichtelzopf, einen Kobold, der die Haare unlösbar verflicht oder gar die Kopfhaut mit Schorf überzieht. Heute ist der Kobold als Pilz enttarnt, der die Krankheit *Plica Polonica* hervorruft. Eine Therapie mit der pilztötenden Klette war daher tatsächlich angezeigt. Die bereits in der Antike verbreitete Erkrankung fand als Schlangenfrisur der Medusa und ihrer Schwestern sogar Eingang in die griechische Mythologie.

Apropos Frisur: Der frische Pflanzensaft wurde auch zum Aufhellen des Haares benutzt. Die Wurzel diente als Vogelköder.

Kennzeichen: Die zweijährige Pflanze wird 50–200 cm hoch mit langer, fleischiger Wurzel. Der längsgefurchte Stängel ist häufig rot überlaufen, markig und verzweigt. Die wechselständigen, gestielten, herz-eiförmigen Blätter sind oberseits grün, unterseits filzig grau und unregelmäßig gezähnt, die oberen Blätter wesentlich kleiner. Die hell purpurnen Blüten (Juni bis August) stehen in großen, zu lockeren Scheindolden gruppierten Köpfen, von Hüllblättern umgeben und an der Spitze mit einem gelblichen Haken versehen. Die Früchtchen tragen einen Haarkranz.

Standort: Schutthalden und Wegränder beinahe weltweit bis etwa 1.800 m Seehöhe.

Sammelzeit: Blätter und Sprosse im Frühjahr, im Herbst Wurzeln (im ersten Jahr noch nicht verholzt) und Samen.

Verwandte: Die **Filzige Klette**, *Arctium tomentosum L.*, mit stark behaarten Blütenköpfen und stumpfen rötlichen Hüllblättern ist wie die große Klette verwendbar. Ebenso die **Kleine Klette**, *Arctium minus L.*, mit kleineren, mitunter weißen Blütenköpfchen und kleineren Blättern.

Inhaltsstoffe: ätherisches Öl, Bitterstoffe, Flavonoide, Gerbstoffe, Glykoside, Harz, Inulin, Kaffeesäurederivate, Kalium, Phosphorsäure, Phytosterine, Polyacetylene, Proteine und Schleimstoffe.

Medizinische Eigenschaften: antidiabetisch, antiseptisch, blutreinigend, fungizid, galle-, harn- und schweißtreibend, möglicherweise tumorhemmend.

Mögliche Nebenwirkungen: Bei einer Überempfindlichkeit gegen Korbblütengewächse sind allergische Reaktionen möglich.

Medizinische Anwendung: Die Blätter dienten jahrtausendelang als Umschlag bei Verstauchungen und Verrenkungen, ein Wurzelbrei gegen Schmerzen. Der Absud der Wurzel wird eingesetzt bei Beschwerden des Magen-Darm-Traktes, Gallen- und Nierensteinen, Gicht, Rheuma und Verstopfung, das Klettenwurzelöl gegen Haarausfall und Kopfschuppen. Blätter, Wurzelessenzen und das Öl der Samen wirken gegen Abszesse, Akne, Eiterflechte, Hautgeschwüre, Juckreiz, Schwellungen und Wunden. Wurzelextrakte erhöhen die Glukosetoleranz. Die Homöopathie behandelt mit *Arctium lappa* Akne, Ekzeme und schuppende Kopfhaut. In der Traditionellen Chinesischen Medizin werden die Samen in ähnlichen Indikationen wie in der westlichen Volksheilkunde verwendet, darüber hinaus bei Erkältungen, Hals- und Lungenentzündungen. Auch bei den Indigenen Nordamerikas ist die Klette ein bewährtes Heilmittel.

Kulinarische Verwendung: Junge Blätter und Triebe erinnern an Artischocken. Roh, gedünstet, gebraten oder in Backteig gegart ergeben sie Vorspeisen, Suppen, Salate und feine Gemüsegerichte. Geschälte Stängel schmecken nussig mild. Die leicht süßliche Wurzel erinnert an Schwarzwurzeln und ist roh, gekocht oder gebraten verwendbar. Die Samen liefern Öl.

KNOBLAUCHSRAUKE

Alliaria petiolata MB.
Kreuzblütengewächse (Brassicaceae)

SYNONYME: *Knoblauchhederich, Lauchhederich, Lauchkraut*

Archäologen fanden Knoblauchsrauke in Gefäßen aus der Steinzeit. Da Gewürze im Mittelalter teuer waren, verwendete die ärmere Bevölkerung die Pflanze als aromatischen Ersatz. John Evelyn lobt in seinem Kochbuch aus dem Jahr 1699 die Heilkräfte der *Alliaria* und berichtet von der Vorliebe der Landbevölkerung für Salate aus der weit verbreiteten Pflanze. In England ist die Knoblauchsrauke noch heute als Frühlingsgemüse beliebt. Auswanderer nahmen die Pflanze sogar nach Nordamerika mit. Die Knoblauchsrauke ist eine wichtige Futterpflanze für zahlreiche Schmetterlingsraupen, besonders die des Aurorafalters.

Kennzeichen: Die zwei- bis mehrjährige Pflanze wird 50–80 cm hoch. Sie hat einen aufrechten Stängel mit gestielten Blättern, deren Ränder gezähnt sind. Die unteren Blätter sind nierenförmig, die oberen herzförmig. Die weißen Blüten (März bis Juni) mit 4 Kronblättern stehen in endständigen Trauben. Die Früchte sind lange aufrechte Schoten mit 2 Fächern, die je 6–8 kleine Samen enthalten. Beim Zerreiben verströmt die Pflanze einen kräftigen Lauchgeruch.

Standort: meist im Schatten oder Halbschatten in Au- und Laubwäldern, an feuchten Stellen an Hecken und Wegrändern in Europa – ausgenommen die Mittelmeerregion – bis Vorderasien.

Sammelzeit: ganze Pflanze inklusive Wurzel von April bis Juli, junge Samenhülsen nach der Blüte, reife Samen ab Ende Juli, Wurzel auch im Herbst. Mitunter treibt die Pflanze im Herbst erneut aus.

Verwechslungsmöglichkeiten: Die charakteristischen herzförmigen oberen Blätter und der typische Geruch machen die Knoblauchsrauke grundsätzlich unverwechselbar. Zu Beginn des Frühjahrs erinnern ihre Blätter bei sehr oberflächlicher Betrachtung an **Scharbockskraut**, *Ficaria ranunculoides Roth*, **Gundelrebe**, *Glechoma hederacea L.*, oder **Echte Nelkenwurz**, *Geum urbanum L.* Allen diesen Pflanzen fehlt allerdings der Geruch nach Knoblauch.

Inhaltsstoffe: ätherisches Öl, Carotinoide, Enzyme, Glykoside (darunter das Glucosinolat Sinigrin), Mineralstoffe, Saponine sowie die Vitamine A und C.

Medizinische Eigenschaften: antiseptisch, harntreibend, herzstärkend, stimulierend und wundheilend.

Mögliche Nebenwirkungen: Bei bestehender Allergie gegen Kreuzblütengewächse sind Reaktionen möglich. Es ist zunächst versuchsweise eine geringe Menge zu verwenden.

Medizinische Anwendung: Der britische Botaniker John Gerard empfahl im 16. Jahrhundert: »Ein Quentchen frische, fein gehackte Blätter aufgeschnupft, beruhigt aufgeregte Geister.« Ein Absud der frischen Blätter dient in der Volksmedizin innerlich der Linderung leichter Atemwegsbeschwerden, von Bronchitis, Husten, Gicht und Rheuma, äußerlich der Behandlung von Ekzemen, Ödemen, Mandelentzündungen, Mundschleimhautentzündungen, eitrigen Wunden und Zahnfleischentzündungen. Am besten wirken Frischsaft und Kompressen aus frischen Blättern. Frischsaft und Knoblauchsraukenessig sind Teil der Frühjahrskur und können als Lotion bei unreiner Haut verwendet werden.

Kulinarische Verwendung: Knoblauchsrauke ist zarter und milder im Geschmack als Bärlauch und ebenso wie dieser verwendbar. Früh im Jahr dominiert der Knoblauchgeschmack, später erinnert das Aroma mehr an Kresse. Knoblauchsrauke sollte vorwiegend roh – oder maximal sehr kurz gekocht – verwendet werden. Besonders fein sind die vor der Blüte gesammelten Blätter und die jungen Samenhülsen für Frischkäsezubereitungen, Pesto, Salate – vor allem in Kombination mit Früchten –, Suppen, Eierspeisen und Gemüsegerichte. Als Sorbet mit Sekt ergibt die Knoblauchsrauke einen erfrischenden Zwischengang bei großen Menüs, traditionellerweise zwischen Fisch- und Fleischgang. In England füllt man gern Sandwiches mit den würzigen Blättchen. Die Blüten sind aromatischer Dekor. Die Wurzeln werden im ersten Jahr geerntet und eignen sich für Salate und Gemüse. Die Samen ergeben würzige Keimsprossen und können auch anstelle von schwarzen Senfkörnern benutzt werden.

GEWÖHNLICHE NACHTKERZE

Oenothera biennis L.

Nachtkerzengewächse (Onagraceae)

SYNONYME: *Abendblume, Eisenbahnerlaterne, Nachtstern, Rapontika, Rapunzel, Schinkenwurzel, Sommerstern, Süßwurzel*

Der Gattungsname setzt sich nach einer nicht ganz unumstrittenen Theorie aus dem griechischen *oinos,* Wein, und *ther,* (Un)Tier, zusammen. Benetzte man die Pflanze mit Wein, so war sie alten Überlieferungen zufolge imstande, wilde Tiere zu zähmen. Im antiken Griechenland reichte man die Nachtkerzengewächse gern zum Wein. Diese »Unterlage« sollte die Teilnehmer an den Gelagen wohl davor bewahren, allzu rasch zu Untieren zu mutieren.

Die Wurzel der Nachtkerze erinnert an die Alraune und wurde daher gern von Fälschern ausgegraben und gewinnbringend als mächtigstes Zaubermittel des Mittelalters verkauft. In der Erforschung der Gesetze der Vererbung spielten die Nachtkerzengewächse eine zentrale Rolle: Der niederländische Botaniker De Vries entdeckte an ihnen 1901 spontane Merkmalsveränderungen (Mutationen).

Das Öl der Nachtkerze erlangte aufgrund seines besonders hohen Gehaltes an Gamma-Linolensäure große wirtschaftliche Bedeutung. Diese mehrfach ungesättigte Fettsäure ist Vorläufer von Prostaglandin E1, einer hormonartigen Substanz, die an der Steuerung zahlreicher Zellfunktionen beteiligt ist. Die Gamma-Linolensäure bewährt sich in der Behandlung zahlreicher chronischer Leiden, für die vor der Entdeckung ihres Potenzials in den 80er Jahren des 20. Jahrhunderts keine Heilmittel zur Verfügung gestanden hatten – oder lediglich Präparate mit massiven Nebenwirkungen. Auch in der Kosmetikindustrie findet Nachtkerzenöl Verwendung, meist in Kombination mit Vitamin E als Oxidationsschutz.

Kennzeichen: Die zweijährige behaarte Pflanze wird 40–150 cm hoch und hat eine fleischige, rötliche Pfahlwurzel, die bis zu 1 m lang werden kann. Im ersten Jahr bildet sie nur eine dem Boden anliegende Blattrosette aus. Der im zweiten Jahr erscheinende aufrechte Stängel verzweigt sich nicht oder nur im oberen Bereich. Er trägt wechselständige, lanzettliche Blätter, die entweder ganzrandig oder entfernt gezähnt sind. Die unteren Blätter sind gestielt, die oberen sitzend. Die leuchtend gelben, stark duftenden Blüten (Juni bis Oktober) mit zurückgeschlagenen Kelchblättern, die länger sind als die Kronblätter, sitzen in aufrechter Rispe. Sie öffnen sich bei Einbruch der Nacht, werden von Nachtfaltern bestäubt und verblühen bei Sonnenaufgang, spätestens 24 Stunden nach dem Aufblühen. Es entwickeln sich den ganzen Sommer hindurch ständig neue Blüten. Die Früchte sind aufrecht stehende, stumpfe 4-kantige Kapseln, filzig behaart, mit bis zu 300 Samen.

Standort: Bahndämme, Flussufer, Kies- und Sandgruben, Mauern, Steinbrüche und Wegränder beinahe weltweit in gemäßigten Zonen bis etwa 1.000 m Seehöhe.

Sammelzeit: Sprosstriebe im Frühjahr, Blätter und Blütenstängel April bis Juni, unreife Früchte August und September, Wurzeln im ersten Jahr im Frühjahr oder Herbst, wenn der Spross nicht blüht; Samen nach völliger Reife im September.

Verwechslungsmöglichkeiten: Die **Kleinblütige Nachtkerze**, *Oenothera parviflora L.* syn. *Oenothera muricata L.*, auch Ufer-Nachtkerze genannt, bildet eine Blattrosette über dem Boden aus und kleinere Blüten mit Blütenblättern, die gleich lang sind wie der Kelch. Bei sehr oberflächlicher Betrachtung sehen die Blütenstände der verschiedenen **Königskerzen**-Arten, *Verbascum*, ähnlich aus. Diese Gattung bildet jedoch keine Rosetten. Da Blüten und Blätter behaart sind, verwendet man sie meist getrocknet als Tee oder in Gelee, Kräuteröl oder Essig.

Inhaltsstoffe: Campestrol, Citrostadeniol, Cumarin, Eisen, Eiweiß, Ellagsäure, essenzielle Fettsäuren, Gramisterol, Kalium, Kohlenhydrate, Magnesium, Mangan, Methylen-Cycloartenol, Obtusifoliol, Oenotherin, Phlobaphen, Phosphor, Quercetin, Tannin, Vitamin E und Zink.

Medizinische Eigenschaften: beruhigend, blutreinigend, immunsystemstärkend, krampflösend und stoffwechselanregend.
Mögliche Nebenwirkungen: Epileptikern wird von der Anwendung abgeraten.
Medizinische Anwendung: Ein Aufguss der Blätter wird bei Durchfall, Erkältungen und Husten angewendet. Der Gehalt an Gamma-Linolensäure macht das Nachtkerzenöl zum beliebten Mittel gegen Alterserscheinungen und Folgen des Alkoholmissbrauches. Nachtkerzenöl dient heute der Behandlung von Altersdiabetes, erhöhtem Cholesterinspiegel, Ekzemen, Hyperaktivität bei Kindern, Multipler Sklerose, Neurodermitis, Psoriasis, prämenstruellem Syndrom und Beschwerden der Wechseljahre. In der Homöopathie behandelt man mit *Oenothera biennis* Durchfall. Die Algonkin Nordamerikas benutzten das wertvolle Öl gegen Hautausschläge und zum Erhalt einer jugendlich straffen Haut. Die Irokesen heilten mit der Nachtkerze Geschwüre. Bei den Navajos und Hopi kam *Oenothera* bei jeder Krankenheilung und Beschwörungszeremonie zum Einsatz. Für die Navajos war die Pflanze vor allem Heilmittel gegen Erkältungskrankheiten, Frauenleiden und Hautprobleme. Die Pima in Mexiko tranken einen Absud gegen Fieber und Leibschmerzen. Die Chinanteken wendeten Nachtkerzenkraut bei Menstruationsbeschwerden und Unfruchtbarkeit an, äußerlich diente es der Behandlung von Verstauchungen und Wunden. Peruanische Indigene behandelten auch Kopfschmerzen, Magenprobleme, Ohrenschmerzen, Nierenreizungen und Prellungen mit der Nachtkerze.
Kulinarische Verwendung: Roh erzeugen die Pflanzenteile ein etwas raues Mundgefühl. Stört es, so legt man die Pflanze über Nacht in Zitronensaft oder Essig. Sehr junge Blätter ergeben feine Salate, Suppen und Gemüsegerichte. Knospen sind wie Kapern einzulegen. Die Blütenstängel sind – geschält – roh oder kurz gebraten genießbar. Die Blütenblätter, auch kandiert, sind ein sehr attraktiver Dekor. Die unreifen Früchte, kurz nach der Blüte geerntet, ergeben feine Gemüsespeisen. Die Samen können roh oder geröstet wie Sesam verwendet werden. Aus den aromatischen Wurzeln, die beim Kochen eine rötliche, an Schinken erinnernde Farbe annehmen, werden Salate wie der traditionelle »Schinkensalat«, kräftige Suppen und Gemüsegerichte zubereitet. Einer alten Volksweisheit zufolge gibt ein Pfund der Wurzel mehr Kraft als ein Zentner Ochsenfleisch.

PORTULAK

Portulaca oleracea L.
Portulakgewächse (Portulacaceae)

SYNONYME: *Bürzelkohl, Bürzelkraut, Gemüseportulak, Postelein, Purzelkraut, Sauburzel*

Eine babylonische Schrift aus dem 8. Jahrhundert v. d. Z. listet die Pflanzen im Heilkräutergarten des Königs Marduk-apal-iddina. Portulak wird in diesem Dokument bereits als Heilpflanze erwähnt. Auch als Nahrungsmittel ist er seit Jahrtausenden beliebt. Antike Belege für den Anbau finden sich in Indien (der Heimat des Portulak), Ägypten, China und Rom. Die volkstümliche Bezeichnung Sauburzel zeigt, dass Portulak auch als Tierfutter Verwendung fand. Der hohe Gehalt an Vitamin C machte die Pflanze zum wichtigen Frühlingsheilmittel gegen Skorbut nach einem langen, vitaminarmen Winter.

Kennzeichen: Die einjährige fleischige Pflanze wird etwa 30 cm hoch mit glänzenden, verzweigten Stängeln, die oft rot überlaufen sind. Die wechselständig sitzenden, fleischigen Blätter sind länglich, verkehrt eiförmig mit keilförmigem Grund. Die einzeln oder zu dreien endständig in den Gabelästen oder Blattachseln stehenden Blüten (Juni bis September) sind gelblich, seltener weiß, mit meist 5, seltener 4 Kronblättern. Sie vergehen rasch. Die Kapsel ist verkehrt eiförmig und hat einen Deckel, der sich öffnet. Die Samen sind nierenförmig und mit kurzen Warzen besetzt.

Standort: sandige Böden an sonnigen Standorten auf Äckern, Bahndämmen, Wegrändern und in Weingärten in gemäßigten Zonen der nördlichen Hemisphäre, bis etwa 1.000 m Seehöhe.

Sammelzeit: Blätter und Triebe vor der Blüte von April bis Juni, knospige Blüten Mai bis Juni, Samen August bis Oktober. Bei Winterportulak ganzjährig möglich, wenn die Pflanze im Winter abgedeckt wird.

Verwandte: **Winterportulak**, *Montia perfoliata L.*, ist wesentlich kleiner und hat ausschließlich weiße Blüten. **Großblütiger Portulak**, *Portulaca grandiflora*, auch Portulakröschen genannt, ist eine Zierpflanze.

Inhaltsstoffe: Omega-3-Fettsäuren (Samen), Bitterstoffe, Mineralstoffe (v. a. viel Magnesium, auch Kalzium, Eisen und Kalium), Oxalsäure, Schleimstoffe und reichlich Vitamin C.

Medizinische Eigenschaften: blutreinigend, entzündungshemmend, erfrischend, erweichend, harn- und wurmtreibend.

Medizinische Anwendung: Ein Aufguss des Samens wird eingesetzt bei Blasenentzündung, Darmparasiten und Hämorrhoiden, die frische Pflanze und deren Saft bei Skorbut und als Teil einer Frühjahrskur. Äußerlich appliziert man Portulakblätter bei Bienenstichen, Ekzemen, Fieber und Furunkeln. Vorbeugend dienen die Samen der Verhinderung von Herzinfarkt und zur Stärkung des Immunsystems. In der Traditionellen Chinesischen Medizin ordnet man der Pflanze die Organe Magen und Dickdarm zu und behandelt mit Portulak Ausschläge, Blasenentzündungen, Blutungen, Husten und brennende Schmerzen beim Harnlassen.

Mögliche Nebenwirkungen: In der Fachliteratur bis dato nicht verzeichnet.

Kulinarische Verwendung: Die zarten jungen Triebe ergeben einen guten Saft sowie feine Salate, Sandwiches und Saucen. Die fleischigen, leicht salzig schmeckenden Blätter eignen sich für Salate, Suppen und Gemüsegerichte, auch als Gewürz zu Fleisch und Fisch. Sie wirken leicht eindickend auf Suppen und Saucen. Blütenknospen, junge Sprosse und Blätter werden auch eingesalzen bzw. in Essig oder Wein eingelegt. Die Samen liefern als Streuwürze auf Salaten, Suppen und Müsli wertvolle Fettsäuren. Sie lassen sich auch zu Mehl vermahlen und zu Sprossen keimen. Winterportulak kann mitsamt den Blüten gegessen werden. Im Libanon serviert man noch heute den traditionellen Portulaksalat *Fattoush*.

ROBINIE

Robinia pseudoacacia L.
Schmetterlingsblütengewächse (Fabaceae)

SYNONYME: *Falsche Akazie, Scheinakazie, Silberregen*

Der Gattungsname geht zurück auf Jean Robin, Direktor des *Jardin des Plantes* in Paris unter den Königen Heinrich IV. und Ludwig XIII., der die Pflanze im 17. Jahrhundert in seinem Gartenkatalog auflistete. Vermutlich war die Robinie aus Samen gezogen worden, die der Sohn Ludwigs aus Nordamerika erhalten hatte. Das Artepitheton erinnert daran, dass die Pflanze ihrer gefiederten Blätter wegen ursprünglich den Akazien zugeordnet worden war. »*Akazienhonig*« aus Europa stammt meist von Robinien, die bei den Bienen sehr beliebt sind.

Das besonders harte und haltbare Holz diente im Bergbau zum Abstützen der Stollen, im Eisenbahnbau als Schwellenholz. Tierställe sollte man allerdings nicht aus dem Holz bauen: Es ist für Säugetiere, Nager und Vögel tödlich giftig. Einem Bericht aus dem Zweiten Weltkrieg zufolge verstarben zahlreiche Pferde, manche bereits nach vier Stunden, nachdem sie am Robinienholz ihrer Behausung geknabbert hatten. Die an ätherischen Ölen reichen Blüten sind ungiftig. Sie werden kulinarisch und in der Kosmetikindustrie genutzt.

Kennzeichen: Der Baum wird bis etwa 25 m hoch mit oberflächlich verlaufenden Wurzeln und einer Rinde mit tiefen Längsrissen. Der Stamm verzweigt sich schon im unteren Bereich, wodurch eine lockere Krone entsteht. Die Blätter werden bis 30 cm lang mit 9–25 elliptischen, ganzrandigen Fiederchen mit kurzen Stielen. Die Nebenblätter sind zu 2 Dornen umgeformt. Die weißen, stark süßlich duftenden Blüten (Mai bis Juni) sitzen in großen hängenden Trauben. Die reifen Hülsen sind 5–10 cm lang und braun mit glatten braunen bohnenförmigen Samen.

Standort: Parks und lichte Mischwälder in gemäßigten Zonen Europas und Nordamerikas bis etwa 1.300 m Seehöhe.

Sammelzeit: Blätter April und Mai, Blütenknospen Mai, Blüten Mai bis Juni, junge Samenschoten Juni und Juli, Samen August und September.

Verwechslungsmöglichkeiten: Der in allen Teilen Gift enthaltende **Goldregen**, *Laburnum anagyroides Med.*, auch Bohnenbaum oder Kleebaum genannt, hat gelbe Blüten. Die wechselständigen Blätter bestehen aus 3 Blättchen.

Inhaltsstoffe: intensiv duftendes ätherisches Öl mit Robin, Asparagin, Flavonoide (Acacetin, Kämpferol), Gerbstoffe, Glykoside (Indikan, Syringin), Lectine (u. a. Phasin) und Beta-Sitosterol.

Medizinische Eigenschaften: antimikrobiell, galletreibend, krampflösend, schmerzstillend und tonisch. Das Phytoöstrogen Kämpferol wirkt gegen postmenopausale Osteoporose, neurodegenerative Erkrankungen wie Demenz und multiple Sklerose sowie gegen unterschiedlichste Krebsarten.

Mögliche Nebenwirkungen: Samen, vor allem jedoch Rinde und Wurzel sind giftig. Die Giftstoffe sind durch Einweichen, anschließendes Spülen und Erhitzen inaktivierbar.

Medizinische Anwendung: Ein Auszug in Wein dient der Behandlung von Anämie. Der Absud lindert Brechreiz sowie Kopfschmerz und regt Galle sowie Leber an. In der Homöopathie wird Robinie bei Migräne und Sodbrennen angewendet.

Kulinarische Verwendung: Die Blütenknospen lassen sich wie Kapern einlegen. Die stark duftenden Blüten aromatisieren Desserts und geben als Sirup zahlreichen Frühlingsgetränken und Likören ein blumiges Bukett, das an Jasmin erinnert. Auch zum Würzen von hellem Fleisch und Fisch ist dieses Aroma interessant. Kandiert sind sie äußerst attraktiver Dekor. Die zarten Blättchen werden blanchiert und anschließend maßvoll wie Blattgemüse weiterverarbeitet. Die unreifen Schoten sowie die Samen können nach dem Blanchieren wie Erbsen oder Bohnen zubereitet werden, sollten jedoch wesentlich länger gekocht werden. Geröstete reife Samen ergeben ein kaffeeähnliches Getränk.

SANDDORN

Hippophae rhamnoides L.
Ölweidengewächse (Elaeagnaceae)

SYNONYME: *Fasanbeere, Haffdorn, Korallenstrauch, Seebeere, Seedorn, Stechdorn, Weidendorn, Zitrone des Nordens*

Die mongolischen Reiterhorden im Ursprungsgebiet der Pflanze heilten die Augenleiden ihrer Pferde mit Sanddorn. Auf diesen Gebrauch verweist die botanische Bezeichnung mit der Ableitung vom griechischen *hippos*, »*Pferd*«, und *paos*, »*Licht*«.
In der germanischen Mythologie war der Sanddorn aufgrund der leuchtenden Farbe seiner Scheinbeeren dem obersten der Götter, Thor (= Donar), geweiht, dem großen Beschützer, Fruchtbarkeitsgott und Blitze schleudernden Wettergott. Als Abwehrkraut schützte Sanddorn vor Geistern und Hexen (heute würden wir sie als schädliche Mikroorganismen bezeichnen). Daher auch der Brauch, Milch, die sich nicht buttern ließ, mit einer Sanddornrute zu schlagen. Wie zahlreiche andere dornige Gewächse musste der Sanddorn als Abstreifkraut für allerlei Beschwerden herhalten. So vergrub man etwa Zehen- und Fingernägel unter dem Strauch, um Zahnschmerzen loszuwerden. Die Früchte zu essen wäre eine wesentlich effektivere Methode: Sie heilen Skorbut und kräftigen die Nägel.
Manche Arten der Gattung wachsen im Himalaja-Gebiet auf 5.000 m Seehöhe. Die Früchte des an diesen Standorten nur 10 cm hohen Strauches sind besonders reich an wertvollem Öl. Der ausgesprochen hohe Gehalt an Antioxidantien macht den

Sanddorn zum idealen Begleiter beim Älterwerden. Das haben auch die Hersteller von Nahrungsergänzungsmitteln und Kosmetika erkannt.

Kennzeichen: Der zweihäusige Strauch wird 1–6 m hoch, hat eine dunkelbraune Rinde und sparrige Äste mit Kurztrieben, die in 3–6 cm lange Dornen umgewandelt sind. Die wechselständigen Blätter mit extrem kurzen Stielen sind lineal-lanzettlich mit einer Spitze, oberseits kahl oder mit Sternhaaren besetzt und grünlich bis graugrün, unterseits silbrigweiß behaart. Die grünlichen Blüten (März bis Mai) sitzen an der Basis junger Zweige, die männlichen in seitlichen kugelförmigen Kätzchen, die weiblichen einzeln. Die steinfruchtartigen Scheinbeeren sind leuchtend orange und kugelig. Die Früchte sind nussartig und ölreich.
Standort: Flüsse, Auen, Küstendünen und Gebirge, auf Sand- und Kiesböden Mitteleuropas; Asien, manche Arten bis zu 5.000 m Seehöhe.
Sammelzeit: Scheinbeeren Mitte August bis Oktober.
Verwechslungsmöglichkeiten:
Gewöhnlicher Seidelbast, *Daphne mezerum L.*, sieht sehr kleinen Sanddornsträuchern ähnlich. Die giftige Pflanze hat allerdings mit kleinen Korkwarzen dicht besetzte Triebe ohne Dornen. Die stark duftenden Blüten haben keine Krone, sondern purpurrosa oder karminrot gefärbte Kelchblätter. Die Blätter sind unterseits graugrün oder bläulich, die Steinfrüchte korallenrot.
Inhaltsstoffe: Kalzium, Carotinoide (v. a. Lycopin), Flavonoide, Glykoside, Magnesium, organische Säuren, Sterole, Vitamine B1, B2, B6, C (bis zu 9 g/kg!) und E.
Medizinische Eigenschaften: adstringierend, antiseptisch, antiskorbutisch, tonisch und wurmtreibend.
Medizinische Anwendung: Frischer Saft und Mus dienen der Bekämpfung von Alterserscheinungen, Kreislaufschwäche, Konzentrationsproblemen und Kopfschmerzen sowie der Stärkung des Immunsystems. Mit den Scheinbeeren gewürztes Fleisch setzte man gegen Appetitlosigkeit und Asthenie ein. Der Saft wirkt gegen Erkältungen, Fieber, Grippe, Hautausschlag, Schleimhautentzündungen und Skorbut. In Russland verwendet man das fette Öl der Samen zur Behandlung von Akne, Hautkrankheiten, Strahlenschäden, Verbrennungen und Wundliegen. In der Veterinärmedizin dient Sanddorn als Futterzusatz der allgemeinen Kräftigung und Fellpflege.
Kulinarische Verwendung: Die säuerlichen Scheinbeeren eigen sich zur Herstellung von Saft, Wein, Ansatzlikören, Kompott, Marmelade, Mus und pikanten Saucen sowie zum Würzen von Fleisch, in skandinavischen Ländern traditionell auch von Fisch. Getrocknete Früchte dienen zur Teebereitung, zum Naschen und Aromatisieren von Müsli, Saucen und Risotto. Die Samen liefern wertvolles Öl.

SPITZWEGERICH und Verwandte

Plantago lanceolata L.

Plantaginaceae/Wegerichgewächse

SYNONYME: *Aderkraut, Heilwegerich, Heufressa, Hundsrippen, Lungenblattl, Ripplichrut, Rossrippe, Saurüssel, Schafzunge, Siebenrippe, Spießkraut, Wegeblatt, Wegebreit, Wegetrene, Wegtritt, Vogelwürstel*

Vermutlich diente Spitzwegerich bereits in der Steinzeit als Heilmittel. Griechen, Römer und Germanen sahen im Wegerich die Verkörperung eines Totengeistes. Der altenglische Neunkräutersegen beschwört mit den wichtigsten Heilkräutern seiner Epoche auch den Wegerich. Noch im 11. Jahrhundert wird der Wegerich als das Kraut der Proserpina, der Herrscherin der Unterwelt, bezeichnet.

Als Abwehrpflanze diente Wegerich zum Schutz vor Dämonen, die wir heute als schädliche Mikroorganismen bezeichnen. Angesichts der antibiotischen Eigenschaften der Gattung eine durchaus vernünftige Verwendung, die auch Tieren zugutekam. Der Standort der Pflanze legte sympathiemedizinische Anwendungen bei Fußleiden von Mensch und Tier nahe.

Für die Indigenen Nordamerikas war der Wegerich der »Fußstapfen des weißen Mannes«. Die europäischen Zuwanderer hatten die Pflanze auf den Kontinent mitgebracht, wo sie sich entlang der Siedlerrouten ausbreitete.

Kennzeichen: Die ausdauernde Pflanze wird 10–60 cm hoch mit faseriger Wurzel. Die kräftig gerillten, parallelnervigen Blätter sind lanzettlich oder lineal-lanzettlich in einer grundständigen Rosette. Die Blüten (Mai bis September) mit zunächst lilafarbenen, später gelblich-weißen Staubfäden bilden eine kugelige oder

walzenförmige, endständige Ähre. Die Staubfäden überragen deutlich die Blütenkrone. Die Samen sind klebrig.
Standort: Wiesen, Weiden und Wegränder in ganz Europa, Asien, Nordamerika, Teilen Südamerikas, Nordafrika, Australien und Neuseeland bis über 2.000 m Seehöhe.
Sammelzeit: Blätter vor der Blüte, Blütenknospen Mai bis Juli, Wurzel ganzjährig, Samen nach der Reife.
Verwechslungsmöglichkeiten: Verwandte des Spitzwegerichs werden ähnlich verwendet. Der **Breitwegerich**, *Plantago major L.*, hat breit-eiförmige Blätter und eine lange, oft rötliche Ähre. **Mittlerer Wegerich**, *Plantago media L.*, hat breit elliptische Blätter und weißliche bis lila Blüten in kurzer Ähre. **Flohkraut**, *Plantago psyllium L.*, hat mit schmalen Blättern besetzte Stiele und gestielte ährige Blütenstände. Flohkraut lindert Reizungen, wirkt sanft abführend und adsorbiert Gifte im Darm.
Inhaltsstoffe: Antibiotika, Flavonoide (v. a. Apigenin, Luteolin), Gerbstoffe, Iridoidglykoside (Aucubin, Catalpol), Kaffeesäureglykoside, Kieselsäure, Kohlenhydrate, Mineralstoffe (v. a. Kalium und Zink), Phenole, Saponine, Schleimstoffe, Schwefel und Vitamine B und reichlich C.
Medizinische Eigenschaften: adstringierend, antibiotisch, auswurffördernd, blutdrucksenkend, blutreinigend, bronchienerweiternd, entzündungshemmend, harntreibend, magen- und leberschützend, Bildung von Nitrosaminen hemmend und wundheilend.
Mögliche Nebenwirkungen: Die Pollen können Allergien auslösen.
Medizinische Anwendung: Spitzwegerich findet Verwendung bei Akne, Asthma, Bindehautentzündung, Bronchitis, Durchfall, Hämorrhoiden, erhöhten Harnsäurewerten, Insektenstichen, Magengeschwüren, Nasenbluten, Venenentzündung und Wunden. Als Erstversorgung bei Verletzungen legt man zerkaute Spitzwegerichblätter auf. Die Homöopathie behandelt mit *Plantago major* Bettnässen, Neuralgien, Ohren- und Zahnschmerzen. Die Traditionelle Chinesische Medizin ordnet Wegerich die Organe Blase, Leber, Niere und Lunge zu.
Kulinarische Verwendung: Die nach Pilzen schmeckenden jungen Blätter aller Wegerich-Arten dienen als Zutat zu Smoothies, Salaten, Suppen, Gemüse, Likör und Öl. Aus den Blättern wird der traditionelle Hustensirup bereitet. Große Blätter werden milchsauer vergoren. Kräftige Nerven entfernt man, indem man mit einem scharfen Messer über das flach aufgelegte Blatt fährt. Die aromatischen Blütenknospen werden über Salate gestreut, sauer eingelegt, gedünstet oder in Schokolade getunkt. Die Wurzeln eignen sich für Gemüsegerichte. Die Samen bereichern Salate sowie Gemüse und liefern Öl.

WALD-WEIDENRÖSCHEN

Epilobium angustifolium L.
Nachtkerzengewächse (Onagraceae)

SYNONYME: *Antonskraut, Blitzkraut, Feuerkraut, Frauenblümchen, Muttergotteskraut, Schmalblättriges Weidenröschen, Trümmerblume*

Das Weidenröschen mit seinem dichten Bestand an leuchtenden Blüten erinnert an züngelndes Feuer. Es wurde daher dem Patron des Feuers geweiht, dem Heiligen Antonius. In Analogie sollte die Pflanze auch gegen das Antoniusfeuer – eine Vergiftung mit Mutterkorn – helfen. Sibirische Schamanen nehmen in Weidenröschensaft eingelegte Fliegenpilzstücke, um in Trance zu gleiten. Die Pflanze besiedelt rasch Kahlschläge und wächst auch auf Kriegstrümmern als tröstlicher Lichtblick.
Für Jäger ist das Fehlen des Weidenröschens im Revier ein Indikator für einen überhöhten Wildbesatz. Indigene Nordamerikas nutzten die Fasern der Stängel zur Herstellung von Schnüren und Netzen, die Samenhaare zur Herstellung von Decken und Umhängen. In Russland dienen die Samenhaare als Kissenfüllung.

Kennzeichen: Die ausdauernde Pflanze wird 70–170 cm hoch, hat einen weit kriechenden Wurzelstock und unverzweigte, oft rötliche, rundliche oder leicht kantige Stängel. Die wechselständigen, sitzenden Blätter sind schmal lanzettlich und fast ganzrandig. An der Unterseite treten zahlreiche Adern hervor. Die rosa bis purpurroten Blüten (Juni bis September) sind etwas nickend in einer lockeren endständigen Traube. Die lange, schmale, oft rötliche Kapsel hat 4 Klappen. Sie enthält mehrere hundert Samen mit Haarschopf, der versponnen werden kann.

Standort: Bahndämme, Brandstellen, sandige und felsige Hänge, torfige Äcker, Wegränder und Waldkahlschläge in Europa mit Ausnahme der Mittelmeerregion bis etwa 2.400 m Seehöhe.
Sammelzeit: Sprosse vor der Blüte April bis Juni, Blütenknospen ab Mai, Blüten Juni bis September, Wurzeln im Frühjahr.
Verwechslungsmöglichkeiten: In Mitteleuropa existieren etwa 20 verschiedene Arten, die überdies untereinander zahlreiche Hybride bilden können. Das Wald-Weidenröschen hat im Gegensatz zu den meisten seiner Verwandten wechselständige Blätter und einen herabgebogenen Griffel. Heilwirkungen haben **Berg-Weidenröschen**, *Epilobium montanum L.*, **Kleinblütiges Weidenröschen**, *Epilobium parviflorum L.*, und **Sumpf-Weidenröschen**, *Epilobium palustre L.* **Blutweiderich**, *Lythrum salicaria L.*, hat leicht stängelumfassende, gegenständige oder in Quirln zu 3 stehende Blätter. Blüten, Blätter und Stiele sind sehr aromatisch und vielseitig genießbar.
Inhaltsstoffe: Anthocyane, Gallussäure, Gerbstoffe (v. a. Ellaigtannine), Flavonoide (u. a. Quercetin, Kämpferol, Myricetin), Pektin, Schleimstoffe, Sterole (beinahe ausschließlich Derivate von Beta-Sitosterol) und Tannine sowie reichlich Vitamin C (200 mg/100 g).
Medizinische Eigenschaften: adstringierend, fiebersenkend, erweichend, blutstillend und wundreinigend.
Mögliche Nebenwirkungen: Bei sehr langfristiger Anwendung von Weidenröschen-Aufgüssen sind mitunter Magen- und Darmbeschwerden beobachtet worden, je nach Gerbstoffgehalt, der stark unterschiedlich ist.
Medizinische Anwendung: Weidenröschen dient der Behandlung von Blasenleiden, Durchfall, Entzündungen der Mundschleimhaut, Frauenleiden, Nierenerkrankungen und Wunden. Nach dem Vorbild der Indigenen Nordamerikas wird Weidenröschen seit den 1990er Jahren unter ärztlicher Aufsicht gegen gutartige Prostatavergrößerung und Prostatakrebs eingesetzt.
Kulinarische Verwendung: Junge Sprosse und Blütenknospen sind leicht nussig-süßlich. Sie dienen roh oder gekocht zur Bereitung von Salaten und Gemüsegerichten. Sie sind in Essig eingelegt feine Zutat zu Fingerfood und Vorspeisen. Junge Blätter und geschälte Stängel ergeben Salate und Gemüsegerichte. Fermentierte Blätter werden in Friesland, auf den Kurilen sowie im asiatischen Teil Russlands als »koptischer Tee« getrunken. Die süßliche Wurzel ist roh und gekocht verwendbar für Gemüsespeisen, getrocknet als Zusatz zu Mehl, geröstet als Kaffeesubstitut.

WIESEN-BÄRENKLAU

Heracleum sphondylium L.
Doldenblütengewächse (Apiaceae)

SYNONYME: *Bärenfuß, Bärentatze, Hasenkraut, Herkuleskraut, Kuhpastinak, Rossfenchel, Scharling, Wiesen-Rhabarber*

Der starke Herakles, römisch Herkules, verlieh angeblich der ausgesprochen kräftig wachsenden Pflanze den Gattungsnamen, den schon Plinius überliefert. Er soll als Erster ihre Heilkräfte entdeckt, aber auch beachtliches Durchhaltevermögen bei den Orgien gehabt haben. Möglicherweise rührt daher der Ruf der Pflanze, sie erhöhe die Standfestigkeit. Die großen prankenartigen, behaarten Blätter legten die gebräuchlichsten deutschen Namen nahe. Dennoch dürfte sich die Benennung »Bär« eher auf den Begriff »gebären« beziehen, da zahlreiche in der Frauenheilkunde gebräuchliche Pflanzen die Silbe »bär« im Namen tragen.
Die getrocknete, um den Hals getragene Wurzel diente als – mitunter sogar bekleideter – Talisman, der Gesundheit, Jugend, Potenz, Reichtum und Macht sichern sollte. Indigene Nordamerikas legten die Pflanze zur Schmerzlinderung auf. Kinder basteln aus den hohlen Stängeln gern Pfeifen und Blasrohre. Mit seinen Früchtchen liefert der Bärenklau praktischerweise gleich die Munition. Der Blütennektar soll Wespen derart berauschen, dass sie kaum noch flugfähig sind.

Kennzeichen: Die zweijährige oder ausdauernde Pflanze wird bis zu 1,5 m hoch und hat gerieſte, hohle, borstig behaarte Stängel, die sich nach oben hin verzweigen. Die großen graugrünen Blätter haben große, aufgeblasene Scheiden und sind in ungleiche Lappen gekerbt, die vielgestaltig sein können. Die weißen, selten rosa oder grünlichen Blüten (Mai bis Oktober) stehen in Dolden mit 12–40 Strahlen, die ungleich lang und kantig sind. Die Früchtchen sind kahl oder weich behaart und flach mit deutlichem Rand.
Standort: gut gedüngte Wiesen, Auwälder, Bachufer, Gräben und Bergwälder in Europa, Asien und Nordwestafrika bis etwa 2.500 m Seehöhe.
Sammelzeit: Knospen April bis Oktober, Blätter vor der Blüte, unreife Früchte ab August, Samen ab September, Wurzeln September bis März. Bei Sonneneinstrahlung Handschuhe verwenden.
Verwechslungsmöglichkeiten: Der **Kaukasus-Bärenklau**, auch Riesen-Bärenklau genannt, *Heracleum mantegazzianum L.*, wird bis zu 3 m hoch, entwickelt riesige Dolden und kann aufgrund seines besonders hohen Furocumaringehaltes Hautschäden verursachen.
Inhaltsstoffe: ätherisches Öl, Bitterstoffe, Flavonoide (u. a. Kämpferol, Rutin) Furocumarine (Bergapten, Psoralen, Xanthotoxin), Phenolsäuren (u. a. Kaffeesäure) und Phytosterine (Beta-Sitosterol).
Medizinische Eigenschaften: aphrodisierend, beruhigend, blutdrucksenkend, leicht schleimlösend, menstruations- und verdauungsfördernd.
Mögliche Nebenwirkungen: Bei empfindlichen Menschen kann es wegen des Gehaltes an Furocumarinen (vor allem in den unreifen

Früchten) bei Kontakt mit der frischen Pflanze zu Hautreizungen kommen, die sich bei Sonneneinstrahlung verstärken (Wiesendermatitis). Nach dem Welken reizt die Pflanze nicht mehr.

Medizinische Anwendung: Schon Plinius und Dioskorides erwähnen den Wiesen-Bärenklau, den John Gerard bei Kopfschmerz, Gedächtnisschwäche und nervösen Beschwerden anwenden lässt. Gegenwärtig wird der Bärenklau eher selten eingesetzt, und zwar bei arteriellem Bluthochdruck, Bronchitis, bei Ausbleiben der Menstruation trotz ankündigender Symptome und Verdauungsproblemen. Als Europäischer Ginseng soll die pulverisierte Wurzel die Potenz steigern. Die Homöopathie bietet mit *Heracleum sphondylium* ein Mittel gegen nässende Ausschläge, Kopfschmerzen und schwache Verdauung.

Kulinarische Verwendung: Sehr junge Blütendolden, die noch in der Blattscheide stecken, werden – sorgfältig von den darin versteckten Insekten befreit – gedünstet oder in Essig eingelegt, auch in Teig ausgebacken. Die Stängel noch nicht aufgeblühter Dolden enthalten zartes, nach Wurzelgemüse schmeckendes Mark. Die jungen fleischigen Stängel erinnern geschmacklich etwas an Kokosnuss. Sie werden geschält und blanchiert zu Vorspeisen und Gemüsegerichten verarbeitet, ebenso zu Kräuterbrot und Desserts. Die jungen Blätter ergeben ein feines Gewürz, gute Salate, Aufstriche und aromatisches Gemüse. Blätter, Stiele, Blütendolden und unreife Samen lassen sich pikant oder süß einlegen. Unreife Samen aromatisieren Süßspeisen, reife Samen verfeinern Brot und alle Speisen, die mit Kümmel und Anis harmonieren.

In Osteuropa bereitet man eine saure Suppe aus Bärenklau, in Weißrussland *barszcz* genannt (Pflanze und Suppe tragen denselben Namen), oder fermentiert die Blätter und Stiele für die Herstellung einer Art Bier. Aus den Blattstielen lässt sich Schnaps destillieren. Werden die Blattstiele gebündelt in der Sonne getrocknet, entsteht eine süße Substanz, die in Russland und Sibirien als Delikatesse gilt.

ACKER

Die Ausbreitung des Ackerbaus bot durch die Rodung großer Areale zahlreichen Arten neue Lebensräume, die bis dahin auf kleine offene Flächen wie Lichtungen und Ufer beschränkt waren. Ein Großteil der heute existierenden Ackerwildkräuter stammt aus den Ursprungsgebieten des Ackerbaus im Vorderen Orient. Mit der Entdeckung des amerikanischen Kontinents gelangten weitere Arten nach Europa. Den gravierendsten Einfluss auf den wilden Bewuchs der Ackerflächen hatte die Verwendung von Kunstdünger ab dem 19. Jahrhundert.

Am besten gedeihen an diesen Standorten einjährige Pflanzen, die mit Bodenverdichtung und Überdüngung zurechtkommen und zudem viele robuste Samen mit guten Ausbreitungsmechanismen wie Haftorganen oder Flugmechanismen produzieren. Zu den häufigsten Arten zählen Brennnessel (S. 50), Franzosenkraut (S. 55), Gundelrebe (S. 65), Hirtentäschel (S. 57), Huflattich (S. 27), Löwenzahn (S. 68), Melde (S. 59), Nachtkerze (S. 33), Pastinak (S. 75), Vogel-Sternmiere (S. 71), Wegerich (S. 42), Weidenröschen (S. 44), Wiesen-Bärenklau (S. 46).

GROSSE BRENNNESSEL

Urtica dioica L.
Brennnesselgewächse (Urticaceae)

SYNONYME: *Donnerkraut, Donnernessel, Gichtrute, Haarnessel, Hanfnessel, Nettel, Saunessel, Senznessel*

Seit der Altsteinzeit begleitet die Brennnessel den Menschen als wichtiger Rohstoff für Seile, Netze und strapazierfähiges Nesseltuch – das »Leinen der Armen«. Erst im 19. Jahrhundert wurde die Nessel von der Baumwolle verdrängt.

Die Brennnessel ist eine der ältesten Heilpflanzen und Aphrodisiaka. Der römische Dichter Petronius meinte, das Schlagen von Lenden und Gesäß mit Brennnessel stelle die Manneskraft wieder her, der französische Satiriker François Rabelais empfahl, frigide Frauen damit zu kurieren. Die Germanen weihten die Brennnessel dem Gott Donar, der unter anderem für Zeugung und Fruchtbarkeit sowie das Bierbrauen zuständig war. Vermutlich ist auf diese Tatsache der Brauch zurückzuführen, beim Bierbrauen einen Nesselstrauß auf den Bottichrand zu legen, damit das Bier bei Gewitter nicht sauer wird. An bestimmten Tagen wurden Gerichte aus Nesseln verspeist, um Potenz und Fruchtbarkeit zu sichern.

Im Mittelalter wurden Brennnesseln sogar in Klostergärten angebaut, besonders von den Benediktinern. Die aphrodisierenden Samen durften sie allerdings nicht einnehmen. Das Brennen legte die Ansicht nahe, in der Brennnessel hausten Dämonen. Mitunter konnten es auch Totenseelen sein. So lautet ein Aargauer Euphemismus für das Sterben »Er ist i d'Nessle cho«. Der Geist, der die Pflanze bewohnte, sollte auch Krankheiten aufnehmen können. Tatsächlich hilft bei Rheuma ein Gang mit nackten Armen und Beinen durch Brennnesselfelder. Peitschen mit frischer Brennnessel wurde bei Rippenfellentzündung, Masern und Scharlach angewendet.

Außergewöhnlich geformte Brennnesseln sollten darauf hinweisen, dass an ihrer Wuchsstelle ein Mord geschehen sei – da die Pflanze nährstoffreiche Böden liebt …

Für einen Liebeszauber kochten Frauen die Samen unter Beschwörungen und gossen den Sud über die Türschwelle des Ersehnten. Ein Bad wäre hilfreicher: Gekochte Nesselsamen machen die Haut weich und weiß.

Die Brennnessel galt als starke Abwehr- und Zauberpflanze. In Erinnerung an indogermanische Kultspeisen sollten am Gründonnerstag genossene Brennnesselgerichte das ganze Jahr vor Geldsorgen bewahren. Schützende Brennnesselkrapfen wurden am Johannistag gebacken. Zu Neujahr gegessene Brennnesseln sollten das Folgejahr über gesund erhalten – angesichts ihrer Inhaltsstoffe keine schlechte Idee, sofern die guten Ernährungsvorsätze nicht nur an diesem Tag eingehalten werden. Wegen der desinfizierenden Eigenschaften schlug man Fisch, Fleisch und Butter in Brennnesselblätter ein. In die Milch gelegt, verzögerten Blätter und Wurzeln das Sauerwerden und erleichterten die Käsebereitung.. War die Wurzel am Weihnachtsabend eingelegt worden, schüttete man den Ansatz am Dreikönigstag auf den Misthaufen, um eine gute Milchwirtschaft für das ganze Jahr zu sichern. Durchaus vernünftig, ist Brennnessel doch ein hervorragender Dünger. Zwischen den Kohl gepflanzt schützen Brennnesseln vor Raupen. Die Brennnessel ist Futterpflanze für zahlreiche Schmetterlingsarten; Hühner erhielten die nahrhaften Brennnesselsamen, um ihre Legeleistung zu erhöhen. Geschickte Pferdehändler verfütterten vor dem Markttag eine Woche lang eine geringe Menge Brennnesselsamen an die Tiere, um ihnen ein gesundes Aussehen und glänzendes Fell zu verleihen.

Als Wetterorakel verhießen im Sommer hochwüchsige Brennnesseln einen strengen Winter. Die Blüte der Brennnessel sagte der Legende die Dinkelernte voraus.

Im Märchen *Die wilden Schwäne* erlöst die Königstochter ihre Brüder mittels Nesselhemden aus dem traumartigen Zustand als Wesen der Zwischenwelt. Auch Krieger trugen in der Urzeit Nesselhemden als Schutz vor Täuschung und Illusion, womit wohl das Delirieren bei Wundfieber gemeint war. Noch im Zweiten Weltkrieg wurden infizierte Wunden mit Brennnesseln verbunden, um die Wundheilung zu beschleunigen. Der Dichter und Germanist Ludwig Uhland assoziierte das Brennen mit dem Schmerz verlorener Liebe. Er hätte sein Liebesleid sogar auf Brennnesseln schreiben können, eignet sich die Pflanze doch zur Herstellung von Papier. Blätter und Wurzeln färben Textilien und Wolle in Gelbgrün-Tönen, die allerdings nicht lichtecht sind.

Kennzeichen: Die mehrjährige zweihäusige Pflanze wird bis zu 1,5 m hoch. Sie hat einen auffallend gelborangen Wurzelstock. Die Blätter sind kreuzgegenständig, gestielt, länglich herzförmig und gesägt. Die unscheinbaren Blüten (Juni bis September) sind klein und grün in rispigen Blütenständen. Die weiblichen Blüten tragen einen purpurfarbenen Haarkranz, die männlichen Blüten erscheinen als kleine Kreuze. Die Pollen werden aus explodierenden Staubbeuteln freigesetzt. Das hervorstechendste Merkmal dieser Pflanze sind ihre Brennhaare, die spitz zulaufen und an ihrem Ende eine kleine Kugel aufweisen, die bei Berührung abbricht. Dadurch entsteht eine scharfe Kanüle, die wie eine Injektionsnadel die Haut ritzen kann. Die Flüssigkeit in diesen Haaren besteht unter anderem aus Histamin und Säuren, die für den Juckreiz, die Rötungen und die Schwellungen verantwortlich sind. Die Früchte sind kleine Nüsschen.

Standort: nährstoffreiche Böden in Gärten, Hecken, auf Waldlichtungen und an Wegrändern beinahe weltweit bis etwa 1.800 m Seehöhe.

Sammelzeit: obere Blätter April bis August, Wurzeln im Frühjahr oder Herbst. Die meisten Brennhaare sind nach oben gerichtet. Daher streift man vor dem Pflücken von unten nach oben über die Pflanze. Der Trick, das Brennen durch Luftanhalten während des Pflückens zu verhindern, hat einen simplen Hintergrund: Atemlos greift man automatisch fester zu und verbrennt sich daher weniger. Mit zerriebenen Blättern des Spitzwegerichs lassen sich Quaddeln und Juckreiz bekämpfen.

Verwechslungsmöglichkeiten: Die **Kleine Brennnessel**, *Urtica urens L.*, ist ein einjähriges Kraut mit 4-kantigen Stängeln und gegenständigen, tief gesägten elliptischen bis eiförmigen Blättern. Die unscheinbaren hellgrünen Blüten stehen in den Achseln der oberen

Blätter. Sie brennt wesentlich stärker als die große Verwandte. Da sie weniger Feuchtigkeit benötigt, ist sie auch im Mittelmeerraum verbreitet. Die kleine Brennnessel kann wie die große Brennnessel verwendet werden, allerdings nicht zur Gewinnung von Fasern. Die meisten Mitglieder der Gattung **Taubnessel**, *Lamium ssp.*, sehen vor der Blüte ähnlich aus, brennen jedoch nicht. Sie sind mild im Geschmack und eignen sich für Smoothies, Salate und Gemüse. Die **Schwarznessel**, *Ballota nigra L.*, auch Schwarzer Gottvergess oder Stink-Andorn genannt, hat ästige Stängel und in den Blattachseln violette Blüten in Scheinquirlen. Nach dem Verblühen sieht die Pflanze oft schwärzlich aus. Aufgrund des unangenehmen Aromas ist die Pflanze nicht verwertbar.

Inhaltsstoffe: Acetylcholin, Beta-Sitosterin, Kalzium, Chlor, Chlorophyll, Carotinoide, Eisen, Eiweiß, Enzyme, Flavonoide, Gerbstoffe, Glukokinine, Histamin, Lecithin, Lignane, Kalium, Kieselsäure, Magnesium, Natrium, organische Säuren (Ameisensäure, Essigsäure, Kaffeesäuren), Phosphor, Schleim, Schwefel, Secretin, Spurenelemente (u. a. Silicium), Stärke, Vitamine A, B, C und Wachs.

Medizinische Eigenschaften: adstringierend, blutbildend und -reinigend, blutdruck- und cholesterinsenkend, entwässernd, milchtreibend und stoffwechselanregend.

Mögliche Nebenwirkungen: Personen mit Histaminintoleranz sollten keine allzu großen Mengen an Brennnesseln verzehren. Bei Herzinsuffizienz und eingeschränkter Nierenfunktion ist die Verwendung von Brennnesselzubereitungen, wie übrigens aller Diuretika, nicht ratsam. In

seltenen Fällen können Magenbeschwerden oder – nach großen Mengen Brennnesselsaft – Durchfall auftreten. Brennnesseln reichern Nitrat an, das für kleine Kinder ungünstig ist. Blanchieren senkt den Nitratgehalt. Neuere Studien relativieren übrigens die bisherige negative Beurteilung von Nitrat, da es u. a. den Muskelaufbau fördert.

Medizinische Anwendung: Brennnesselsamen sind ein traditionelles Tonikum auch für »eheliche Zwecke«. Spätestens seit der Antike behandelt man mit Brennnesseln Arthritis, Drüsenschwellungen, Ekzeme, Furunkel, Gicht, Harnverhalten, Lungenentzündungen, Verbrennungen und Verdauungsprobleme. In Milch gekochte Wurzeln wurden gegen Durchfall und Ruhr verordnet. Gegenwärtig findet die Brennnessel Anwendung bei Anämie, Bettnässen, Blutungen, Durchfall, Eisenmangel, als Frühjahrskur, gegen Gelbsucht, Haarausfall, Hämorrhoiden, Ischias, entzündete und wunde Mundschleimhaut, Ödeme, Rheumatismus, Schuppenflechte, Wechselbeschwerden und Weißfluss. Aus der Wurzel wird der Wirkstoff Beta-Sitosterin zur Behandlung gutartiger Prostatavergrößerungen gewonnen. Die Homöopathie verabreicht *Urtica urens* als Urtinktur zur Vermehrung der Harnsäureausscheidung, in den Potenzen D2 bis D6 gegen juckende Hautausschläge und leichte Verbrennungen. In der Traditionellen Chinesischen Medizin wird Brennnessel den Organen Leber, Milz, Lunge und Blase zugeordnet und gegen Verschleimung sowie zur Anregung des Stoffwechsels eingesetzt. In der Veterinärmedizin dienen Blätter oder Samen zur allgemeinen Stärkung auch für Zuchtzwecke sowie zur Verbesserung der Milch- und Legeleistung.

Kulinarische Verwendung: Für den Rohgenuss entschärft man die Brennhaare, indem man kurz mit dem Nudelholz über die flach ausgelegten Blätter rollt. In der Antike wurde die ausgesprochen vitamin- und mineralstoffreiche Pflanze als Beigabe zu Salaten und Suppen genossen. Brennnessel ist für alle Gerichte geeignet, für die auch Spinat Verwendung findet: als Salatbestandteil in Verbindung mit anderen Kräutern oder Tomaten, in Frischkäsezubereitungen und Suppen, als Sauce, Auflauf und Strudelfüllung. Getrocknete Brennnesselblätter ergeben ein gutes Suppenpulver. Man kann die Blätter auch milchsauer einlegen. Abgekochte und eingesalzene Blätter dienen von April bis Oktober als Labersatz bei der Käseherstellung. *Nettle beer* ist noch heute ein beliebtes, entschlackendes Gebräu. Brennnesselsamen erinnern ein wenig an Sesam und können wie dieser verwendet werden, grüne Samen als Brotbelag oder geröstet, reife Samen als Gewürz. Taubnesseln sind milder im Geschmack und lassen sich wie Brennnesseln verarbeiten.

KLEINBLÜTIGES FRANZOSENKRAUT

Galinsoga parviflora L.
Korbblütengewächse (Asteraceae)

SYNONYME: *Gängelkraut, Kleinblütiges Knopfkraut*

Der Gattungsname geht auf den spanischen Leibarzt der Königin und Intendanten des Königlichen Gartens zu Madrid, Mariano Martinez de Galinsoga (1756 oder 1766–1797), zurück. Ursprünglich stammt das Franzosenkraut aus Südamerika. Zu Beginn des 19. Jahrhunderts trat es in Nordamerika als Beikraut auf und begann sich auch in Europa – gefördert durch die Napoleonischen Kriege – aus den botanischen Gärten auszubreiten. Den raschen und weitläufigen Landgewinn verdankt es seiner Wurzelkraft, den Borstenhaaren an den Früchten, die sich in Fellen und Stoffen verhaken, sowie der Fähigkeit der Früchte, auch nach vorzeitiger Abtrennung nachzureifen. Überdies wurde die Pflanze in manchen Regionen als Gemüse kultiviert. Wild wachsend ist sie ein Anzeiger für stickstoffhaltige Böden.

Kennzeichen: Die einjährige, kaum behaarte Pflanze wird 20–90 cm hoch und hat meist vielfach verzweigte, aufrechte Stängel. Die gegenständigen Blätter sind zart grün und spitz eiförmig, grob gezähnt, die unteren gestielt, die oberen beinahe sitzend. Die blütenähnlichen Scheinblüten (Mai bis November) mit meist 5 weißen 3-lappigen Zungenblüten und gelben Röhrenblüten stehen in trugdoldig angeordneten kleinen Blütenkörbchen mit kelchartigen Hüllblättern. Die keilförmigen Früchte sind schwarz und borstig behaart.

Standort: Felder, Gärten und Schutthalden beinahe weltweit bis etwa 1.600 m Seehöhe.

Sammelzeit: junge Blätter und Stiele vor der Blüte von April bis September. Da die Pflanze bereits vier Wochen nach dem Keimen blüht, sind innerhalb eines Jahres drei Generationen möglich.

Verwechslungsmöglichkeiten: **Behaartes Knopfkraut**, *Galinsoga ciliata L.*, hat lange Drüsenhaare. Die Pflanze wird häufig ebenfalls als Franzosenkraut bezeichnet und ist wie ihre spärlich behaarte Verwandte verwendbar.

Inhaltsstoffe: Bitterstoffe, viel Kalzium und Eisen, Schleimstoffe und Vitamine.

Medizinische Eigenschaften: antianämisch und immunsystemstärkend.

Mögliche Nebenwirkungen: Bei einer Überempfindlichkeit gegen Korbblütengewächse können allergische Reaktionen auftreten.

Medizinische Anwendung: Frische Blätter sind Teil einer Frühjahrskur mit Kräutersäften. Mit Zitronensaft oder in Rotwein angesetzt mildern die Blätter Anämie und beschleunigen die Rekonvaleszenz. Die Homöopathie setzt *Galinsoga parviflora* in den Potenzen D3 bis D4 bei grippalen Infekten ein.

Kulinarische Verwendung: Die mild-würzigen jungen Blätter und Sprosse eignen sich für Salate, Kräutersaucen, Suppen und Gemüsegerichte. Das Kraut mildert in Kombination mit herben Wildkräutern deren Bitterkeit. Getrocknete Blätter dienen als Gewürz. Vergoren ergibt Franzosenkraut ein mildes, leichtes Bier. Die Samen sind roh genießbar und liefern gute Keimsprossen.

GEWÖHNLICHES HIRTENTÄSCHEL

Capsella bursa pastoris L.
Kreuzblütengewächse (Brassicaceae)

Synonyme: *Bauernsenf, Beutelschneidekraut, Blutkraut, Gänsekresse, Herzkraut, Löffeli, Säckelkraut, Schinkenkraut, Schneiderbeutel, Taschenknieper, Taschenkraut*

Ihren Namen verdankt die Pflanze der Ähnlichkeit ihrer Früchte mit den Taschen mittelalterlicher Hirten. Verwendet wurde sie allerdings bereits in der Steinzeit. In einer Siedlung bei Çatal Hüyük in Anatolien aus der Zeit um 6.000 v. d. Z. förderten Ausgrabungen Hirtentäschelsamen zutage. Auch im Magen des Tollundmannes, der um 200 v. d. Z. lebte, fand sich Hirtentäschel. Jahrtausendelang wurde die blutstillende Wirkung des Krautes geschätzt und sogar noch während sowie nach den beiden Weltkriegen genutzt. In der magischen Überlieferung sollte das Kraut jede Blutung stillen, auch wenn man es lediglich in der Hand hielt oder auf die Füße legte. Quetscht man es dabei, bis Saft austritt, funktioniert es tatsächlich. Von den ersten Pflanzen, die man im Frühjahr sieht, esse man drei, um das ganze Jahr über gesund zu bleiben. Der hohe Gehalt an Vitalstoffen, vor allem Vitamin C, bot nach der Mangelernährung im Winter tatsächlich einen wichtigen Ausgleich. Als Liebesorakel zupfen Mädchen und Burschen die Schötchen ab: »Ich lieb' dich von Herzen, mit Schmerzen, ein bisschen, ein wenig, fast gar nicht.«

Kennzeichen: Die ein- bis zweijährige Pflanze wird 50–100 cm hoch mit spindelförmiger Wurzel. Die Stängel sind fein gerillt und 1-fach oder abstehend verzweigt. Die schrotsägeförmig-fiederteiligen Blätter stehen in einer grundständigen Rosette, die Stängelblätter sind wechselständig, sitzend und umfassen mit Öhrchen den Stängel. Die kleinen weißen Blüten (Mai bis Oktober) mit je 4 Kelch- und Kronblättern stehen in lockerer Traube mit endständiger Trugdolde. Die langgestielten, abstehenden Schötchen sind 3-eckig bis herzkeilförmig, die Samen grün und oval.

Standort: Felder, Gärten, Schuttplätze, Wegränder und Weinberge beinahe weltweit bis etwa 2.300 m Seehöhe.

Sammelzeit: ganzjährig möglich, im Frühjahr ideal zu Heilzwecken. Weiß bestäubtes Hirtentäschel ist von einem Pilz befallen. Einige Forscher meinen, die Wirkung der Pflanze gehe großteils auf den Pilz zurück.

Verwechslungsmöglichkeiten: Der **Sand-Bauernsenf**, *Teesdalia nudicaulis L.*, hat rundlichere Schötchen. **Durchwachsenes Hellerkraut** oder Stängelumfassendes Hellerkraut, *Thlaspi perfoliatum*, hat blaugrüne Blätter mit herzförmigem Grund. **Hellerkraut**, *Thlaspi arvense L.*, auch Acker-Täschelkraut oder Acker-Pfennigkraut genannt, hat rundlich-herzförmige Schötchen. Es dient zur Behandlung von Fieber, Gicht, erhöhten Harnsäurewerten und Rheuma sowie zur Desinfektion nach Insektenbissen. Die nach Kresse schmeckenden Blätter ergeben eine feine Würze, die Samen werden wie Senf verwendet. Ähnlich zu gebrauchen sind **Lauch-Hellerkraut**, *Thlaspi alliaceum*, mit Knoblaucharoma, und **Rundblättriges Hellerkraut**, *Thlaspi rotundifolium*, mit kresseähnlichem Geschmack und süßem Duft.

Inhaltsstoffe: Acetylcholin, Adonitol, Arabinose, ätherische Öle, Beta-Sitosterol, Kalzium, Cholin, Diosmin, Flavonoide (v. a. Rutin und Luteolin), Gerbstoffe, Histamin, Hyssopin, Inosit, Phenole, organische Säuren (u. a. Bursasäure), Tyramin, Kalzium, Kalium, Vitamin A und C.

Medizinische Eigenschaften: adstringierend, blutdruck- und menstruationsregulierend, blutstillend und tonisch.

Mögliche Nebenwirkungen: In der Fachliteratur bis dato nicht verzeichnet.

Medizinische Anwendung: Ein Aufguss dient seit Jahrhunderten zur Behandlung von Blut im Harn, Blutungen, schlaffen Brüsten, Hämorrhoiden, Gallenbeschwerden, schlaffem Darm nach Laxantienabusus, Leberproblemen, Menstruationsbeschwerden, Nasenbluten, Symptomen der Wechseljahre, vorzeitigem Samenerguss, Wunden und Zahnfleischbluten. Es ist Teil der Frühjahrskur. In der Traditionellen Chinesischen Medizin behandelt Hirtentäschel Blase, Dickdarm, Gebärmutter, Leber und Nieren.

Kulinarische Verwendung: Junge Hirtentäschelblätter sind aromatisch ähnlich Rucola und jungem Kohl. Junge Blätter und Sprosse dienen als Beigabe zu Salaten und Gemüse, ebenso die Schötchen. Die frischen oder getrockneten Wurzeln – vor der Blüte gesammelt – ergeben ein Gewürz, das an Ingwer erinnert. Die Samen werden wie scharfer Senf und als Ersatz für Pfeffer genutzt.

SPIESSBLÄTTRIGE MELDE

Atriplex prostrata Boucher ex DC.
Fuchsschwanzgewächse (Amaranthaceae)

SYNONYM: *Spießmelde*

Die Melde begleitet den Menschen seit dem Neolithikum. Von der Antike bis weit in die Neuzeit war sie eine beliebte Gemüsepflanze, die später vom Spinat verdrängt wurde. Schon früh dürfte die nährstoffreiche Pflanze in Kulthandlungen eine Rolle gespielt haben. Häufig ist sie in den auf magische Speisen der Urzeit zurückgehenden Gründonnerstagskräutern enthalten, die Glück und Gesundheit für das ganze übrige Jahr bringen sollen. Erinnerungen an die Kultspeisen früherer Tage klingen auch bei der Sitte an, zu Ostern Meldekrapfen zu verspeisen. Mit den Samen färbte man bereits im Mittelalter Haare schwarz und Textilien blau.

Kennzeichen: Die vielgestaltige einjährige Pflanze wird bis 1 m hoch. Junge Pflanzen erscheinen durch die zarte Behaarung mehlig bestäubt, ältere sind kahl. Die gestielten Blätter sind meist gegenständig mit 3-eckiger bis spießförmiger Blattspreite mit etwas auseinandergezogenen Ecken. Die Blätter sind ganzrandig oder gezähnt, mitunter auch stachelspitzig. Die unscheinbaren grünlichen Blüten (Juni bis September) stehen in rispigen Scheinähren an den Sprossenden. Weibliche Blüten haben keine Blütenhülle, sind jedoch von rhomboidalen Vorblättern eingehüllt. Männliche Blüten ohne Vorblätter haben 3–5 kleine, basal etwas verwachsene Blütenhüllblätter und ebenso viele basal zusammenhängende Staubblätter. Die Samen sind klein und braun.
Standort: Gräben, Müllhalden und Ufer, an Küsten bis zum Spülsaum des Meeres in der nördlichen Hemisphäre bis etwa 800 m Seehöhe.
Sammelzeit: zu Heilzwecken zu Beginn der Blütezeit, für die kulinarische Verwendung April bis August, Samen September und Oktober, Wurzeln im Frühjahr und Herbst.
Verwandte: Die zahlreichen Melde-Arten sind ebenso verwendbar. **Gartenmelde**, *Atriplex hortensis L.*, auch Gartenspinat, Mehlkraut

oder Wilder Spinat genannt, zeigt standortabhängig unterschiedliche Gestalt. Die einjährige Pflanze wird bis 1 m hoch. Junge Pflanzen sind blaugrün, ältere hellgrün. Untere Blätter sind 3-eckig, obere länglich-lanzettlich, die Ränder meist gezähnt. Die Blüten bilden rispige Scheinähren. Junge Pflanzen erscheinen wie mit Mehl bestäubt. Seit der Antike wird sie als Gemüse angebaut. Die **Sparrige Melde**, *Atriplex patula L.*, auch Rutenmelde oder Spreizende Melde genannt, erreicht bis 80 cm mit gefurchtem Stängel. Junge Pflanzen wirken fettig oder mehlig bestäubt. Die fleischigen Blätter sind rautenförmig, spießförmig oder 3-eckig mit schwach gezähntem Rand. Die unscheinbaren grünen Blüten stehen in dichten, verzweigten Scheinähren.

Inhaltsstoffe: Alkaloide, Flavonoide, Mineralstoffe in größerer Menge (u. a. Kalzium, Eisen, Kalium, Magnesium und Phosphor), Oxalsäure, Saponine sowie die Vitamine A und C.

Medizinische Eigenschaften: erweichend, harntreibend und stoffwechselanregend.

Mögliche Nebenwirkungen: Überempfindliche Menschen können auf hohe Dosen mit Ausschlag reagieren. Die Samen wirken in großer Menge abführend, im Übermaß blutschädigend.

Medizinische Anwendung: Hildegard von Bingen empfiehlt Auflagen von gekochter Melde bei Hautgeschwüren. Unter Berufung auf Dioskorides, Galen und Serapion berichtet Peter Schöffer 1485 in seinem *Hortus Sanitatis* von der Verwendung zur Erweichung von Geschwulsten und zur Behandlung von Flechten, Verbrennungen und Nagelbettentzündungen. Innerlich dient ein Absud zur Anregung der Drüsentätigkeit bei Beschwerden von Blase, Lunge und Nieren sowie gegen Hautunreinheiten. Die saponinhaltigen Samen beheben Verstopfungen.

Kulinarische Verwendung: Roh schmeckt die Pflanze zart nach Spinat und Nüssen, nach dem Kochen ist sie mild-würzig. Junge Blätter und Triebspitzen ergeben feine Salate, Vorspeisen, Suppen, Saucen und Gemüsegerichte. Blütenknospen und junge Blüten bereichern Salate, Aufstriche und Gemüsegerichte. Die Melde ist häufig Bestandteil der traditionellen Neunerleikräuter. Meldekrapfen gehören noch heute in zahlreichen Regionen zur Osterjause. In Osteuropa und Nordamerika werden die Blätter wie Sauerkraut milchsauer vergoren. Die Samen keimt man zu Sprossen, fügt sie Salaten und Gemüsegerichten hinzu oder vermischt sie mit Mehl. Auch die Wurzel sehr junger Pflanzen eignet sich zum Kochen.

WIESEN

Die Artenzusammensetzung einer Wiese hängt entscheidend von der vorhandenen Menge an Nährstoffen, der Feuchtigkeit, dem Klima, der Höhenlage und der Häufigkeit des Mähens ab. Je magerer – das bedeutet nährstoffärmer – eine Wiese ist und je seltener sie im Lauf eines Jahres geschnitten wird, umso größer ist die Artenvielfalt.

RASEN

Auf nährstoffreichen Wiesen, die häufig gemäht werden, wie zum Beispiel in Parks, finden sich vor allem Arten, die sehr rasch wachsen, unterirdische Ausläufer bilden oder über eine bodennahe Blattrosette verfügen, die von den Schneidemessern nicht erfasst wird. Dazu zählen Fingerkraut (S. 128), Gänseblümchen (S. 62), Gundelrebe (S. 65), Klee, Labkraut (S. 65), Löwenzahn (S. 68), Schafgarbe, Wegerich (S. 42), Veilchen (S. 138) und Vogel-Sternmiere (S. 71).

GÄNSEBLÜMCHEN

Bellis perennis L.
Korbblütengewächse (Asteraceae)

Synonyme: *Angerbleamerl, Augenblümchen, Herzblümli, Himmelsblume, Maiblume, Mairöserl, Marienblümchen, Maßliebchen, Mondscheinblume, Morgenblume, Mümmeli, Osterblume, Regenblume, Sonnenblümchen, Sonnentürchen, Tausendschön, Wundkraut*

In der nordischen Mythologie war das Gänseblümchen der Frühlingsgöttin Ostara geweiht. Auch mit der Mutter- und Fruchtbarkeitsgöttin Freyja wurde die Pflanze in Verbindung gebracht. Die Germanen bezeichneten das Gänseblümchen als »Baldurs Auge« oder »Baldurs Braue«, da, wann immer das Pflänzchen seine Blütenkelche öffnet, die Sonne hinter den Wolken hervorkommt – ein nicht allzu häufiges Phänomen im nebeligen hohen Norden. Die Kelten meinten, das Gänseblümchen bremse das Wachstum. In einer irischen Sage gibt die Fee Milkah einem Königskind heimlich Gänseblümchen, damit es nie erwachsen werde. Auch heute noch sollen auf den Britischen Inseln und bei spanischen Roma Welpen mit Gänseblümchen klein – und damit besser verkäuflich – gehalten werden.

Die Legende erzählt, das Gänseblümchen wäre den Tränen der minoischen Fruchtbarkeitsgöttin Helena entsprungen. Die christliche Mythologie setzte Maria in die Erzählung ein und transferierte das Geschehen zur Flucht nach Ägypten. Die purpurne Färbung der Unterseite der Zungenblüten erklärte sie aus einer Verletzung, die sich die Gottesmutter zugezogen hatte, als sie für das Jesuskind Blumen zu seinem Geburtstag bastelte. Das Kind fand die Blüten so hübsch, dass es sie zum Leben erweckte und bei milder Witterung auch im Winter blühen ließ. In der sakralen Kunst symbolisiert das Gänseblümchen daher Unvergänglichkeit und ewiges Leben, auch Tränen und die Verachtung irdischer Güter.

Das Gänseblümchen wird gern als Orakel verwendet. In der Volksmeteorologie gelten tagsüber geschlossen bleibende Blüten als Zeichen für kommenden Regen. Langstielig wachsende Gänseblümchen sollen ein langes Halmwachstum des Flachses ankündigen. Für ein Liebesorakel zupft man die Zungenblüten mit dem Spruch: »Liebt mich – von Herzen – mit Schmerzen – ein bisschen – ein wenig – gar nicht.« Kleine Kinder interessierte wohl mehr die Reaktion der Eltern auf Ungehorsam: »Schelte – Schläge – gute Worte.«

Im 13. Jahrhundert nahm der französische König Ludwig IX. das Gänseblümchen gemeinsam mit der Lilie in sein Wappen. Einigen Spott handelten sich flämische Maler ein, die Säue darstellten, denen anstelle von Perlen Gänseblümchen serviert wurden. Die Künstler fielen offenbar einem Übersetzungsfehler zum Opfer, indem das lateinische *margarita*, Perle, mit dem französischen *marguerite*, Gänseblümchen, gleichgesetzt wurde. Den Schweinen werden die Gänseblümchen sicher lieber gewesen sein.

Seit der Renaissance war das Gänseblümchen als Heilpflanze in Gebrauch, geriet jedoch im 18. Jahrhundert in den Verdacht, als Abortivum zu wirken, und wurde vielerorts vernichtet. Im gleichnamigen Märchen von Hans Christian Andersen nimmt ein zunächst in all seiner Bescheidenheit ausgesprochen glückliches und sehr mitfühlendes Gänseblümchen gemeinsam mit einer Lerche ein trauriges Ende.

Kennzeichen: Die ausdauernde Pflanze wird 4–15 cm hoch und hat einen kurzen Wurzelstock. Die spatelförmigen Blätter mit breitem Stiel stehen in grundständiger Rosette. Die aufrechten, unbeblätterten Stängel tragen eine einzige Blüte (Mai bis November, in milden Regionen auch im Winter). Die Blütenköpfe haben im

Zentrum zahlreiche gelbe Röhrenblüten, die von einer Vielzahl oberseits weißer, unterseits oft purpurner Zungenblüten umgeben sind. Während der Nacht und bei feuchter Witterung legen sich die Hüllblätter und die Zungenblüten schützend über die Röhrenblüten.

Standort: Felder, Wegränder und Wiesen, bevorzugt auf lehmigen Böden in Mitteleuropa und Südwesteuropa sowie in Westasien bis etwa 2.400 m Seehöhe.

Sammelzeit: Blätter Februar bis November, Blüten (beinahe) das ganze Jahr hindurch, Samen im September. Die größte Wirkung haben um den Johannistag gepflückte Pflanzen, da zu dieser Zeit die Entwicklung der Pflanze ihren Höhepunkt erreicht.

Verwechslungsmöglichkeiten: Die Wiesen-Margerite, *Chrysanthemum leucanthemum L.*, ist wesentlich größer. Die milden Blätter und aromatischen Knospen sowie Blüten schmecken roh und kurz gedünstet. Knospen lassen sich wie Kapern einlegen.

Inhaltsstoffe: Anthoxanthin, ätherisches Öl, Bitterstoffe, Flavone, Gerbstoffe, Harz, reichlich Mineralstoffe, Saponine, Schleimstoffe, organische Säuren sowie Vitamine.

Medizinische Eigenschaften: blutreinigend, entzündungshemmend und entwässernd.

Mögliche Nebenwirkungen: Bei einer Überempfindlichkeit gegen Korbblütengewächse sind allergische Reaktionen möglich.

Medizinische Anwendung: Im Mittelalter verwendete man Gänseblümchen u. a. zur »Klärung des Verstandes« und der Augen. Aufgüsse dienen der Behandlung von Angina, Asthma, Bronchitis, Furunkeln, Gelbsucht, Hautflecken, Nierenschwäche und Ödemen. Frische Blüten und Blätter werden bei Verstauchungen und Wunden zerstoßen verwendet und vermischt mit Butter auf schmerzende Gelenke gestrichen. In der Volksmedizin dienen Gänseblümchen zur Lockerung von Husten und zur Linderung von Menstruationsbeschwerden. In der Homöopathie wird eine Essenz aus der frischen Pflanze gegen niedrigen Blutdruck, Entzündungen in Magen und Darm sowie Rheuma eingesetzt. Äußerlich behandelt die Urtinktur Akne, Ekzeme, Muttermale, Prellungen und Quetschungen.

Kulinarische Verwendung: Eingelegte Knospen waren ein Ersatz für Kapern. Die Blüten eignen sich als delikate Dekoration für Bowlen, Salate, Suppen und Desserts, die Blätter werden Salaten und Gemüsemischungen beigefügt. Die Samen dienen roh oder geröstet als Streu auf Salaten und Desserts. Sie ergeben auch schmackhafte kleine Sprossen.

GUNDELREBE

Glechoma hederacea L.
Lippenblütengewächse (Lamiaceae)

Synonyme: *Blauguder, Blauhuder, Buldermann, Donnerrebe, Egelkraut, Erdefeu, Erdkränzel, Guck durch den Zaun, Gundelkraut, Gundermann, Gunelreif, Heilrauf, Huder(ich), Katzenminze, Kitzkräutl, Kollermann, Kranzkraut, Soldatenpetersilie, Totenkraut, Udrang, Zaungucker, Zickelskräutlein*

Beim keltischen Fest zur Sommersonnenwende tanzten die Menschen »nur in die vier Winde gekleidet«, bekränzt mit Gundelrebe und Eisenkraut, gegürtet mit Beifuß oder Eisenkraut, um ein großes Feuer. Die Germanen nutzten die Pflanze bereits als Heilkraut und Zauberpflanze. Wie zahlreiche andere blaue Blumen weihten sie die Gundelrebe dem Donnergott Donar. Entsprechend sollten kleine Sträuße der Pflanze die Behausungen vor Blitzschlag schützen. Wie alle in der Nähe von Wohnstätten wachsenden Pflanzen, galt die Gundelrebe als Verkörperung des Hausgeistes. Diese Vorstellung spiegelt sich in der Silbe »mann« als Teil vieler ihrer volkstümlicher Namen wider. Der Wortstamm »gund« hingegen bedeutete im Gotischen »Flüssigkeit«, auch Körperflüssigkeit wie Eiter, und verweist auf die Heilwirkungen des Krautes.

Noch im Mittelalter schätzte man die Gundelrebe als Heilpflanze und Zaubermittel. Als traditioneller Bestandteil des Gründonnerstagsgemüses sollte die Gundelrebe das ganze Jahr vor Krankheit schützen. Am Johannistag waren »Gorebelküchlein« eine der neun Sorten kultischer Backwaren, die an jenem Tag bereitet wurden. Der Wurzel wird nachgesagt, Zorn zu erregen. Daher soll ein allzu weichherziger Scharfrichter vor jeder Hinrichtung eine Gundelrebenwurzel gekaut haben.

Die Sympathiemedizin empfahl Kränze aus einer ungeraden Anzahl von Gundelrebenblättern gegen Kopfschmerz. Vielleicht trug man daher zu den Frühlingsfeiern Kränze aus dem Kraut. So würde der unweigerlich zu erwartende Kater gar nicht erst entstehen können. Augenleiden behandelte man mit in Leinensäckchen eingenähten Blättern, die als Amulett um den Hals gehängt wurden.
Die Pflanze wurde im 16. Jahrhundert gern gegen Tollheit und zum Schutz des Viehs vor Verhexung (= Infektionen) benutzt. Gänsen legte man Gundelrebe ins Nest, damit sie kräftige Junge ausbrüten. Mit Salz und Hafer vermischt wurde sie zum magischen Futter für das Vieh. Der Absud des Krautes diente zum Auswaschen des Milchgeschirrs. Um die Hexen oder Dämonen davon abzuhalten, die Milch zu stehlen oder durch Blut unbrauchbar zu machen, molk man vor dem ersten Auftrieb, in manchen Gegenden auch nach dem Abtrieb von der Alm, die Milch unter Beschwörungsformeln durch einen Gundelrebenkranz, den die Kuh anschließend verspeisen durfte – so berichtet auch von Albertus Magnus in *Bewährte und approbirte sympathetische und natürliche egyptische Geheimnisse für Menschen und Vieh.*

Kennzeichen: Die ausdauernde Pflanze wird 5–25 cm hoch und ist zart behaart. Die kriechenden 4-kantigen Stängel wurzeln an den Knoten und tragen gestielte, nierenförmige bis rundlich-herzförmige, kreuzgegenständige Blätter mit gekerbtem Rand. Die blattachselständigen, blauvioletten Blüten (April bis Juni, mitunter auch im Herbst) mit purpurnem Fleck auf der Unterlippe haben einen 5-zähnigen Kelch mit flacher Oberlippe und 3-lappiger Unterlippe. Die Früchte sind glatt und gelblich.

Standort: feuchte Wiesen und Wälder, Gärten, unter Bäumen und Mauern in beinahe ganz Europa, Asien und Nordamerika bis etwa 1.600 m Seehöhe.

Sammelzeit: April bis Mai, junge nachwachsende Pflanzen nach der Mahd.

Verwechslungsmöglichkeiten: **Kriechender Günsel**, *Ajuga reptans L.*, hat Blüten mit sehr kurzer Oberlippe und rosettig stehende Grundblätter. Günsel dient als herbes Gewürz. **Gamander**, *Teucrium chamaedrys L.*, hat rosa Blüten mit sehr kleiner Oberlippe und 5-lappiger Unterlippe. Die Blätter sind länglich-keilförmig, die Zweige mitunter rot überlaufen. Die Pflanze ist ein Heilmittel, das u. a. antiviral wirkt, und wurde in geringen Mengen nach sorgfältigem Entbittern auch gegessen.
Inhaltsstoffe: ätherische Öle, Bitterstoff Glechomin, Cholin, Gerbstoffe, Harze, Wachse, Saponine, reich an Kalium und Vitamin C.
Medizinische Eigenschaften: adstringierend, harntreibend, schleimlösend, tonisch und wundheilend.
Mögliche Nebenwirkungen: Bei manchen Tieren, besonders Pferden, können Vergiftungen auftreten.
Medizinische Anwendung: Kopfwaschungen mit Gundelrebe dienten der Vorbeugung von Erkrankungen aller Art. Die frische oder getrocknete Pflanze dient der Behandlung von Appetitlosigkeit, Asthma, Durchfall, Furunkeln, Gelbsucht, Husten, Katarrh, Magenverstimmung und Lungenschwäche. In der Volksmedizin werden frische Blätter gegen Wunden und Zahnschmerzen, Abkochungen in Milch gegen Entzündungen im Rachenraum eingesetzt. Gundelrebe ist Bestandteil von »Schweizer Tee«, der bei körperlichen und seelischen Belastungen getrunken wird. In der Homöopathie verabreicht man *Glechoma* bei Bronchitis und Schwächezuständen. Die Traditionelle Chinesische Medizin ordnet die Organe Lunge, Blase und Dickdarm der Gundelrebe zu. In der Veterinärmedizin therapiert man mit Gundelrebe auch Darmparasiten.
Kulinarische Verwendung: Hildegard von Bingen sprach sich deutlich für den häufigen Verzehr aus. Die sehr aromatische Pflanze würzt Smoothies, Suppen, Vorspeisen und Salate sowie Kräuteraufstriche, Kräutersaucen und Frühlingsbowlen, Pasteten, Käse, Gemüsegerichte und Fleisch (genial zu Lamm). Am delikatesten sind die Blätter vor der Blüte. Die Blüten eignen sich als zarter Dekor für kalte Platten und Torten. Getrocknet ist die Gundelrebe als Gewürz lange haltbar. Bis ins 17. Jahrhundert spielte die Gundelrebe eine nicht unbedeutende Rolle in der Bierbraukunst.

LÖWENZAHN

Taraxacum officinale Web.
Korbblütengewächse (Asteraceae)

SYNONYME: *Ackerzichorie, Bettseicher, Bimbam, Butterblume, Hopfe, Hundeblume, Kettenblume, Kietblume, Krötenkraut, Kuckucksblume, Kuhblume, Lampe, Lichtblom, Maiblume, Milchblume, Milchstock, Pfaffenbusch, Pfaffendistel, Pfaffenröhrlein, Pferdeblume, Pissblume, Pusteblume, Riegelstock, Ringelblume, Schmalzblume, Seicherwurzel, Wiesenlattich*

Als Heilpflanze wird der Löwenzahn bereits in einem chinesischen Text aus dem Jahre 659 und in den arabischen Schriften von Rhazes sowie Ibn Sina genannt. Die klassische griechische Literatur und die Kräuterbücher des 16. Jahrhunderts loben ebenfalls die Heilkraft der Pflanze. Neben anderen Prominenten wurde Friedrich der Große mit der Pflanze behandelt. Auch sympathiemedizinische Anwendungen sind überliefert.

Das Wegpusten der mit Fallschirmen ausgestatteten Früchte dient als Orakel. Der kahle Blütenboden, besonders wenn noch einige Samen rundum stehen geblieben sind, erinnert an die Tonsur eines Mönches und legte deutsche Bezeichnungen wie etwa Pfaffenröhrlein nahe. Wer in Löwenzahnmilch (= Milch

mit Löwenzahnextrakt) badete, sollte jedermann schön und liebenswert erscheinen. Diese Volksweisheit bezieht sich auf die hautpflegende und entwässernde Wirkung der Pflanze. Den Milchsaft sollte man zu diesem Zweck allerdings nicht verwenden – er macht hartnäckige Flecken. Wer den Löwenzahn mit ins Haus nahm, riskierte der Legende nach zum Bettnässer zu werden – keine Sorge, das funktioniert nur, wenn man allzu viel davon als Salat oder Tee zu sich nimmt.
Löwenzahn wurde in den Walpurgiskranz eingeflochten, der die Kühe gegen Zauberei schmückte. Mit Kleie und Salz vermischt sollte der Löwenzahn den Milchfluss des Viehs anregen. In der sakralen Kunst des Mittelalters werden die sonnenähnlich strahlenden Blüten Christus und Maria zugeordnet. Wie zahlreiche Milchsaft führende Pflanzen symbolisiert der Löwenzahn zudem den Tod Christi und der Märtyrer.

Kennzeichen: Die ausdauernde, Milchsaft führende Pflanze wird 10–50 cm hoch und hat eine fleischige Wurzel. Die tief eingeschnittenen bis fiederteiligen Blätter mit 3-eckigen Abschnitten stehen in grundständiger Rosette. Die gelben Zungenblüten (März bis Oktober) bilden Köpfchen, deren Boden sich aufwölbt. Sie stehen einzeln auf weitröhrigen Stängeln. Die Frucht trägt eine langgestielte Flughaarkrone.
Standort: Gärten, Wiesen und Weiden sowie Wegränder in ganz Europa, in Nordafrika, Asien und Nordamerika bis über 2.000 m Seehöhe.
Sammelzeit: Blütenknospen März und April, Blüten März bis Oktober, Blätter März bis Juni, Wurzel September bis März.
Verwechslungsmöglichkeiten: **Herbst-Löwenzahn**, *Leontodon autumnalis L.*, hat gefurchte, gefüllte Stängel. **Spieß-Löwenzahn**, *Leontodon hispidus L.*, auch Rauer Löwenzahn genannt, hat unter dem Blütenkörbchen verdickte Stängel und ist rau behaart. **Sumpf-Pippau**, *Crepis paludosa L.*, hat gebuchtete, stängelumfassende Blätter. **Wiesen-Pippau**, *Crepis biennis L.*, hat beblätterte Stängel, die obersten Blätter sind ungeteilt, die Mittelrippe ist auf der Blattunterseite behaart, die Blütenkörbchen stehen in Rispen.
Inhaltsstoffe: ätherisches Öl, Bitterstoffe, Cholin, Flavonoide, Fructose, Gerbstoffe, Inulin, Ca-

rotinoide, Vitamine A, B und C, Kieselsäure, Mineralstoffe (besonders Kalium), Phytosterole, Saponin, Spurenelemente, Triterpene, Wachs und Xanthophylle.

Medizinische Eigenschaften: abführend, appetitanregend, antiskorbutisch, die Durchblutung des Bindegewebes fördernd, blutreinigend, gallensekretionsfördernd, harntreibend und tonisch.

Mögliche Nebenwirkungen: Entsprechend disponierte Menschen können allergisch reagieren. Kinder sollen nach dem Aussaugen großer Mengen des Milchsaftes frischer Löwenzahnstängel Übelkeit verspürt haben. Wegen des hohen Kaliumgehaltes sollten Patienten mit eingeschränkter Nierenfunktion die Blätter nur gut gewässert und blanchiert zu sich nehmen. Bei Entzündungen oder Verschluss der Gallengänge sowie bei Darmverschluss ist von einer Anwendung abzusehen. Der Milchsaft hinterlässt dunkle Flecken auf Haut und Kleidung.

Medizinische Anwendung: Aus der ganzen Pflanze stellt man eine Hautlotion gegen Hautunreinheiten und Sommersprossen her. Der Saft oder ein Aufguss von Kraut und Wurzeln findet Anwendung bei Akne, Arteriosklerose, Asthenie, Diabetes, erhöhten Cholesterinwerten, Ekzemen, zur Vorbeugung gegen Gallensteine, bei Gelbsucht, Gicht, Hämorrhoiden, Krampfadern, Leberproblemen, Rheuma, Nierensteinen, Übergewicht, Verstopfung und Warzen. Die Pflanze ist auch Teil der Frühjahrskur. In der Volksmedizin verwendete man Löwenzahn zudem gegen leberbedingte Wassersucht, was sich noch in der deftigen französischen Bezeichnung *pissenlit*, »Bettnässer«, widerspiegelt. Die Homöopathie behandelt mit *Taraxacum* Antriebsschwäche, Appetitlosigkeit, Gallenprobleme, Leberbeschwerden, Nierenleiden, stechende Schmerzen in Augen und Kopf. Die Traditionelle Chinesische Medizin ordnet dem Löwenzahn Magen und Leber zu und behandelt mit ihm auch Brust- und Lungentumore.

Kulinarische Verwendung: Die Blütenknospen schmecken zart nach Pilzen und werden roh genossen, in Butter gedünstet oder knusprig gebraten, auch in Teig ausgebacken oder wie Kapern eingelegt. Die Blütenstängel eignen sich – nach Einsalzen oder Wässern – für Salate und Gemüsegerichte. Aus den Blüten kann Sirup und Gelee hergestellt werden. Junge Blätter, vor der Blüte gesammelt, eignen sich als Zutat für Salate – besonders in Kombination mit Frischkäse – und Gemüsegerichte. In Frankreich wird Löwenzahn als Gemüse angebaut, meist in einer im Dunkeln gezogenen und daher sehr milden Variante. Im Garten kann man einfach einen Blumentopf kopfüber auf die Pflanze stellen, um denselben Effekt zu erzielen. Die im Spätsommer geerntete Wurzel ist ein feines Gemüse (nach Wunsch durch Einsalzen entbittert), bitteraromatischer Bestandteil von Kräuterlikören und dient geröstet als Kaffee-Ersatz. Aufgrund ihres Inulingehaltes ist die Wurzel für Diabetiker empfehlenswert.

VOGEL-STERNMIERE

Stellaria media (L.) Vill.
Nelkengewächse (Caryophyllaceae)

SYNONYME: *Alsine, Hühnerbiss, Hühnerdarm, Mausdarm, Sternmiere, Vogelmiere*

Die Vogel-Sternmiere ist vermutlich bereits in der Jungsteinzeit nach Mitteleuropa gelangt. Der botanische Name dieser Gattung mit sternförmigen Blüten leitet sich von lateinisch *stella*, Stern, ab. Der deutsche Name verweist darauf, dass die Pflanze gern vor allem von Vögeln und Geflügel als ganzjährig verfügbare Futterpflanze aufgenommen wird. Für Hühner, Wellensittiche und andere Haustiere ist Vogel-Sternmiere eine wertvolle Nahrungsergänzung. Für den Menschen wäre sie es auch, stellt sie doch eine reichhaltige Quelle für Vitalstoffe dar, die mit 50 Gramm zartsaftigem Kraut den Tagesbedarf an Vitamin C deckt – gratis und das ganze Jahr über.

Wie wenig Wertschätzung der Vogel-Sternmiere mitunter entgegengebracht wurde, zeigt eine alte Volksweisheit: Die Pflanze könne man nur dann vollständig loswerden, wenn man während des Mittagsläutens zu Johanni an allen vier Ecken des Hauses jätet. Tatsächlich ist das zarte Kraut mit seinen wurzelnden Stängeln und Samen, die ihre Keimfähigkeit über 6 Jahrzehnte zu bewahren imstande sind, ein veritabler Überlebenskünstler. Ein Wetterprophet ist die Vogel-Sternmiere auch: Öffnet sie ihre Blüten vollständig, kann man mit mehreren Stunden Sonnenschein rechnen.

Kennzeichen: Die meist einjährige Pflanze wird 10–40 cm hoch, mit einer Pfahlwurzel und weichen, saftigen, stark verzweigten Stängeln, die in einer einzigen längs verlaufenden Reihe behaart sind und bei Bodenkontakt wurzeln. Die Blättchen sind gegenständig, klein, eiförmig und leicht zugespitzt, die unteren kurzgestielt, die oberen sitzend. Die kleinen, weißen, sternförmigen Blüten (März bis Oktober), die in den Achseln der oberen Blätter in lockeren Scheindolden stehen, haben 5 Kronblätter, die mitunter verkümmert sind oder ganz fehlen, und 5 tief eingeschnittene Kelchblätter. Der Fruchtknoten ist kugelig und trägt 3 bogig abstehende Griffel. Die Frucht ist eine Kapsel mit 6 Klappen. Die kleinen Samen sind nierenförmig.
Standort: Äcker, Gärten, Felder, Schuttplätze, Weinberge und Wälder in der nördlichen Hemisphäre bis etwa 2.000 m Seehöhe.
Sammelzeit: Januar bis Dezember.
Verwechslungsmöglichkeiten: Die weltweit verbreitete Gattung umfasst weit über 100 Arten, die einander relativ ähnlich sehen. Eine Verwechslung ist ungefährlich. Der **Acker-Gauchheil**, *Anagallis arvensis L.*, weist unterseits schwarz punktierte Blätter und rote oder blaue Blüten auf. Blätter und Samen wurden durch Blanchieren mit mehrmaligem Wasserwechsel entgiftet und danach verkocht. Gauchheil ist seit der Antike als Heilpflanze gegen Nerven- und Leberleiden im Einsatz. Die **Dreinervige Nabelmiere**, *Moehringa trinervia L.*, hat 3- bis 5-nervige Blättchen. Die Stiele sind rundum behaart. Nabelmiere kann als Salat und Gemüse genossen werden. **Quendelblättriges Sandkraut**, *Arenaria serpyllifolia L.*, ist rau behaart. Es hat sehr kleine, sitzende Blätter und aufrechte Früchte. Die Pflanze ist wie die Vogel-Sternmiere verwendbar.
Inhaltsstoffe: Kalzium, Chlorophyll, Eisen, Flavonoide (Rutin), Gamma-Linolensäure, Kalium, Kieselsäure, Magnesium, Phosphor, Saponine, Schleimstoffe, Selen, Vitamine A, B-Gruppe und C.
Medizinische Eigenschaften: harntreibend, milchsekretionshemmend, tonisch, verdauungsfördernd und wundheilend.
Mögliche Nebenwirkungen: In der Fachliteratur bis dato nicht verzeichnet.
Medizinische Anwendung: Die frische Pflanze oder einen Aufguss verwendet man bei Anämie, Blutungen, Hämorrhoiden, Hautproblemen, Magenschwäche, Quetschungen, Rheuma und zur Unterstützung der Rekonvaleszenz. In der Volksmedizin dient der Tee zur Bluterneuerung und der Behandlung von Blasen- und Nierenleiden sowie Dermatitis, Ekzemen und Psoriasis. Leonhart

Fuchs setzte Vogel-Sternmieren-Absud bei Fieber ein. Culpeper verrät ein Rezept für eine schmerzstillende Salbe, das unter anderem das Öl von Schafsfüßen auflistet. Sebastian Kneipp lobte die Pflanze bei Entzündungen der Atemwege. Pfarrer Künzle hob die herzstärkende Wirkung hervor und empfahl die Behandlung von Kindern mit häufigen Lymphknotenschwellungen und Lungenentzündungen. Die frische Pflanze, zerstoßen auf Insektenbisse gelegt, vertreibt den Juckreiz. In der Homöopathie verabreicht man *Stellaria media* bei akutem und chronischem Gelenksrheumatismus, Psoriasis und Leberschmerzen. Die Traditionelle Chinesische Medizin ordnet der Pflanze die Organe Lunge, Herz, Magen und Dickdarm zu und stärkt das allgemeine Wohlbefinden durch Regulierung der Verdauung mit Vogel-Sternmiere. In der Veterinärmedizin werden vor allem Hauterkrankungen mit Präparaten aus der Pflanze behandelt.

Kulinarische Verwendung: Vogel-Sternmiere schmeckt wie junge, noch milchige Maiskörner. Die ganze saftige Pflanze eignet sich roh besonders gut für grüne Smoothies und roh oder kurz gegart für Salate, Aufstriche, Antipasti, Suppen oder Mischgemüse und zur Milderung von Speisen mit hocharomatischen oder bitteren Wildkräutern. Sehr reizvoll ist sie auch mit reichlich Acker-Senf-Samen in Essig eingelegt. Die unteren Teile und ältere Pflanzen sollten klein geschnitten oder püriert werden, da diese Stiele etwas faserig sind. Die Samen ergeben feine Keimsprossen. Alle Stellaria-Arten sind wie die Vogel-Sternmiere verwendbar.

FETTWIESE

Auf Wiesen, die mäßig gedüngt und zur Heugewinnung ursprünglich nur zwei- bis dreimal jährlich gemäht wurden, gediehen zahlreiche Arten. Durch intensivere Düngung und häufigeren Schnitt geht die Vielfalt zurück. An diesen Standorten wachsen unter anderem Brennnessel (S. 50), Gänseblümchen (S. 62), Gundelrebe (S. 65), Labkraut (S. 65), Löwenzahn (S. 68), Pastinak (S. 75), Sauerampfer (S. 77), Wiesen-Bärenklau (S. 46), Wiesen-Bocksbart (S. 80) und Wiesen-Margerite (S. 64). Bitte diese Wiesen nicht betreten, sondern nur – möglichst nach Rücksprache mit dem Besitzer – am Rand sammeln.

GEWÖHNLICHER PASTINAK

Pastinaca sativa L.
Doldenblütengewächse (Apiaceae)

SYNONYME: *Hammelmöhre, Moorwurzel, Schafwurz, Spindelwurz, Wiesenweißwurz*

Pastinak wurde bereits in der Bronzezeit geschätzt, wie archäologische Funde in Pfahlbauten zeigen. Dioskurides erwähnt die Pflanze schon im 1. Jahrhundert. Der römische Kaiser Tiberius ließ sich laut Plinius jedes Jahr Pastinaken als Teil der Tributzahlung der Germanen nach Rom bringen. Die Landgüterverordnung Karls des Großen unterscheidet bereits zwischen *pastinacas* und *carvitas* (Möhren). Einige Zeit lang war der Pastinak in Vergessenheit geraten. Mittlerweile ist das feinwürzige Gemüse wiederentdeckt worden. Auch Wild und Weidevieh schätzen die würzigen Blätter und Wurzeln.
Die Form der kräftigen Wurzel brachte der Pflanze einen Rang unter den Gliedkräutern ein: Diesen Gewächsen wurde eine aphrodisierende und kräftigende Wirkung auf die »heimlichen Glieder« – die weiblichen und männlichen Geschlechtsteile – zugesprochen. Regelmäßiger Verzehr von Pastinakenwurzeln soll die Potenz steigern.

Kennzeichen: Die 60–200 cm hohe, zweijährige Pflanze entwickelt im ersten Jahr eine Blattrosette mit beige-weißer Pfahlwurzel, die deutlich nach Karotte und Petersilienwurzel duftet. Der Stängel im zweiten Jahr ist kantig, gefurcht bis fein gerillt, teilweise behaart und in den oberen Bereichen verzweigt. Die oberseits mehr oder minder glänzenden, unterseits mehr oder weniger rauhaarigen Blätter sind wechselständig und meist 1-fach gefiedert. Die Fiedern haben 3–7 Paare und oft einen 3-lappigen Endabschnitt. Die grünlichgelben Blüten (Juli bis Anfang September) stehen in doppelten Dolden mit 8–10 Strahlen. Die Spaltfrüchte sind stark zusammengedrückt, reif mit dunkelbraunen Ölstriemen.
Standort: mäßig feuchte Gräben, Schutthalden, Wiesen und Wegränder in ganz Europa mit Ausnahme der nördlichen Regionen, bis Kleinasien, bis etwa 1.800 m Seehöhe.

Sammelzeit: Blätter Mai bis Juli, Samen August bis September, Wurzeln ab September des ersten Jahres bis Februar.

Verwechslungsmöglichkeiten: Eine Unterart des Pastinaks, **Brennender Pastinak**, *Pastinaca sativa L. ssp. urens Čelak*, mit stumpfen Blattabschnitten, kann bei Berührung Hautreizungen hervorrufen. Einige giftige Doldenblütler haben ähnlich geformte – jedoch weiße – Blüten, v. a. die **Safran-Rebendolde**, *Oenanthe crocata L.*, mit gelbem Milchsaft und **Gefleckter Schierling**, *Conium maculatum L.*, der nach Mäusen riecht und schon Sokrates zum Verhängnis wurde. Allerdings haben diese Pflanzen nicht den aromatischen Geruch des Pastinaks.

Inhaltsstoffe: ätherische Öle, Alkaloide, Bitterstoffe, Carotinoide, Furanocumarine, Inulin, Mineralstoffe und Proteine, Vitamine A, B und C.

Medizinische Eigenschaften: beruhigend, blutreinigend und harntreibend.

Mögliche Nebenwirkungen: Bei Überempfindlichkeit gegen Doldenblütengewächse kann es in seltenen Fällen zu allergischen Reaktionen kommen.

Medizinische Anwendung: Pastinakenwurzeln unterstützen bei der Gewichtsreduktion und der Frühjahrskur, bei Fieber, Magenbeschwerden und in der Rekonvaleszenz. Aufgüsse aus den Blüten und Blättern werden gegen Schlaflosigkeit angewendet. Auszüge aus den Samen setzt man bei Blasen-, Gallen-, Magen- und Nierenproblemen ein. Klassische Kräuterbücher empfehlen die Samen gegen Appetitlosigkeit, zur Empfängnisverhütung, bei Schlangenbiss und Schwermut. Leonhart Fuchs meint: »Die wurtzel gesotten und getruncken treibt den harn und reyzt zu den ehelichen wercken. So man die wurtzel in die muter thut, treibt sie die todte geburt.«

Kulinarische Verwendung: Blüten und zarte Blätter dienen – auch getrocknet – als feinaromatische Beigabe zu Salaten, Gemüse, Suppen, Kräuterbutter und Frühlingskäse. Die Samen sind ein kräftiges Würzmittel auch für Spirituosen. Die stärkereichen Wurzeln ergeben roh und gegart eine vielseitige Zutat zu Salaten, Gemüse- und Fleischgerichten, auch Kuchen. Sie können frittiert oder fettarm im Rohr zu Knabbereien zubereitet sowie kandiert werden. Geröstet dienen die Wurzeln als Ersatz für Kaffee. Aus dem Saft lässt sich ein Sirup zum Süßen oder als Brotaufstrich herstellen. Früher vergor man die Wurzeln gern zu Bier und Pastinakenwein. Durch den hohen Inulingehalt ist die Wurzel eine ideale Speise für Diabetiker. Der geringe Nitratgehalt und die beruhigende Wirkung prädestiniert Pastinaken zur Herstellung von Babykost.

SAUERAMPFER und VERWANDTE

Rumex acetosa L.

Knöterichgewächse (Polygonaceae)

SYNONYME: *Feldampfer, Kuckuckskraut, Salatampfer, Sauergras, Sauerknöterich*

Die Gattung umfasst etwa 200 ein- bis mehrjährige Pflanzen. In der Antike schätzten Ägypter, Griechen und Römer den Sauerampfer als Gemüse. Plinius berichtet, ein Kraut namens »Britannica«, der stumpfblättrige Ampfer *Rumex obtusifolius*, hätte Cäsars Soldaten von Skorbut geheilt. Auch die mittelalterlichen Seefahrer machten sich diese Wirkung zunutze. Zu jener Zeit warf man dem Sauerampfer aber auch vor, er begünstige Läusebefall. Diese Unterstellung mussten sich einige essbare Wildpflanzen gefallen lassen. Der scheinbare Zusammenhang zwischen Parasiten und Ernährungsgewohnheiten ist ein gutes Beispiel für falsch interpretierte Statistik: Arme Menschen ohne eigenen Garten oder Feld ernährten sich häufig von wilden Pflanzen. Da sie kaum Gelegenheit hatten, zu baden oder die Kleidung zu wechseln, waren sie nicht selten von Ungeziefer befallen.

Der säuerliche Geschmack und die Pfeilform der Blätter regten dazu an, den Sauerampfer als Mittel gegen Liebeszauber einzusetzen. Sauerampfer befand sich im Neunkräuterbüschel, das man zu Mariä Himmelfahrt weihen ließ. Eine Kräutersuppe mit Sauerampfer, am Gründonnerstag gegessen, sollte ein ganzes Jahr gesund erhalten. Ein Amulett mit Sauerampfersamen, von kleinen Kindern gesammelt, bewahrte den Träger angeb-

lich vor vorzeitigem Samenerguss. Bei jungen Frauen sollte das Tragen der Samen die Fruchtbarkeit erhöhen.
Gegen Rotlauf beim Vieh wurde mit Sauerampfersamen geräuchert. Madenbefall kurierte man durch Bestreichen der Tiere mit gefalteten Blättern. Auf den Britischen Inseln war die Pflanze weit verbreitet und wurde als fiebersenkendes Mittel benutzt. Englischer Spinat, *Rumex patientia L.*, und Römischer Ampfer oder Schildampfer, *Rumex scutatus L.*, werden noch heute angepflanzt. Krausampfer, *Rumex crispus L.*, und Stumpfblättriger Ampfer, *Rumex obtusifolius L.*, wachsen verbreitet wild. Der Saft von Sauerampfer wurde zum Dicklegen der Milch benutzt und eignet sich auch zum Entfernen von Rost-, Schimmel- und Tintenflecken aus Holz, Flechtwerk, Leinen und Silber. Der hohe Gerbstoffgehalt wurde zur Lederbehandlung genutzt. Ampferblätter färben Fasern gelb oder grün, mit der Wurzel erreicht man gelbe und braune Töne.

Kennzeichen: Die verschiedenen Arten werden 25–150 cm hoch, die Blätter sind länglich-lanzettlich mit pfeilförmigem Grund (mit Ausnahme des Stumpfblättrigen oder Breitblättrigen Ampfers, dessen grundständige Blätter breit elliptisch sind, und des Römischen Ampfers, der pfeilförmige Blätter aufweist). Die unscheinbaren grünen oder rotbraunen Blüten (Juni bis August) stehen in Quirlen an schlanken, lockeren, blattlosen Ähren. Die Früchte sind 3-kantig mit jeweils einem Samen.
Standort: Äcker, Wegränder, Schuttplätze.
Sammelzeit: Triebspitzen, Blätter, Stiele und knospende Blütenstände März bis Oktober, Samen August bis Oktober, Wurzeln im Herbst.
Verwechslungsmöglichkeiten: Der delikate **Schlangen-Knöterich**, *Polygonum bistorta L.*, auch Schlangenwurz genannt, hat rosafarbene Blüten in dichten zylindrischen Scheinähren und wächst flächendeckend, während Ampfer vereinzelt steht. **Aronstab**, *Arum maculatum L.*, hat Blätter mit einem deutlich ausgeprägten Adernetz. Blätter und Wurzeln wurden nach mehrfachem Auskochen unter Wasserwechsel zu Gemüse verarbeitet, die Wurzeln auch zu Mehl vermahlen.
Inhaltsstoffe: Anthrachinone, Carotinoide, Eisen, Flavonoide (Hyperosid), Gerbstoffe, Kaliumhydrogenoxalat, Oxalsäure und Vitamin C.
Medizinische Eigenschaften: abführend (Wurzelstock), adstringierend, antianämisch, blutreinigend, harntreibend, menstruationsregulierend sowie Skorbut vorbeugend und heilend.
Mögliche Nebenwirkungen: Die meisten Ampfer-Arten enthalten Oxalate, die bei übermäßigem Rohgenuss zu Krämpfen (auch der Gebärmutter – Schwangere sollten daher oxalsäurereiche Spei-

sen sparsam genießen oder mit kalziumreichen Nahrungsmitteln kombinieren), Lähmungen und Nierenschäden führen können. Allerdings bewahrt der kräftig saure Geschmack der rohen Pflanze vor einer Überdosierung. Blanchieren reduziert den Oxalatgehalt beträchtlich. Zubereitung mit Milch bindet die Oxalsäure. Kleinkinder sollten keinesfalls sehr große Mengen roher Blätter zu sich nehmen, da der Gehalt an Oxalsäure je nach Art und Jahreszeit unterschiedlich hoch ist und daher Schädigungen möglich sind. Bei anfälligen Menschen können Arthritis, Gicht, Magenbeschwerden, Nierensteine und Rheuma begünstigt werden. Krausampfer kann bei Überdosierung Dermatitis und Übelkeit hervorrufen.

Medizinische Anwendung: Verwendet wird ein Aufguss der Blätter oder eine Abkochung der Wurzel – häufig in Wein. Culpeper betonte die leberstärkende Wirkung des Ampfers. Krausampfer wird bei Anämie, Hautkrankheiten, Gelbsucht und anderen Leberproblemen eingesetzt. Sauerampfer wird auch als Bestandteil der Frühjahrskur und bei Insektenstichen verwendet, weiters bei Abszessen, Akne, Appetitlosigkeit und Verstopfung. In der Homöopathie dient der Krausampfer als *Rumex* der Behandlung von Hals- und Kehlkopfentzündungen sowie von Reizhusten. Der Stumpfblättrige Ampfer findet Anwendung bei Anämie, Durchfall, Frühjahrskuren, Hautproblemen, Leberbeschwerden und Verstopfung. Die chinesische Medizin benutzt Sauerampfer zur Behandlung von Abszessen, Menstruationsproblemen, Nierensteinen, Lymphstau und rheumatischen Erkrankungen.

Kulinarische Verwendung: Sauerampfer sollte nicht in Kupfergefäßen zubereitet werden. Junge Blätter, Stängelspitzen und knospende Blütenstände, ebenso wie der Kleine Sauerampfer, *Rumex acetosella L.*, geben Aufstrichen, Salaten, Suppen, Omelettes und fettem Fisch eine zart säuerliche Würze. In der klassischen Wiener Küche wurde zu gekochtem Rindfleisch eine kalte Sauerampfersauce gereicht. Sauerampfersamen sind roh eine feine Beigabe zu Salaten, gekocht als Gemüse verwertbar. Ältere Blätter blanchiert man am besten mit etwas Milch, um die Oxalsäure zu binden. Getrocknete Sauerampferwurzeln lassen sich zu Mehl vermahlen. Römischer Ampfer ist milder, hat ein zitroniges Aroma und lässt sich ähnlich wie der Sauerampfer verwenden. Der Stumpfblättrige Ampfer ist eher bitter und wird daher milden Pflanzen beigemischt. Der Alpenampfer, *Rumex alpinus L.*, dient zum Frischhalten von Butter und Käse. Er wird durch Milchsäuregärung haltbar gemacht. Allzu langes Erhitzen bekommt keiner der Ampfer-Arten.

WIESEN-BOCKSBART

Tragopogon pratensis L.
Korbblütengewächse (Asteraceae)

Synonyme: *Hasenbrot, Himmelbrot, Kuckuck, Milchblume, Morgenstern, Süßling, Zuckerblume*

Der botanische Gattungsname ist zusammengesetzt aus griechisch *tragos*, Ziegenbock, und *pogon*, Bart. Die großen gelben Blüten schließen sich am Nachmittag und sehen in diesem Zustand entfernt einem Bocksbart ähnlich. Die Tatsache, dass die Blüten sich nur in der Vormittagssonne öffnen, brachte der Pflanze im englischsprachigen Raum den ein wenig sperrigen Namen *Jack go to bed at noon (Hans geht mittags schlafen*ein.
Als Milchsaft führendes Gewächs symbolisierte Wiesen-Bocksbart den Märtyrertod, vor allem jedoch den Tod Christi.
Die wohlschmeckende Pflanze mit nahrhafter Wurzel war bereits in der Antike sehr beliebt. So stellt ein Fresko in Pompeji eine Bocksbartwurzel dar. Spätestens seit 1500 wurde Bocksbart großflächig kultiviert. Später nahm allerdings die verwandte Schwarzwurzel, *Scorzonera hispanica L.*, seinen Platz ein. Kinder auf dem Land trocknen den Milchsaft an der Sonne für selbstgemachten Kaugummi.

Kennzeichen: Die zwei- oder mehrjährige Pflanze wird 30–80 cm hoch mit einer Milchsaft führenden braunen Pfahlwurzel. Die aufrechten Stängel sind 1-fach oder spärlich verzweigt. Junge Stängel sind graugrün und flockig behaart, später verkahlen sie. Die wechselständigen Blätter sind steif, linealisch zugespitzt mit einer bauchigen, den Stängel halb umfassenden Basis. Die großen gelben Blütenköpfe (Mai bis Juli) stehen einzeln auf den Stielen und bestehen aus zungenförmigen Einzelblüten. Die Fruchtstände sehen aus wie eine riesige Löwenzahn-Pusteblume. Die Früchte haben einen langen Schnabel sowie eine Haarkrone.

Standort: Wiesen hauptsächlich in Eurasien bis etwa 2.200 m Seehöhe.

Sammelzeit: Sprosse, Knospen und Blätter von April bis Juli, Blüten Mai bis Juli, Wurzel zu kulinarischen Zwecken im Frühjahr, für medizinische Anwendungen im Herbst.
Verwechslungsmöglichkeiten: **Löwenzahn**, *Taraxacum officinale Web.*, hat wesentlich zahlreichere Zungenblüten und tief eingeschnittene Blätter in grundständiger Rosette. Die Verwandten, die **Kleinblütige Schwarzwurzel**, *Scorzonera parviflora L.*, mit lanzettlichen bis linealischen Blättern in grundständiger Rosette sowie die **Purpur-Schwarzwurzel**, *Scorzonera purpurea L.*, mit wohlriechenden lila Blüten, sind ähnlich verwendbar wie der Wiesen-Bocksbart.
Inhaltsstoffe: Gerbstoffe, Gummi, Inulin, Mannit, Spuren von Arsen im Milchsaft, Lactucerol, Phytosterine, Schleimstoffe und Xanthophyll.
Medizinische Eigenschaften: blutreinigend, harn- und schweißtreibend.
Mögliche Nebenwirkungen: Bei einer Überempfindlichkeit gegen Korbblütengewächse können allergische Reaktionen auftreten.
Medizinische Anwendung: Die ganze Pflanze, roh oder gekocht, wirkt bei Asthenie, Gicht, fahler Haut, geschädigter Leber und verzögertem Wachstum. Ein Absud der Wurzel wird gegen Husten, Kater und Rheumatismus eingesetzt, vorbeugend auch als Mittel zur Unterstützung von Leber, Nieren und Milz. Der frische Milchsaft dient der Entfernung von Warzen.

Kulinarische Verwendung: Die jungen Sprosse können roh oder gekocht wie Spargel oder Schwarzwurzeln zubereitet werden. Sie schmecken auch in Salaten und in Backteig frittiert großartig. Das Mark ist süßlich. Die Blätter erinnern geschmacklich an Endivie und ergeben feine Salate und Gemüsegerichte. Die Wurzel liefert roh oder gegart ausgezeichnete Gemüsegerichte. Das Kochwasser ist eine gute Basis für Suppen und Saucen.

MAGER- UND TROCKENRASEN

Mager- und Trockenrasen sind Lebensräume, in denen aufgrund der Bodenbeschaffenheit und des Klimas von Natur aus keine höherwüchsigen Kräuter und Bäume gedeihen können. Ein trockener und nährstoffarmer Standort, der durch Mahd freigehalten wird, heißt Halbtrockenrasen. An solchen Stellen würde ohne Eingriff des Menschen Wald wachsen. Um mit der Trockenheit, der Sonneneinstrahlung und dem Mangel an Nährstoffen zurechtzukommen, verfügen die in diesen Bereichen wachsenden Pflanzen über schützende Haare, dickfleischige oder mit Wachs überzogene Blätter und meist tiefe oder stark verzweigte Wurzeln.
Sehr delikate Pflanzen auf Mager- und Trockenrasen sind Dost (S. 83), Echtes Labkraut (S. 65) sowie Quendel und seine Verwandten (S. 88).

GEWÖHNLICHER DOST

Origanum vulgare L.
Lippenblütengewächse (Lamiaceae)

Synonyme: *Badkraut, Berghopfen, Bergmime, Dorant, Dosten, Frauendost, Lungenkraut, Wohlgemut, wilder Majoran*

Bereits in der Antike dienten Räucherungen mit Dost zur Desinfektion. Er sollte zudem Kummer vertreiben und den Menschen die Lebensfreude wiedergeben. Ein altes Volkslied bittet: »Ein Blümlein auf der Heiden, / Mit Namen Wohlgemuth, / Lass uns der lieb' Gott wachsen, / Das ist fürs Trauern gut.«
Im Mittelalter war Dost ein viel benutztes Schutzkraut, besonders in Kombination mit Löwenmaul, *Antirrhinum majus L.*, welches häufig ebenfalls als Dorant bezeichnet wurde. Nicht selten wurden Abwehrkräuter in Amulettbeuteln um den Hals getragen. Im Garten gepflanzt sollte das Kraut Haus und Hof schützen – angesichts der medizinischen Eigenschaften der Pflanze ergibt die Sitte durchaus Sinn.

Um vermeintliche Hexen aus der Macht des Teufels zu lösen, hielt man ihnen – besonders, wenn sie während der Folter in Ohnmacht gefallen waren – ein Sträußchen Dost unter die Nase.
Ammen und Hebammen trugen stets Dost bei sich, um Wöchnerinnen und deren Neugeborene vor Infektionen zu bewahren. Als Marienkraut war Dost auch häufig Bestandteil des Kräuterbüschels, das zu Mariä Himmelfahrt geweiht wurde. Dost dient seit der Antike zum Rotfärben von Wolle.

Kennzeichen: Die mehrjährige Pflanze wird 20–50 cm hoch. Die behaarten Stängel sind aufrecht, oft rot überlaufen und oben verzweigt. Die eiförmigen Blätter sind kurzgestielt, kreuzgegenständig, ganzrandig oder schwach gezähnt. Die Blüten (Juli bis September) in endständigen Rispen oder Doldenrispen sind rosa bis rotviolett, selten weiß, mit 5-zähnigem Kelch und röhriger Krone, einer beinahe flachen Oberlippe und 3-lappiger Unterlippe. Die ovalen Samen sind glatt und braun.

Standort: Böschungen, Magerwiesen, sonnige Gehölze, lichte Wälder in Europa, Eurasien und Nordafrika bis etwa 2.000 m Seehöhe.

Sammelzeit: blühende Sprossspitzen Juli bis September, Stängel Juli bis Oktober.

Verwechslungsmöglichkeiten: Quendel, *Thymus serpyllum L.*, hat niederliegende bis aufsteigende, wurzelnde Stängel und linealische bis elliptische Blätter. Wasserdost, *Eupatorium cannabinum L.*, ist 60–150 cm hoch mit handförmigen Blättern. Er dient zur Insektenabwehr.

Inhaltsstoffe: ätherische Öle (u. a. mit Carvacrol und Thymol), Bitterstoffe, Catechine, Flavone und Flavonglykoside, Gerbstoffe, Harz, Phenolcarbonsäuren und deren Derivate.

Medizinische Eigenschaften: antiparasitär, antiseptisch, auswurffördernd, entwässernd, krampflösend, magenberuhigend, menstruationsregulierend, nervensystemanregend, schmerzstillend und tonisch.

Mögliche Nebenwirkungen: Das Öl kann in hoher Dosis die Haut reizen. Wegen der uterusanregenden Wirkung sollten Schwangere von übermäßigem Gebrauch absehen.

Medizinische Anwendung: Dost war schon im antiken Griechenland gegen Hämorrhoiden, Tinnitus und zur Beschleunigung von Geburten geschätzt. Er dient der Behandlung von Appetitlosigkeit, Cellulitis, Haarausfall, Husten, Luftröhrenentzündungen, Magenkrämpfen, Menstruationsbeschwerden, Entzündungen im Mund, Neuralgie und Zahnschmerzen. Origanumöl, auch »Spanisches Hopfenöl« genannt, ist ein altes Hausmittel gegen Arthritis, Asthma, Bronchitis, Läuse, Muskel- und Zahnschmerzen. Die Traditionelle Chinesische Medizin ordnet dem Dost Lunge, Milz, Magen und Leber zu. Sie behandelt mit dem Kraut Lungen- und Verdauungsprobleme sowie Rheuma. Auch in der Spagyrik und der Veterinärmedizin kommt Dost zum Einsatz.

Kulinarische Verwendung: Am aromatischsten sind die blühenden Sprossspitzen. Dost war bereits in der Antike ein beliebtes Würzkraut. Für Mitteleuropa ist aus frühen Zeiten nur ein Baseler Pfannkuchenrezept aus dem 17. Jahrhundert überliefert. Im Mittelmeerraum und Mexiko ist Dost ein vielseitig eingesetztes Gewürz besonders für Gerichte, die Tomaten enthalten. Auch Pasteten, Fisch und Wild, Bratkartoffeln sowie Fruchtsalate, Bier, Spirituosen, Sorbets und Bowlen erhalten mit Dost ein reizvolles Bouquet. Die verholzten Stängel ergeben aromaspendende Spieße.

ECHTES LABKRAUT

Galium verum L.
Rötegewächse (Rubiaceae)

Synonyme: *Ameisenkraut, Bienenwertel, Blutstill, Gelber Butterstiel, Gelbes Käselab, Gelbes Labkraut, Gliedkraut, Herrgottsstroh, Herzbresten, Liebfrauenbettstroh, Liegkraut, Magerkraut, Marienbettstroh, Sternkraut, Unser Frauen Bettstroh, Wahres Labkraut*

Das Ferment des Labkrautes wurde jahrtausendelang zur Käseherstellung genutzt, möglicherweise bereits in neolithischer Zeit. In den Pfahlbauten dieser Periode wurden große Mengen der Früchte gefunden.

Bei den Kelten war das Labkraut mit der Großen Göttin assoziiert. Die Germanen weihten das Echte Labkraut der Muttergöttin Freyja. Im Christentum wurde es zur Marienpflanze und ist im Weihestrauß zu Mariä Himmelfahrt enthalten. Labkraut in den Bettstrohkräutern von Gebärenden sollte die Unterstützung durch diese höheren Wesen bei der Niederkunft sichern. Immerhin beruhigt das duftende Kraut die Nerven, löst Krämpfe und stärkt das Bindegewebe. Bei Erkrankungen hängte man das wohlriechende Kraut gern an das Kopfende des Krankenlagers.

Labkraut hat den Ruf, ein langes Leben zu verleihen und die Libido zu steigern. Es zählt aufgrund seines Aussehens zu den sogenannten Gliedkräutern. Als mittelalterliches Symbol für die »heimlichen Glieder«, worunter die weiblichen und männlichen Geschlechtsteile zu verstehen sind, dienten diese Pflanzen zur Behandlung entsprechender Beschwerden, besonders im Zusammenhang mit den »ehelich Wercken«.
Hilfreich für Meteorologen ist die Tatsache, dass Labkraut vor einer Schlechtwetterperiode besonders intensiv duftet.
Aus den Blüten des Labkrautes lässt sich ein gelber Farbstoff extrahieren. Aus den Wurzeln gewann man rote Farbe, die der Pflanzenfamilie den botanischen Namen verlieh. Der Kaffeestrauch, *Coffea arabica L.*, stammt übrigens aus derselben Pflanzenfamilie.

Kennzeichen: Die ausdauernde Pflanze wird 20–80 cm hoch mit einem kriechenden, walzenförmigen Wurzelstock. Der rundliche Stängel mit 4 Leisten ist spärlich verzweigt mit 8–12 quirlständigen, schmal linealischen, stachelspitzigen Blättern, die oberseits glänzend, unterseits filzig behaart sind. Die zahlreichen nach Honig duftenden gelben Blüten (Mai bis Oktober) sitzen in dichten, aufrechten Rispen an den Stängelspitzen. Die Früchte sind klein, kahl und glatt.
Standort: Heideland, Weiden und Wegränder in beinahe ganz Europa, Kleinasien, dem Iran und Syrien bis etwa 1.900 m Seehöhe.
Sammelzeit: Blätter April bis Juni, blühende Sprossspitzen von Mai bis Oktober, Samen September bis Oktober.
Verwechslungsmöglichkeiten: Das **Klebkraut**, *Galium aparine L.*, auch Klebrich, Kletten-Labkraut, Klimmkraut, Zaunkleber oder Zaunkraut genannt, trägt kleine weiße, nicht duftende Blüten und Widerhaken. **Wiesen-Labkraut**, *Galium mollugo L.*, auch Gemeines Labkraut genannt, hat duftende weiße oder elfenbeinfarbene Blüten und längliche bis verkehrt eiförmige, stachelspitzige Blätter. Das **Wald-Labkraut**, *Galium silvaticum L.*, hat runde Stängel, die oben 4 feine Rippen aufweisen und häufig rötlich überlaufen sind. Die stachelspitzigen Blätter sind unterseits – mitunter auch oberseits – bläulich-grün. Die weißen Blüten, deren Blütenstiele vor dem Aufblühen nicken, sind in lockeren Rispen angeordnet. Das **Sumpf-Labkraut**, *Galium palustre L.*, hat raue Stängel und 1-nervige Blätter, die zu je 4 in Quirlen stehen. Die weißen Blüten sind in ausgebreiteten Rispen angeordnet. Das **Kreuzlabkraut**, *Galium cruciatum L.* syn. *Cruciata laevipes Mill.*, auch Breitblättriges Kreuzlabkraut genannt, hat breite, 3-nervige Blätter und blattachselständige, gelbe Blüten. **Waldmeister**, *Galium odoratum L.*, auch Duft-Labkraut, Herzkraut, Leberkraut, Maikraut, Waldhahnl und Wohl-

riechendes Labkraut genannt, hat zahlreiche weiße Blüten und nach dem Welken einen charakteristischen süßlichen Duft, der beim Echten Labkraut weitaus weniger ausgeprägt ist.

Inhaltsstoffe: ätherisches Öl, Fette, Flavonoide (v. a. Quercetin), Gerbstoffe, Iridoide, reichlich Kieselsäure, Labenzym (1 mg/100 g Blätter), organische Säuren und Vitamin C.

Medizinische Eigenschaften: adstringierend, bindegewebsstärkend, galle- und harntreibend, krampflösend und wundheilend.

Mögliche Nebenwirkungen: In der Fachliteratur bis dato nicht verzeichnet.

Medizinische Anwendung:
Ein Ansatz von 5 g der blühenden Sprossspitzen, 2 Minuten in 250 ml Wasser gekocht, dient innerlich angewendet der Erhöhung des Harnflusses und zur Behandlung von Hautflechten, Krämpfen und Nervosität. Äußerlich wird ein doppelt so starker Ansatz als Kompresse oder Vollbad bei Krampfadern, Sonnenbrand und schlecht heilenden Wunden angewendet, ebenso als Fußbäder gegen müde Füße. In der Volksmedizin wird Labkraut auch gegen stoffwechselbedingte Hautkrankheiten, Krämpfe, Kropf, zudem als Alternative zu Johanniskraut bei Depressionen und Nervosität und innerlich sowie äußerlich gegen Brustkrebs und Hautkrebs verwendet. Bei Karzinomen, egal welcher Art, ist allerdings stets ärztlicher Rat einzuholen. Die Traditionelle Chinesische Medizin benutzt das Klebkraut und ordnet es den Organen Leber und Blase zu. In der Veterinärmedizin dient das Klebkraut der Behandlung von Hautentzündungen und Schwellungen sowie zur Anregung des Lymphsystems. Als Beimengung zum Futter stärkt es das Haarkleid.

Kulinarische Verwendung: Die zart säuerlichen, leicht adstringierenden Blätter sind eine feine Zutat zu Salaten und Gemüsegerichten. Früher wurde das Labkraut auch zur Herstellung von Käse verwendet. Die nach Honig duftenden Blüten würzen und färben Chesterkäse, Bowlen und Desserts. Die gerösteten Samen werten Salate, Müsli und Desserts auf. Sie ergeben auch einen guten »Kaffee«.

ECHTER QUENDEL

Thymus serpyllum Artengruppe
Lippenblütengewächse (Lamiaceae)

SYNONYME: *Arzneithymian, Bergthymian, Chölm, Feldpolle, Feldpolleich, Feldthymian, Geißmajoran, Karwendel, Kranzelkraut, Kudelkraut, Kundlkraut, Quandl, Rauschkraut, Sandthymian, wilde Meron, wilder Thymian, wilder Zimt, Zymsi*

Aromatische Gewächse galten in der Antike wegen ihres Duftes als Aphrodisiaka und waren daher der Göttin Aphrodite geweiht. In Eryx auf Sizilien opferte man Thymian und Rosen der Göttin Venus. Den römischen Legionären sollte ein Thymianbad vor der Schlacht Mut und Kraft verleihen. Aromatische Pflanzen galten auch als Symbol des Todes, da man meinte, die Seelen der Verstorbenen lebten in den Blüten weiter. In den Märchen blieb diese Vorstellung erhalten: Zahlreiche Feen und Wichtel bevölkern die Blütenkelche.

Gegen die Folgen der aphrodisierenden Wirkung wurden diese Pflanzen auch als Kontrazeptiva und Abortiva benutzt. Es wird angenommen, dass in diesem Zusammenhang die negativen Zuordnungen in manchen Gegenden entstanden sind. So meinte man in einigen Regionen Frankreichs, man werde wahnsinnig, legte man sich auf Quendel. In Teilen Englands durfte man keinen Quendel ins Haus bringen, wollte man nicht Krankheit oder Tod eines Haushaltsmitgliedes provozieren.

Die Germanen weihten das Kraut der Muttergöttin Freyja, die in christlicher Zeit von der Muttergottes abgelöst wurde. Quendel war Bestandteil von »Unser Liebfrau Bettstroh«, auch »Marienbettstroh« genannt, das besonders Schwangere und Wöchnerinnen schützen sollte vor vielerlei Krankheiten, die durch Dämonen (heute schädliche Mikroorganismen genannt) hervorgerufen wurden. Dieser Brauch wird mit der Fähigkeit des Krautes erklärt, Erdstrahlen abzuhalten. Im Vordergrund dürften jedoch mehr die desinfizierenden, blutstillenden und krampflösenden Eigenschaften gestanden sein. Eine Lotion aus dem Kraut diente vielen jungen Frauen auch als Kosmetikum. Ein Quendelsträußchen in der Milch bewahrte dieselbe vor dem Verhextwerden (= Gerinnen). In den Walpurgiskranz für die Kühe wurde Quendel mit weiteren Heilkräutern eingeflochten, um das Vieh zu schützen und die Milchleistung zu erhöhen – die Kühe durften ihren Schmuck nämlich verspeisen. Hühnern ließ man ebenfalls Quendel angedeihen und tatsächlich verhindert ein Sträußchen im Stall die Ausbreitung der gefürchteten Hühnermilbe.

Auch im Geschäftsleben spielte Quendel eine Rolle. Auf dem Weg zum Markt schwangen Händler Quendelstämmchen mit der rechten Hand dreimal über den Kopf mit der Bitte: »Quandel, mach mir Handel.« Kauen wäre wohl effizienter gewesen – Quendel vertreibt Mundgeruch.

Kennzeichen: Der vielgestaltige ausdauernde Halbstrauch wird 5–30 cm hoch mit dünnem, dürrem Wurzelstock und holzigen, teils kriechenden, rundlichen bis 4-kantigen behaarten Stängeln. Die kleinen kurzgestielten, ganzrandigen Blättchen sind linealisch bis breit elliptisch und kreuzgegenständig. An den Stängelspitzen finden sich rosa bis purpurne Blüten (Mai bis September) mit röhrig-glockigen Kelchen in kurzen Ähren.

Standort: warme Standorte wie Felsen, Mauern, Magerrasen, lichte Wälder, Wegränder in beinahe ganz Europa bis etwa 3.000 m Seehöhe.

Sammelzeit: zarte Sprossspitzen März bis Mai, blühende Sprosse Mai bis August, Blättchen mitunter bis Oktober.

Verwechslungsmöglichkeiten: Andere Thymusgewächse wie **Alpen-Steinquendel**, *Acinos arvensis DANDY*, und **Steinquendel**, *Calamintha sylvatica Mill.*, mit Pfefferminzaroma sind ebenfalls verwendbar. Das **Winterbohnenkraut**, *Satureja montana L.*, hat blattachselständige Blüten und längere, schmälere Blättchen. Es ist ein gutes Gewürz und Heilmittel.

Inhaltsstoffe: ätherisches Öl (v. a. Carvacrol und Thymol), Bitterstoffe, Flavone (u. a. Apigenin), Gerbstoffe, Harz, Terpene und Phenolcarbonsäuren.

Medizinische Eigenschaften: auswurffördernd, blutstillend, desinfizierend, krampflösend, magen- und darmstärkend sowie harn- und wurmtreibend.

Mögliche Nebenwirkungen: Das unverdünnte ätherische Öl kann bei entsprechend disponierten Personen allergische Reaktionen auslösen.

Medizinische Anwendung: Seit der Antike dienen Thymus-Arten in vielen Regionen als Heilpflanze. Gegenwärtig behandelt man mit Quendel Appetitlosigkeit, Magenbeschwerden, Keuchhusten und Reizhusten sowie Verdauungsprobleme. Ein alkoholischer Auszug dient als Einreibung gegen Quetschungen, Verstauchungen, Rheuma und Gicht. Dioskorides empfahl einen Absud zur Förderung von Menstruation, Geburt und Nachgeburt und auch Galen erwähnt den Quendel als Abortivum. Im Mittelalter galt der Quendel als Frauenmittel und wurde bei schmerzhafter Periode eingesetzt. Im Kräuterkissen bekämpft das Kraut Husten, Nervenschwäche und Schlafstörungen. Frische zerstoßene Blätter legt man bei Kopfschmerz auf. Sie sind auch als Zahnputzmittel geeignet. Das ätherische Öl ist ein natürliches Desinfektionsmittel.

Kulinarische Verwendung: Frisch oder getrocknet verwendet man Triebspitzen, Blättchen und Blüten in der mediterranen Küche sowie für Salate, Pilze, Meeresfrüchte, Huhn, Ziege und Wild, Gemüse, Hülsenfrüchte, Bratkartoffeln und schwer verdauliche Speisen. Blühende Triebe aromatisieren Kräutersalz, Essig, Öl und Spirituosen. Sparsam eingesetzt gibt Quendel Fruchtbowlen und Fruchtsalaten, Marmeladen und Gelees eine besonders interessante Note. Die Blüten sind auf Buffets delikater Dekor, der lange frisch bleibt. Die verholzten Stängel können als aromaspendende Spieße verwendet werden.

UFER, FEUCHTWIESE UND SUMPF

Im Uferbereich von Gewässern und in Senken mit Staunässe wachsen vorwiegend Pflanzen, die eher dünne Blätter oder ein spezielles Gewebe aufweisen, um die Feuchtigkeit verdunsten zu lassen. In Schattenlagen helfen große Blätter, das Sonnenlicht besser aufzufangen.

Kulinarisch besonders reizvolle Arten an diesen Standorten sind Bärlauch (S. 95), Brennnessel (S. 50), Brombeere (S. 106), Brunnenkresse (S. 92), Giersch (S. 22), Gundelrebe (S. 65), Hasel (S. 111), Holunder (S. 115), Knoblauchsrauke (S. 31), Kohl-Kratzdistel (S. 20), Scharbockskraut (S. 99), Schlangen-Knöterich (S. 78), Springkraut (S. 136), Taubnessel (S. 53) und Veilchen (S. 138).

ECHTE BRUNNENKRESSE

Nasturtium officinale L.
Kreuzblütengewächse (Brassicaceae)

SYNONYME: *Bachbitterkraut, Bachkresse, Bitterkresse, Bittersalat, Bornkassen, Grabenkresse, Grundkresse, Kersche, Wasserkresse, Wassersenf, Weiße Kresse*

Ausgrabungen in Hallstatt zeigen, dass Brunnenkresse bereits seit 3.000 Jahren von den Menschen geschätzt wird. Die botanische Bezeichnung *officinale* verweist auf die Verwendung der Pflanze als Heilmittel. Brunnenkresse war Bestandteil mittelalterlicher Hexensalben. In der magischen Volksheilkunde verabreichte man Lungenkranken ein Gemisch aus Ziegenmilch und Brunnenkresse, das drei Tage lang in der Erde vergraben worden war. Die Idee ist so abwegig nicht: Der extrem hohe Vitamin-A-Gehalt der Ziegenmilch, gepaart mit den Inhaltsstoffen der Brunnenkresse und unterstützt durch die bei der Lagerung entstandene Milchsäure, ergeben einen sehr brauchbaren Lungenheilcocktail.

In Erfurt wurde 1630 ein spezielles Verfahren zum Anbau von Brunnenkresse entwickelt. Dabei wird Wasser in Terrassen gestaut. Napoleon führte die Methode in Frankreich ein, wo sie noch heute Anwendung findet. Getrocknete Blätter wurden früher dem Tabak zugesetzt.

Kennzeichen: Die ausdauernde Pflanze steht zumeist im Wasser. Sie wird 60–100 cm hoch und ist kahl oder spärlich behaart. Die hohlen, kantig gefurchten Stängel kriechen im unteren Teil, bilden Nebenwurzeln aus und sind fleischig und rund. Die rundlichen bis elliptischen Blättchen sind ebenfalls fleischig, gefiedert und wechselständig. Die weißen bis zartlila Blüten (Mai bis Oktober) mit je 4 Kelch- und Kronblättern und gelben Staubbeuteln stehen in doldigen Trauben, die Frucht ist eine aufrechte Schote.

Standort: In Gräben an Quellen und unregulierten Bächen in Europa und Zentralasien bis 2.400 m Seehöhe.

Sammelzeit: April bis Oktober. Die Pflanze sollte nicht an Bächen gesammelt werden, die durch Viehweiden geflossen sind, da sich Larven des Großen Leberegels darauf festgesetzt haben könnten.

Verwechslungsmöglichkeiten: An den gleichen Standorten wächst **Bitteres Schaumkraut**, *Cardamine amara L.*, das Stängel mit Mark und Blüten mit violetten Staubbeuteln aufweist. Wirkung und Geschmack sind ähnlich, das Schaumkraut ist allerdings wesentlich bitterer. Das **Wiesen-Schaumkraut**, *Cardamine pratensis L.*, hat eine grundständige Blattrosette. Vor der Blüte können die kresseartig schmeckenden Blätter zu Smoothies und Salaten beigegeben werden, später sind Knospen und Blüten mit Samenständen verwendbar.

Inhaltsstoffe: ätherisches Öl mit Raphanol, Eisen, Flavonoide, Kalium, Jod, Schwefelglykoside (Glykonasturtiin), Vitamine A, B2, C, D und E.

Medizinische Eigenschaften: antiskorbutisch, blutreinigend, entwässernd, fiebersenkend, menstruationsfördernd und verdauungsanregend.

Mögliche Nebenwirkungen: Bei einer Überempfindlichkeit gegen Kreuzblütengewächse sind allergische Reaktionen möglich. Empfindliche Menschen können bei übermäßigem Genuss Reizungen in Magen und Blase verspüren.

Medizinische Anwendung: Seit altersher dient Brunnenkresse zur Behandlung von Erkrankungen der oberen Atemwege, Appetitlosigkeit, Entzündungen der Mundschleimhaut, bei Gallenleiden, Gicht, Haarausfall, Harnverhalten, Hautproblemen, Katarrhen, Magenproblemen, Nierenleiden, Rheuma, Skorbut und Verdauungsstörungen. Auch als Teil der Frühjahrskur und zur Beschleunigung der Rekonvaleszenz hat die Brunnenkresse Tradition. Der hohe Jodgehalt der Pflanze macht den alkoholischen Auszug zu einem bewährten Mittel gegen Kropf. In der Homöopathie wird *Nasturtium* zur Unterstützung von Leber und Galle sowie bei Pilzerkrankungen eingesetzt. Die Traditionelle Chinesische Medizin ordnet der Brunnenkresse Magen, Leber und Lunge zu.

Kulinarische Verwendung: Wegen des flüchtigen Aromas ist Erhitzen und Trocknen der Brunnenkresse nicht empfehlenswert. Am besten kommt die würzige Pflanze frisch als Beigabe zu Smoothies, Salaten, Vorspeisen und Brotaufstrichen zur Geltung. Die Blätter kann man auch milchsauer vergären. Die scharfen Samen, die an Pfeffer und Senf erinnern, lassen sich wie schwarze Pfefferkörner verwenden oder zu rassigen Sprossen keimen.

AUWALD

Auwälder an den Uferzonen von Bächen und Flüssen sind gekennzeichnet von hohen Grundwasserständen und gelegentlichen Überflutungen. An diesen Standorten gedeihen feuchtigkeitstolerante oder -liebende Pflanzen. Durch die Regulierung von Bächen und Flüssen, Entwässerung und Nährstoffeintrag aus Düngung sind diese besonders artenreichen Landschaften zunehmend gefährdet.

Die kulinarischen Highlights an diesen Standorten sind Bärlauch (S. 95), Giersch (S. 22), Hopfen (S. 97), Knoblauchsrauke (S. 31), Echte Nelkenwurz (S. 133), Scharbockskraut (S. 99), Springkraut (S. 136) und Waldmeister (S. 101).

BÄRLAUCH

Allium ursinum L.
Amaryllisgewächse (Amaryllidaceae)

SYNONYME: *Bärenlauch, Bärenzwiebel, Bärenknoblauch, Gorinsel, Hexenknoblauch, Hexenzwiebel, Judenzwiebel, Knoblauchspinat, Ramsel, Ramseren, Waldknoblauch, Wilder Knoblauch, Wildknofl, Wurmlauch, Zigeunerlauch, Zigeunerzwiebel*

Seit der Jungsteinzeit schätzen nicht nur die Menschen den Bärlauch als aromatische und heilsame Nahrung. Für Bären ist er die erste reichliche Futterquelle nach dem Winterschlaf. Als starkes Totemtier, das den ersehnten Frühling brachte, war er vielen Völkern heilig. Ebenso den Kelten und Germanen, die meinten, der Bärlauch verleihe ihnen Bärenkräfte – nicht nur vor einer Schlacht, auch in den Lenden – was angesichts der Inhaltsstoffe gar nicht so abwegig ist. Runen auf Amuletten, Waffen und Schmuckstücken der walisischen Kelten belegen die Wertschätzung, die dem Bärlauch zuteil wurde.

Die Römer kurierten mit Bärlauch die Folgen ihrer Gelage. Frisch gepresster Saft mit Koriander ergab einen Trank gegen Impotenz. Laut der Landgüterverordnung Karls des Großen aus dem Jahr 812 war Bärlauch in den kaiserlichen Gärten zu pflanzen. Mit der Zeit verdrängte der Knoblauch den Bärlauch. In der naturverbundenen Zeit der Romantik im 19. Jahrhundert erlebte er eine Renaissance. Enthusiastisch empfiehlt Kräuterpfarrer Künzle den Bärlauch für Kinderheime und Horte: »Die jungen Leute würden dabei blühen wie ein Rosenspalier und aufgehen wie die Tannenzapfen an der Sonne.«

Kennzeichen: Die ausdauernde Pflanze wird bis 50 cm hoch. Die weiße Zwiebel ist schmal mit durchsichtigen Häuten. Die aufrechten Stängel sind meist 3-kantig. Zwischen 2 großen, langgestielten, elliptisch-lanzettlichen, gespitzten Blättern entspringt eine langgestielte Scheindolde mit weißen, sternförmigen Blüten (April bis Juni) mit je 6 Hüll- und Staubblättern. Die Samen sind klein und bohnenförmig.

Standort: schattige humusreiche

Laubwälder, Auen und Schluchten sowie an Bächen bis in die Voralpen.

Sammelzeit: Blätter Februar bis Mai, Blüten April bis Juni, Früchte Mai bis Juni, Wurzeln im Spätsommer und Winter.

Verwechslungsmöglichkeiten: Der Geruch des Bärlauch ist hilfreich, kann bei längerem Sammeln jedoch von den Händen stammen!

Das **Maiglöckchen**, *Convallaria majalis L.*, hat den Blütenschaft umschließende Blätter mit stärkerem Mittelnerv und kräftigeren parallelen Seitennerven. Die duftendenden glockenförmigen Blüten stehen in einseitwendiger Traube. Die **Herbstzeitlose**, *Colchicum autumnale L.*, hat 3–5 längliche Blätter, die aus einer herz- bis eiförmigen Zwiebelknolle entspringen, und zart purpurfarbene kelchförmige Blüten.

Inhaltsstoffe: Flavonoide, Fructosane, Mineralstoffe und Spurenelemente (v. a. Eisen, Magnesium und Mangan), schwefelhaltige ätherische Öle, Vitamine (v. a. B6 und C).

Medizinische Eigenschaften: antiparasitär, arteriosklerose- und thrombozyten-aggregationshemmend, blutbildend, blutdruck- und cholesterinsenkend, durchblutungsfördernd (auch im Gehirn), eisenresorptions- und verdauungsfördernd, immunsystemstärkend.

Mögliche Nebenwirkungen: Sehr empfindliche Personen können bei übermäßigem Rohgenuss der Blätter oder Wurzeln ein leichtes Brennen in Speiseröhre und Magen verspüren.

Medizinische Anwendung: Kraut und Wurzeln dienen noch heute der Behandlung von Arteriosklerose, Bluthochdruck, Darmparasiten, Durchfall, Hauterkrankungen, Herzbeschwerden, Wunden und Wurmbefall sowie zur Förderung der Durchblutung des Gehirns. Die Gemmotherapie nutzt Bärlauch bei Arterienverkalkung, zur Blutdruckregulierung und Unterstützung der Verdauung.

Kulinarische Verwendung: Junge Bärlauchblätter sind wie Spinat verwendbar, fein auch in Smoothies, Aufstrichen oder Pesto, in Essig oder Öl eingelegt. Die Blüten sind frisch oder in Salzkruste ein aromatischer Dekor. Die jungen weichen Früchte dienen frisch oder eingelegt als Dekor und Würze. Die Wurzeln sind wie Knoblauch verwendbar.

HOPFEN

Humulus lupulus L.
Hanfgewächse (Cannabaceae)

SYNONYME: *Bierhopfen, Heckenhopfen, Hopf, Hoppen, Hupfen, Strauchhopfen, Weidenhopfen, Zaunhopfen*

Antike Feinschmecker schätzten den Hopfen. Als Heilmittel dürfte er jedoch erst seit dem Mittelalter in Gebrauch sein. Der Hopfen ist ein Symbol der Fruchtbarkeit. Die euphorisierende und östrogenartige Wirkung weckt tatsächlich das Interesse an »ehelich wercken«, allerdings nur bei Frauen. Für Männer wurde ein gegenteiliger Effekt postuliert. Ob aus diesem Grund die englischen Könige Heinrich VI. und Heinrich VII. den Hopfen im 15. und 16. Jahrhundert als »ungesundes Unkraut« verboten, ist nicht überliefert.
Vor Einführung des Reinheitsgebotes für Bier wurden zahlreiche Bitterkräuter zum Brauen verwendet, darunter auch Giftpflanzen. Die Germanen sollen sich vor ihren Raubzügen mit Bilsenkrautbier die richtige Stimmung zum Morden und Plündern angetrunken haben. Das erklärt wohl, warum die germanischen Götter ein Zaumzeug aus Hopfensprossen benutzten, wenn sie in den Raunächten in wildem Ritt durch die Wälder stoben.

Kennzeichen: Die ausdauernde, rechtswindende Schlingpflanze wird 3–7 m hoch mit kantigen, aufgrund von Klimmhaaren rauen Stängeln. Die rauen, gegenständigen Blätter sind 3- bis 5-lappig, am Rand stachelspitzig gezähnt. Die Blüten (Juni bis September) sind gelbgrün; männliche bilden Rispen in Blattachseln, weibliche formen zapfenartige Ähren.

Standort: Auwälder, Weingärten, Waldränder, lehmige Böden in Europa, Westasien und Nordamerika bis etwa 1.500 m Seehöhe.

Sammelzeit: Triebspitzen April bis Mai, männliche Blüten Juli bis August, weibliche Zapfen August bis September, Wurzel September bis Februar.

Verwechslungsmöglichkeiten: Die Weinrebe, *Vitis vinifera L.*, hält sich mit Ranken fest.

Inhaltsstoffe: weibliche Blüten: ätherisches Öl, Cholin, Flavonoide, Gerbstoffe, Harz, Humulon. Drüsen weiblicher Blüten: Lupulon, östrogenartige Stoffe. Sprosse: Vitamin C.

Medizinische Eigenschaften: Der Verwandte des Cannabis wirkt antiseptisch, appetitanregend, beruhigend, entwässernd, krampflösend, schmerzlindernd und verdauungsfördernd.

Mögliche Nebenwirkungen: Es können Allergien auftreten.

Medizinische Anwendung: Ein Absud weiblicher Blütenstände wirkt innerlich gegen Angst, Blasenentzündungen, Depressionen, Magerkeit, Nervosität, Nervenentzündungen, vorzeitigen Samenerguss, Schlaflosigkeit und Verdauungsprobleme.

Äußerlich lindern Hopfenaufgüsse Ekzeme, Entzündungen, Geschwüre und Herpes. Die Lupulindrüsen von Deck- und Vorblättern der Zapfen behandeln Beschwerden während der Menstruation und des Klimakteriums. Getrocknete Hopfenzapfen im Kopfkissen fördern den Schlaf. In der Homöopathie dient *Humulus lupulus* der Behandlung von Nervosität. Die Traditionelle Chinesische Medizin ordnet dem Hopfen Herz, Magen, Leber, Niere und Blase zu.

Kulinarische Verwendung: Junge Triebspitzen (Sprossen genannt) von etwa 12–18 cm Länge sind wie Spargel verwendbar. Matthiolus, Arzt Kaiser Ferdinands I., erzählt: »Im früling lassen die lekmeuler die jungen hopfenspargen zum salat bereyten und halten das für eine gutte speiss der verstopfften lebern.« Männliche Blüten werden gedünstet, die grünen weiblichen Zapfen zu Suppen, Desserts und Likör verarbeitet. Die weiblichen Blüten werden vor der Befruchtung gepflückt und getrocknet zum Bierbrauen verwendet. Die Bitterstoffe geben dem Bier seinen charakteristischen Geschmack, fällen die Trubstoffe aus, stabilisieren den Schaum und erhöhen die Haltbarkeit des Gebräus. Die Wurzel ergibt mild-würzige Salate und Gemüsegerichte.

SCHARBOCKSKRAUT

Ranunculus ficaria L. syn. Ficaria ranunculoides Roth
syn. Ficaria verna Huds.
Hahnenfußgewächse (Ranunculaceae)

SYNONYME: *Butterblume, Feigwurz, Feigwurzeliger Hahnenfuß, Frühsalat, Frühlingssalat, Gichtblatt, Himmelsgerste, Pfaffenhödlein, Pfennigsalat, Wilder Weizen*

Scharbockskraut verdankt seinen Namen seiner Wirksamkeit gegen Skorbut (Scharbock). Diese Eigenschaft machten sich auch Seefahrer zunutze. Die mittelalterliche Signaturenlehre schloss aus der an Feigwarzen erinnernden Form der Wurzelknollen auf eine Wirksamkeit bei den als Feigen bezeichneten Rinderwarzen sowie bei Hämorrhoiden – und sollte recht behalten.
Eine Sage, in der ein Kornregen durch Scharbockskraut hervorgerufen wird, basiert offenbar auf dem Phänomen, dass bei Regen die weizenförmigen Wurzelknollen in großer Zahl ausgeschwemmt werden.

Kennzeichen: Die Pflanze erreicht 10–30 cm Höhe mit kahlem, hohlem, spärlich verzweigtem Stängel und glänzenden herz- bis nierenförmigen Blättern mit gekerbtem Rand und langem Stiel. Die leuchtend gelben (im Alter helleren), oberseits glänzenden Blüten (März bis April) mit 6–12 blumenblattartigen Nektarblättern stehen endständig und einzeln. Sie schließen sich bei Schlechtwetter. Nach der Blüte entwickeln sich in den Blattachseln weiße Brutknöllchen zur vegetativen Fortpflanzung. An den Wurzeln finden sich längliche Speicherknöllchen. Die Früchte sind behaart und ringsum gekielt.

Standort: schattige Stellen auf feuchten Wiesen, in Auwäldern und an Bachufern in beinahe ganz Europa, Westasien und Nordafrika bis etwa 1.800 m Seehöhe.

Sammelzeit: Blätter von Februar bis April, Blütenknospen März, Brut- und Wurzelknollen Mai und Juni.

Verwechslungsmöglichkeiten: Die **Sumpf-Dotterblume**, *Caltha palustris L.*, trägt Blüten mit 5–7 breiten Blütenhüllblättern. Blütenknospen können in Salzlake, Essig oder Öl eingelegt werden. Blätter sind unbekömmlich. **Haselwurz**, *Asarum europaeum L.*, auch Brechwurz oder Pfefferwurz genannt, hat ungekerbt nierenförmige Blätter. Die innen dunkelbraunroten Blüten stehen bodennah. Haselwurz dient seit der Antike als Heilkraut, hat allerdings bei falscher Dosierung massive Nebenwirkungen. In sehr geringen Mengen dienten die Stiele als scharfes Gewürz. **Kriechender Hahnenfuß**, *Ranunculus repens L.*, hat Grundblätter mit fiederteiligen Abschnitten, deren mittlerer deutlich gestielt ist. Die gelben Blüten mit 5 Kronblättern stehen einzeln an langen Stielen in den Blattachseln. Die Pflanze ist – in geringen Mengen! – wie Scharbockskraut verwendbar.

Inhaltsstoffe: Blätter: Vitamin C, ätherische Öle, Ranunculin (zerfällt in Protoanemonin und Anemonin), Saponine, Gerbstoffe. Wurzel: Gerbstoffe, Asparagin, Urease.

Medizinische Eigenschaften: antiskorbutisch, entzündungshemmend, blutreinigend, hautreizend und schmerzlindernd.

Mögliche Nebenwirkungen: Während der Blütezeit sind frische Blätter schwach giftig. Der frische Wurzelstock und frische Knöllchen sind stärker giftig. Sie können Schleimhautreizungen, Übelkeit, Durchfall und Erbrechen hervorrufen. Beim Trocknen werden die Gifte in unschädliche Verbindungen umgewandelt. Die Wurzel eignet sich nur getrocknet und in geringen Mengen für innerliche Anwendungen.

Medizinische Anwendung: Der Frischsaft der Blätter gemischt mit Milch ist Teil der Frühjahrskur, Vorbeugung und Heilmittel gegen Skorbut. Mit Frischsaft, Sitzbädern oder Dampf behandelt man Dammriss durch die Geburt und Hämorrhoiden. Da der Saft in großen Mengen hautreizend wirkt, ist das Dampfbad die mildeste Methode. Ein Aufguss getrockneter Blätter mit Kamille wirkt gegen Hautunreinheiten.

Kulinarische Verwendung: Die kräftig pfefferartig schmeckenden Blätter dienen (auch getrocknet) als Gewürz. Längeres Kochen macht die Blätter bitter. Die Blütenknospen sind – nach dem Einsalzen in Essig oder Öl eingelegt – sparsam als Kapernersatz verwendbar. Die stärkehaltigen Brut- und Wurzelknollen werden vor der Verwendung zur Entgiftung getrocknet. Sie dienen roh als nussige Streu für Salate und Müsli und lassen sich wie Kapern einlegen oder als Gemüse kochen.

WALDMEISTER

Galium odoratum L. ehemals auch: Asperula odorata L.
Rötegewächse (Rubiaceae)

SYNONYME: *Duft-Labkraut, Herzkraut, Leberkraut, Maikraut, Waldhahnl, Wohlriechendes Labkraut*

Keltisch-germanische Bräuche rund um das Fruchtbarkeitsfest Belta(i)ne spiegeln sich noch in den gegenwärtigen Maifeiern. Damals wie heute tanzen die Menschen um einen Maibaum, berauscht von waldmeisterhaltigen Getränken. Waldmeisterbowle – zu Pfingsten genossen – galt als herzstärkend für das gesamte folgende Jahr. Der polnische König Stanislaw Leszczyński schwor auf seine tägliche Tasse Waldmeistertee. Dem Vieh gönnte man die Heilpflanze, wenn es nicht fressen wollte. Hilfreich ist Waldmeister auch als Wetterorakel: Duftet er besonders stark, steht Regen bevor.

Als Amulett getragen sollte Waldmeister Wohlstand bringen, Athleten und Krieger siegreich machen. Gar nicht abwegig, wenn man bedenkt, dass Waldmeister Nervosität und Schlaflosigkeit behebt und antiseptisch wirkt. Letzteres zeigt sich in der Verwendung zum Vertreiben von Hexen (= Bakterien). Der Waldmeister zählte aufgrund seines Erscheinungsbildes zu den Gliedkräutern. Als mittelalterliche Symbole für die »heimlichen Glieder«, worunter die weiblichen und männlichen Geschlechtsteile zu verstehen sind, dienten diese Pflanzen der Behandlung entsprechender Leiden, besonders im Zusammenhang mit der »lustigen begierd« und den »ehelich wercken«. Gefördert wurden diese Vergnügungen wohl durch die dem Waldmeister nachgesagte Fähigkeit, als Streukraut in Stuben Frohsinn und Herzlichkeit zu verbreiten. Der profanere Nutzen dabei: Getrocknete Büschel, in Räume und zwischen die Wäsche gelegt, dienen seit Jahrhunderten der Insektenabwehr.

Kennzeichen: Die ausdauernde Pflanze wird 10–30 cm hoch mit glänzendem, 3-kantigem Stängel und einem Haarkranz unter den Blattquirlen. Die zu 6–9 in Quirlen stehenden kahlen Blätter sind dunkelgrün, lanzettlich oder schmal elliptisch und zugespitzt. Die 4-zipfeligen weißen Blüten (April bis Juni) mit kurzer Röhre stehen in endständigen Scheindolden. Die Spaltfrucht aus 2 kugeligen Fruchtblättern trägt hakig gekrümmte Haare. Nach dem Welken verströmt der Waldmeister einen kräftigen süßlichen Duft.
Standort: feuchte, nährstoffreiche schattige Laubmischwälder in gemäßigten Zonen Europas und Kleinasiens bis etwa 1.800 m Seehöhe.
Sammelzeit: Blätter April bis Juni von Pflanzen vor deren Blüte, Blüten April bis Juni.
Verwechslungsmöglichkeiten: Das **Klebkraut**, *Galium aparine L.*, auch Klebrich, Klimmkraut, Zaunkleber oder Zaunkraut genannt, trägt einzeln stehende kleine weiße Blüten und Widerhaken an den verzweigten Stängeln. Büschel des Krautes dienten früher zum Abfiltern der Milch. **Echtes Labkraut**, *Galium verum L.*, auch Gelbes Labkraut oder Herrgottsstroh genannt, hat zahlreiche gelbe Blüten und duftet nach Honig.
Inhaltsstoffe: Bitterstoffe, Cumarine, Fette, Flavonoide, Gerbstoffe, Glykoside (u. a. Asperulosid), Phenole und Vitamin C.
Medizinische Eigenschaften: antiseptisch, antioxidativ, blutreinigend, beruhigend, galle-, harn- und schweißtreibend, tonisch und wundheilend.
Mögliche Nebenwirkungen: Unmäßig große Mengen können Kopfschmerzen und Benommenheit verursachen, bei Dauergebrauch die Leber schädigen und die Blutgerinnung hemmen.
Medizinische Anwendung: Frische zerstoßene Sprosse dienen als Wundauflage. Ein Aufguss des Krautes behandelt Abszesse, Darmprobleme, Depressionen, Gallensteine, Herzklopfen, Kopfschmerzen, Krämpfe, Leberstau, Nervosität, Nierensteine sowie Schlaflosigkeit und ist Bestandteil traditioneller Frühjahrskuren.
Kulinarische Verwendung: Das ausgeprägte Aroma des Waldmeisters prädestiniert ihn zur Bereitung von Bowle und anderen Getränken, aber auch von Saucen zu hellem Fleisch und Fisch. Die empfohlene Dosis liegt bei 3 Gramm pro Liter Flüssigkeit. Als Dekor eignen sich frische Blattquirle, die man mit Agar-Agar vor dem Welken bewahren kann. Samen und Wurzeln serviert man gekocht oder geröstet. Wegen der Verwandtschaft des Waldmeisters mit dem Kaffee drängt sich der Gebrauch gerösteter Samen und Wurzeln als schmackhaftes Gebräu förmlich auf. Getrocknet gibt die ganze Pflanze Blütenzucker und Kräutersalz eine feine Note.

HECKE UND GEBÜSCH

An Wegen, Böschungen und Waldrändern siedeln sich gern lichtbedürftige Sträucher und Bäume an. Sie haben einen positiven Einfluss auf das Kleinklima und bilden eine wichtige Barriere gegen die Erosion durch Wind. Zudem bieten sie einen Schutzraum für – teilweise selten gewordene – Tiere, von denen zahlreiche Arten Insekten in Schach halten, die sich über die Felder hermachen.

An diesen Standorten häufig vorkommende Arten sind Berberitze (S. 104), Birke (S. 17), Brennnessel (S. 50), Brombeere (S. 106), Dost (S. 83), Eberesche (S. 108), Giersch (S. 22), Gundelrebe (S. 65), Hasel (S. 111), Himbeere (S. 113), Holunder-Arten (S. 115), Hopfen (S. 97), Knoblauchsrauke (S. 31), Kornelkirsche (S. 118), Labkraut-Arten (S. 85), Nelkenwurz (S. 133), Scharbockskraut (S. 99), Schlehdorn (S. 120), Taubnessel (S. 53), Veilchen (S. 138), Wald-Erdbeere (S. 127), Waldmeister (S. 101) und Wild-Rose (S. 122).

BERBERITZE

Berberis vulgaris L.
Berberitzengewächse (Berberidaceae)

SYNONYME: *Bubenstrauch, Dreidorn, Erbsel, Essigbeere, Essigscharf, Gemeiner Sauerdorn, Himmelbrot, Kuckucksbrot, Reselbeere, Spießdorn, Spitzbeerli, Weinäuglein, Weinscharl, Zitzerlstrauch*

Bereits in der Antike diente die Berberitze als Heilpflanze. Mit der Wurzel färbte man Leder, Leinen und Wolle. Die Signaturenlehre sah in der gelben Farbe der Wurzeln und Blüten einen Bezug zur Leber, der sich in der Wirkungsweise der Pflanze bestätigt. Zum Ausräuchern der Stuben und Ställe dienten Zweige und Wurzeln. Die Früchte boten ein Wetterorakel: Kurze dicke Früchte verkündeten kurze, harte Winter; lange schmale Früchte ließen einen langen, milden Winter erwarten.

Kennzeichen: Der Strauch wird 1–3 m hoch mit gelben Wurzeln und gerillten braunen Stämmen, die im Alter grau werden. Die länglich-elliptischen Blätter wachsen in Büscheln an Kurztrieben, sind am Rand dornig gewimpert und entspringen in der Achsel meist 3-teiliger Dornen. Die gelben Blüten (Mai bis Juni) mit je 6 Kelch-, Kron- und Staubblättern sind in hängenden Trauben angeordnet. Die leuchtend roten, länglichen Beeren umhüllen 2–3 Samen.

Standort: sonnige, trockene Stellen an Feldrändern, in Gebüschen oder in lichten Laub- und Kie-

fernwäldern in Europa und Afrika bis etwa 2.000 m Seehöhe.
Sammelzeit: Blätter Mai bis Juni, Beeren August und September, besser nach dem ersten Frost, Wurzelrinde im November.
Verwechslungsmöglichkeiten: Die **Kornelkirsche**, *Cornus mas L.*, wird meist wesentlich höher und trägt keine Dornen. Die Früchte sind größer, saftiger und glänzend scharlachrot.
Inhaltsstoffe: Alkaloidc (u. a. Berberin, Berbamin, Jatorrhizin, Oxyberberin), Fruchtsäuren, Gerbstoffe, Harz, Mineralstoffe, Vitamin C, Wachs. Keine Alkaloide in den Früchten.
Medizinische Eigenschaften: abführend, appetitfördernd, blutstillend, galletreibend, entwässernd, leber- und milz- sowie uterusanregend.
Mögliche Nebenwirkungen: Blätter, Wurzel und Rinde enthalten giftige Alkaloide und werden daher nur für medizinische Zwecke verwendet. Schwangere und Stillende sollten auf den Gebrauch dieser Pflanzenteile verzichten.
Medizinische Anwendung: Die Früchte beheben Appetitlosigkeit und Übelkeit während der Schwangerschaft. Ein Absud der Wurzelrinde dient der Behandlung von Gallensteinen, Gerstenkorn, Gicht, Herzbeschwerden, Kreislauf- und Stoffwechselproblemen, Krampfadern, Leberleiden, Beschwerden während der Menstruation und Menopause, Nierensteinen, Verstopfung, Sehschwäche und Skorbut. Eine Wurzelrindentinktur wird äußerlich bei Hautausschlägen, Frostbeulen und Warzen appliziert. Innerlich

angewendet wird sie bei leichten Depressionen und Kopfschmerz. Mitunter wird Berberitze auch gegen Bluthochdruck, Hepatitis, Lebertumor, Leishmaniasis, Malaria, Ruhr und begleitend bei der Chemotherapie angewendet. Die Homöopathie setzt *Berberis* bei Gallenblasen- und Nierenbeckenentzündungen, Gallenkoliken, Gelbsucht, Hämorrhoiden und Gelenksrheumatismus ein. In der Traditionellen Chinesischen Medizin ist die Berberitze den Organen Gallenblase, Leber und Milz zugeordnet. In der Ayurvedischen Medizin gilt *Berberis* als Entgiftungsmittel und Lebertonikum.
Kulinarische Verwendung: Die jungen Blätter würzen – sparsam verwendet – Salate, Aufstriche, Suppen und Eierspeisen. Die säuerlich aromatischen Beeren waren im Biedermeier besonders beliebt. Sie gelieren gut und eignen sich für Marmelade, Saft, Desserts, Essig, Schnaps und Bonbons. Getrocknete Beeren finden sich in Kräutertee, Müsli und Studentenfutter sowie in orientalischen Gerichten.

BROMBEERE

Rubus fruticosus L.
Rosengewächse (Rosaceae)

Synonyme: *Bramel, Bramelbeere, Brämen, Braunbeer, Brombesing, Bromedorn, Brommelbeere, Brummern, Feldschwarzbeere, Frommbeere, Hirschbollen, Kratzbeere, Kroatzbeere, Mohrenbeere, Moren, Murbeer, Nur, Rahmbeere, Schwarze Haubeere, Swartiebeere, Swertje*

Brombeeren werden seit der Jungsteinzeit gesammelt. Im alten Ägypten dienten Brombeerblätter zu Heilzwecken. Auch im antiken Griechenland und Rom waren die vielseitigen kulinarischen und medizinischen Verwendungsmöglichkeiten der Brombeere bereits geschätzt. Der Legende nach meiden Dämonen und Hexen Häuser, in deren Nähe Brombeerbüsche stehen. Kein Wunder: Die Bewohner haben damit ein Mittel, das durch seine antiseptische Wirkung unsichtbare böse Mächte bekämpft – die Bakterien. Brombeerzweige über der Stalltür dienten dem speziellen Schutz des Viehs vor Verhexung. Keine schlechte Idee, halten doch die Blätter Insekten fern, die Krankheiten übertragen können.
Wie zahlreiche stachelige Gewächse galt die Brombeere als Abstreifkraut. In der Sympathiemedizin musste man bei Husten dreimal durch einen Brombeerstrauch kriechen. Diese Methode sollte auch von Albträumen befreien und spät entwickelnde Kleinkinder zum Laufen bringen. Verkrachte Eheleute versuchten durch gemeinsames Hindurchkriechen unter dem Busch neue Harmonie zu gewinnen – traditionelles Teambuilding.

Kennzeichen: Der Strauch mit stacheligen Sprossen wird 20–200 cm hoch. Die gezähnten, gestielten Blätter bestehen aus 3–5 gezähnten Fiederblättchen, deren Stiel und Nerven bestachelt sind. Blätter und Nebenblätter können unterseits weiß behaart sein. Die weißen bis rosa Blüten (Mai bis August) haben je 5 Kelch- und Blütenblätter. Die Sammelfrüchte bestehen aus zahlreichen blauschwarz glänzenden kugeligen Steinfrüchten, die mitunter hellblau bereift erscheinen. In Europa existieren mehr als hundert Brombeer-Arten und unzählige Zwischenformen.

Standort: Hecken, Wälder und Lichtungen bis 2.300 m Seehöhe.

Sammelzeit: Blätter April bis Juni vor der Blüte, Blüten Mai bis August, Früchte Juli bis September.

Verwandte: Die **Kratzbeere**, *Rubus caesius L.*, hat zartere Stacheln und stärker bereifte Sammelfrüchte mit wesentlich weniger Einzelsteinfrüchtchen. Das Aroma ist nicht so vielschichtig. Die Blätter der Brombeere sehen bei oberflächlicher Betrachtung jenen der **Himbeere**, *Rubus idaeus L.*, ähnlich, die jedoch gröber gezähnt sind.

Inhaltsstoffe: Brombeerblätter und -früchte sind reich an Vitaminen und Mineralstoffen, sie enthalten Flavonoide, Gerbstoffe, pentacyclische Triterpensäuren, Äpfel-, Salicyl-, Oxal- und Zitronensäure sowie Sterole.

Medizinische Eigenschaften: Blätter und Früchte wirken adstringierend, blutzuckersenkend, harntreibend und antiseptisch.

Mögliche Nebenwirkungen: In der Fachliteratur bis dato nicht verzeichnet.

Medizinische Anwendung: Ein Aufguss der getrockneten Blätter oder der Saft der Früchte dienen zur Behandlung von Angina, Blasenentzündungen, Diabetes, Durchfall, Hämorrhoiden, Heiserkeit, Weißfluss und Zahnfleischbluten. In der Volksmedizin wird die Pflanze auch bei Kupfermangel, zur Stärkung des Bindegewebes und zur Vorbeugung von Gefäßverengungen angewendet. Dioskorides empfahl die Blätter zur Kräftigung des Zahnfleisches, Hildegard von Bingen ließ bei Erkältungskrankheiten und Kopfschmerz Brombeerblätter mit Wein und Honig gekocht trinken. Leonhart Fuchs empfiehlt Brombeerblätter auch gegen Bisse giftiger Schlangen, übermäßige Menstruationsblutungen und interessanterweise für »die augen so auß dem kopff fallen wolle«. Auch Blüten und unreife Früchte gehörten zu seinen Mitteln. Die ältere Literatur setzt die Brombeere bei Ruhr ein. In der Veterinärmedizin bestreute man offene Wunden mit pulverisierten Brombeerblättern, um Fliegen abzuhalten.

Kulinarische Verwendung: Sehr junge Triebe und Blätter eignen sich für Aufstriche, Salate, Gemüsezubereitungen und Teemischungen, die Blüten als Dekor für Desserts. Die Früchte geben Saucen und Süßspeisen ein feinherbes Aroma und dienen zur Herstellung von Saft, Sirup, Gelee, Marmelade, Chutney, Essig, Wein oder Ansatzlikör. Bei der Zubereitung von Marmelade oder Gelee empfiehlt es sich, einige halbreife Beeren mitzuverwenden, um das Aroma zu verstärken.

EBERESCHE

Sorbus aucuparia L.
Rosengewächse (Rosaceae)

Synonyme: *Drosselbeeren, Eibschen, Faulbaum, Kranewitt, Kronawettbeeren, Merlenbeere, Quickenbaum, Quiecke, Quitschbeer, Quitschenbaum, Vogelbeere*

Die Eberesche war vermutlich bereits in der Steinzeit ein Baum der Schamanen. Der Stellenwert als magische Pflanze dürfte u. a. im leuchtenden Rot der reifen Früchte begründet liegen. Die Farbe repräsentiert essentielle Aspekte des Lebens: die aufgehende Sonne, Feuerglut und Blut – Lebenssaft, Träger des Geistes, Verbindung mit den Ahnen und größtes Opfer an die Götter. Im Rauschen des Blutes vernahmen die Schamanen das Raunen der Götter, dessen Botschaft sie als Runen in die Rinde heiliger Hölzer schnitzten. Die Runen färbten sie mit Blut, um sie zu beleben.

Die Kelten und Neopaganisten betrachteten die Eberesche als Wohnsitz des Geistes der Erweckung. Den keltischen Druiden war die Eberesche als Schutzpflanze heilig. Orakelstätten und Gerichtsplätze wurden mit Ebereschen bepflanzt. Auch in der germanischen Mythologie galt der Baum als Glücksbringer und war Donar geweiht, dem Gott des Blitzes und Donners.

Donars Lieblingstier ist die Ziege, ihr Lieblingsfutter sind die zarten Blätter der Eberesche.
Besonderen Stellenwert hatten Ebereschenzweige, die in den Astgabeln anderer Bäume gediehen. Wie die Mistel wurden sie als Zwischenwesen und damit als Vermittler zwischen den Welten betrachtet.
In der keltisch-germanischen Tradition diente die Eberesche zum Bannen von Geistern. So wurde die Seele im Leichnam durch einen Ebereschenpflock festgehalten. Analog steckten Priester Ebereschenzweige rund um die Felder, um den sprunghaften Naturgeist zu fixieren, der als Korn-, Hafer-, Roggen- oder Erbsenbock die Fruchtbarkeit der Scholle symbolisierte. Diese Bilwispriester, die um Bil (= Belenos) Wissenden, sollten mit Zaubersprüchen den Bock am Entspringen hindern, damit er im Herbst als Erntebock eingefahren werden konnte. Von den christlichen Missionaren wurden die Bilwisse zu Kornfelddämonen, den »Bilmesschnittern«, gemacht und fielen noch im Spätmittelalter der Inquisition zum Opfer.
Bis in das 20. Jahrhundert pflanzte man Ebereschen als Abwehrmittel gegen Hexenzauber (= Infektionen) nahe am Haus. So hatte man die Rohstoffe für zahlreiche Hausmittel gleich zur Hand. Getrocknete Beeren und Blätter wurden bei rituellen Räucherungen eingesetzt. Zu Ostern, am 1. Mai, zu Weihnachten und Neujahr waren die Äste Bestandteil von Fruchtbarkeitsritualen. Der Schlag mit der Lebensrute, dem Quickreis, sollte Gesundheit und Fruchtbarkeit bringen. Im Zuge der Christianisierung mutierte die Eberesche zum Hexenbaum, der aus den Knochen des Judas Ischariot entsprungen sein sollte.
Blüten und Rinde der Eberesche haben einen leicht fauligen Geruch, um Fliegen und Käfer zwecks Bestäubung anzulocken, weshalb das Gewächs auch Faulbaum genannt wurde. Gärtnerinnen, die bis zum 1. Mai ihren Garten nicht umgegraben hatten, setzte man eine kleine Eberesche in ihr Beet. Der volkstümliche Name Vogelbeere zeigt, wie beliebt die Früchte bei den Singvögeln sind. Vogelfänger benutzten daher die Beeren als Köder.

Kennzeichen: Der Strauch oder bis 16 m hohe Baum mit glatter, glänzend grauer Rinde hat wechselständige, gestielte Blätter mit 9–19 lanzettlichen, scharf gesägten Fiederblättchen. Sie verströmen beim Zerreiben ein Bittermandelaroma. Die weißen Blüten (Mai bis Juni) stehen in dichten Doldenrispen. Die rundlichen

Früchte sind orange bis scharlachrot mit bis zu 1 cm Durchmesser.
Standort: wild auf nährstoff- und kalkarmen Böden in lichten Wäldern in ganz Europa mit Ausnahme des Mittelmeerraumes, im Norden bis über den Polarkreis hinaus, bis etwa 2.400 m Seehöhe.
Sammelzeit:. Blätter Mai bis Juni., Beeren im Spätherbst am besten nach mehreren Frostnächten.
Verwechslungsmöglichkeiten: Der verwandte **Speierling**, *Sorbus domestica L.*, hat größere, stärker behaarte Blätter und birnenförmige Apfelfrüchtchen. Die **Mehlbeere**, *Sorbus aria L.*, hat ungeteilte Blätter, die unterseits mehlig weiß erscheinen. Die weißen Blüten stehen in Rispen und haben einen filzig behaarten Kelch. Auch die Kronblätter sind an der Basis wollfilzig behaart. Die eiförmigen bis kugeligen Früchte sind gelblich-rot bis scharlachrot und essbar. Die **Elsbeere**, *Sorbus torminalis L.*, auch Atlasbeere oder Ruhrbirne genannt, hat breit eiförmige Blätter mit 3–4 tief eingeschnittenen, spitzen Lappen und rundliche braune Früchte mit Punkten.Sie werden meist zu Schnaps verarbeitet.
Inhaltsstoffe: Anthocyane, Äpfelsäure, Parasorbinsäure, Pektin, Provitamin A, Sorbinsäure und Vitamin C. Methylamin in den Blüten.
Medizinische Eigenschaften: abführend (rohe Früchte), gegen Durchfall (gekochte Früchte), adstringierend, blutstillend, harntreibend und menstruationsregulierend.
Mögliche Nebenwirkungen: Der Verzehr allzu großer Mengen roher Früchte kann zu Erbrechen und Durchfall führen. Gekochte und getrocknete Beeren sind unproblematisch.
Medizinische Anwendung: Ein Aufguss der getrockneten Blüten und Blätter oder Zubereitungen der Früchte dienen der Behandlung von Bronchitis, Durchfall, Husten, Lymphstau, Magenverstimmungen und Skorbut.
Kulinarische Verwendung: Das Aroma der Blüten ist nur für Fliegen und Käfer attraktiv. Sofern die Früchte nicht bereits durch den Frost die Bitterkeit verloren haben, sollten sie zur Entbitterung über Nacht in Essigwasser gelegt oder eingefroren werden. Die **Mährische Eberesche**, *Sorbus aucuparia var. moravica L.*, auch Böhmische Eberesche genannt, ist frei von Bitterstoffen. Die Früchte werden – traditionell häufig mit milden Obstsorten gemischt – zu Mus, Sirup, Gelee und Marmelade verarbeitet. Sie gelieren sehr gut, weshalb sie Marmelade zugesetzt werden, die sie zusätzlich durch ihren Gehalt an Sorbinsäure lange haltbar machen. Auch Essig und die Verdauung anregender Schnaps oder Likör sind seit der Antike beliebt, ebenso getrocknete Früchte, die zu Mehl vermahlen wurden. Die gerösteten Samen dienten in Notzeiten als Kaffeesubstitut. Die Früchte enthalten bis zu 12 % Sorbit, das als Zuckeraustauschstoff dient.

HASEL

Corylus avellana L.
Birkengewächse (Betulaceae)

SYNONYME: *Haselnuss, Hexenhasel, Waldhasel, Welschhasel, Zeller Nuss*

Die Hasel ist eine Pionierpflanze, die nach der letzten Eiszeit die baumlosen Landstriche besiedelte, und bereits im Tertiär vom Menschen genutzt wurde. Rutengänger gab es in China seit etwa 3.000 v. d. Z. Auch Germanen und Kelten sahen in der Hasel eine Antenne für Signale aus der Welt der Götter, Geister und Ahnen, ein Symbol der Unsterblichkeit. Daher waren in Gräbern Nüsse und Zweige der Hasel häufige Grabbeigaben. Der Strauch war der weißen Göttin des Frühlings und der Fruchtbarkeit geweiht. Die mit dem Kult verbundenen Fruchtbarkeitsfeste wurden in christlicher Zeit verboten, die Hasel mutierte zum Zeichen der Untreue und Sittenlosigkeit. In Volksliedern und Reimen hat sich die Verbindung vom Knacken der Nüsse mit der Vorstellung sexueller Kraft bis heute erhalten.
Als mächtige Abwehrpflanze durfte die Hasel in keinem tra-

ditionellen Bauerngarten fehlen. Sie sollte störende und krank machende Erdstrahlen ableiten. Wünschelruten werden bis heute aus der Hasel hergestellt. Das weiche Holz ist nicht sehr haltbar und diente daher nur als Rohstoff für Flechtwerk, die Kohle zum Zeichnen und zur Herstellung von Schießpulver.

Kennzeichen: Der Strauch wird bis zu 100 Jahre alt und bis 5 m hoch mit zahlreichen Stämmchen. Die glatte Rinde ist braungrau, oft zart glänzend. Junge Zweige sind borstig rotbraun oder grau, ältere rötlich-grau und warzig. Die Blüten (Februar bis April) erscheinen vor dem Laub. Die hängenden männlichen Kätzchen sind gelb, weibliche Blüten knospig mit roten, vorstehenden Narben. Die wechselständigen Blätter mit drüsig behaartem Stiel sind rundlich, grob doppelt gesägt und zugespitzt. Die Früchte sind hartschalige Nüsse, umhüllt von einem zerschlitzten Becher aus Hochblättern.

Standort: Gebüsche und Wälder in ganz Europa, Kleinasien und dem Kaukasus bis 1.800 m Seehöhe.

Sammelzeit: Kätzchen Februar bis März, junge Blätter und Rinde April bis Mai, Früchte August bis Oktober.

Verwandte: Die **Lambertshasel**, *Corylus maxima Mill.*, hat größere Blätter. Die röhrenförmige, geschlossene oder einseitig gespaltene Fruchthülle überragt die Nuss. Die **Bluthasel**, *Corylus maxima var. purpurea*, ist eine rotblättrige Form der Lambertshasel. Die **Baumhasel**, *Corylus colurna L.*, wird bis 20 m hoch. Die Fruchthülle ist in Zipfel zerschlitzt.

Inhaltsstoffe: Flavonoide, Gerbstoffe, Eiweiß, Öl, Kalium, Kalzium, Paclitaxel, Vitamine B1, B2 und E.

Medizinische Eigenschaften: adstringierend, blutreinigend und -stillend, fiebersenkend, gefäßverengend und Tumore bekämpfend.

Mögliche Nebenwirkungen: Allergien sind möglich.

Medizinische Anwendung: Blätter und Nüsse dienen seit Jahrtausenden der Behandlung von Augen- und Lungenleiden, niedrigem Blutdruck, Fieber, Krampfadern, Nasenbluten, Ödemen, Venenentzündungen und Wunden. Paclitaxel dient zur Behandlung diverser Karzinome. Die Bachblütenessenz *Hazel* hilft Menschen, die nicht loslassen können, immer alles unter Kontrolle haben wollen.

Kulinarische Verwendung: Die getrockneten männlichen Blüten werden zu herb-würzigen Saucen verarbeitet oder vermahlen Mehlspeisen beigefügt. Sehr junge Blätter verleihen Salaten und Gemüsegerichten eine reizvolle Note. Unreife Nüsse lassen sich wie Oliven oder Kapern einlegen. Reife Nüsse sind – vor allem geröstet – unentbehrliche Zutat für Müsli, Gianduja, Krokant, Süßspeisen und Likör. Analog zu Marzipan stellt man aus Haselnüssen Nussipan her. Das Öl ist hochwertig, jedoch auch bei kühler Lagerung nicht länger als 3 Monate haltbar.

HIMBEERE

Rubus idaeus L.
Rosengewächse (Rosaceae)

Synonyme: *Ambas, Hohlbeere, Katzenbeere, Madebeere, Mollbeere, Runtzelbeer, Wald-Himmelbeere*

Bereits in der Jungsteinzeit genossen die Menschen die köstlichen Früchte. Archaisch ist auch der Brauch des Fruchtopfers. Vor dem Sammeln erhalten die Fruchtbarkeitsgöttinnen oder die Erdgeister einige Beeren als Dank und Bitte um weitere reiche Ernte. Als Ernteorakel galt: Wie die Reife der Himbeeren, so sollte die Reife des Korns sein.

Stachelbewehrte Pflanzen, besonders solche, die lange Triebe aufweisen, waren seit jeher beliebt zum »Abstreifen« von Krankheiten und Unheil. Man kroch einfach unter einem Bogen aus den Stängeln hindurch und überließ dem Gewächs alle unerwünschten Elemente. Die Himbeere zählt zu den sogenannten Nabelkräutern: Pflanzen, deren Blätter oder Früchte nach Entfernen des Stängels eine nabelartige Einbuchtung aufweisen, wurde eine aphrodisierende Wirkung beigemessen, da der Nabel als Sitz »unkeuscher Gelüste« galt. Auch die glatte, elastische Oberfläche und die rote Farbe der Früchte wecken bei vielen Menschen eindeutige Assoziationen. Überdies bleibt nach dem Pflücken sehr reifer Himbeeren ein zapfenartig vorgewölbter Blütenboden stehen, der wohl auch einschlägige Fantasien anzuregen vermag. Nicht von ungefähr erhielt daher eine Dessertkreation aus Vanilleeis mit erwärmten Himbeeren den Namen »Heiße Liebe«.

Kennzeichen: Der Strauch mit einem unterirdische Ausläufer bildenden Wurzelstock wird 1–2 m hoch. Die aufrechten, zweijährigen Stängel sind mit feinen Stacheln bewehrt. Die gezähnten Blätter sind 3- bis 7-fach geteilt, an der Blattoberseite hellgrün, an der Unterseite weißfilzig. Die weißen Blüten (Mai bis Juni) haben 5 kleine Kronblätter. Die rote Frucht ist aus vielen kleinen behaarten Steinfrüchten zusammengesetzt.

Standort: nähr- (v. a. stickstoff) reiche Böden auf Lichtungen, an Waldrändern und Schutthalden der nördlichen Hemisphäre bis etwa 2.000 m Seehöhe. Je höher der Standort, desto aromatischer die Früchte.

Sammelzeit: Sprosse März bis April, Blätter zur kulinarischen Verwendung April bis Mai, Blüten Mai bis Juli, Früchte Juli und August, Blätter für medizinische Anwendungen Mai bis September, Wurzeln im Frühjahr oder Herbst.

Verwandte: Die Blätter der Himbeere sehen bei oberflächlicher Betrachtung jenen der **Brombeere**, *Rubus fruticosus L.*, ähnlich, deren Blattränder allerdings feiner gezähnt und unterseits nicht filzig sind.

Inhaltsstoffe: Blätter und Wurzeln: Flavonoide, Gerbstoffe und Vitamin C. Früchte: Flavonoide, Mineralstoffe, organische Säuren, Pektin, Salicylsäure, Schleimstoffe, Vitamine und Zucker.

Medizinische Eigenschaften: Blätter und Früchte wirken adstringierend, antiskorbutisch, appetitanregend, blutreinigend, harn- und schweißtreibend sowie menstruationsregulierend. Die Blätter wirken zudem stopfend, die Früchte fördern die Verdauung.

Mögliche Nebenwirkungen: Bei entsprechend disponierten Menschen können allergische Reaktionen auftreten.

Medizinische Anwendung: Innerlich angewendet dient der Absud der Blätter der Behandlung von Angina, Asthenie, Durchfall, Fieber, Menstruationsbeschwerden, Nierensteinen. Die Blätter werden auch Blutreinigungstees beigemengt. Äußerlich appliziert man den Absud auf gereizte Augen, schmerzende Brust, Hämorrhoiden, unreine Haut, Krampfadern sowie bei Schleimhautentzündungen in Mund und Rachen. Einige Wochen vor der Geburt und während der Wehen dient ein Mazerat der Triebspitzen zur Entspannung der Gebärmuttermuskulatur. Die frischen Früchte lindern Verstopfung. Die Traditionelle Chinesische Medizin ordnet der Himbeere die Organe Lunge, Magen, Gebärmutter und Dickdarm zu.

Kulinarische Verwendung: Sehr junge Blätter ergeben feine Salate und Gemüsegerichte und sind schmackhafter Dekor. Sprosse werden kurz nach dem Austreiben geschält als Rohkost oder wie Spargel verwendet. Durch Fermentation der Blätter erhält man einen ausgezeichneten Schwarztee ohne aufputschende Inhaltsstoffe. Die Steinfrüchtchen eignen sich zur Bereitung von Sirup, Likör, Wein, Essig, Marmelade und Mus. Der Sirup ist Bestandteil der Berliner Weißen, der mit Saft versetzte Likör dient als Effektgeber des Getränks »Laterndl«. Blüten und Blätter dienen als Beimischung zu Tees, Bowlen, Gemüse und Salaten.

SCHWARZER HOLUNDER

Sambucus nigra L.
Moschuskrautgewächse (Adoxaceae)

SYNONYME: *Elderbaum, Fliederbeere, Frau Ellhorn, Frau Else, Frau Holler, Holder, Holderbusch, Husholder, Keilken, Kisseke, Schwarzer Flieder, Schwarzholder*

Holunder begleitet die Siedlungen der Menschen seit der Steinzeit und wurde sogar als Beigabe in Gräbern dieser Periode gefunden. Zahlreiche indogermanische Kulturen pflegten in Assoziation mit Tod und Wiedergeburt ein vielfältiges Brauchtum, das auch Erotik und Sexualität umfasste. So steckte man »unkeuschen« Mädchen einen Holunderzweig vor die Tür.

In der indogermanischen Mythologie ist der Holunder Sitz der Göttin Holda, Herrin über die Naturkräfte des Werdens und Vergehens. Als Schwarze Madonna übersiedelte die Erdgöttin in das Christentum. Als »Frau Holle« spendet die Göttin mit ihren Schneeflocken (= weißen Blüten) der Erde frisches Leben für die neue Vegetationsperiode. Die von ihr gestellten Aufgaben wie reife Äpfel ernten und fertige Brote (Kinder) aus dem Ofen (Gebärmutter) holen, sind Prozesse der Seelenentwicklung, die seit der Antike mit dem Holunder in Verbindung stehen. Daher begleiten Räucherungen mit den Blüten und dem Mark Übergangsrituale bei Geburt, Hochzeit und Tod.

Der traditionelle Hofholunder neben dem Haus sollte Dämonen (heute nennt man sie infektionsübertragende Insekten) abwehren und Krankheiten übernehmen – verständlich angesichts der Wirkungen der Pflanze: Frische Zweige halten Fliegen ab, Blüten und Früchte sind ein hervorragendes Heilmittel, das sogar antiviral wirkt. Daher zog man im Vorübergehen respektvoll den Hut vor dem Holunder. Das Holz durfte nicht grundlos und ohne Bitte um Erlaubnis geschnitten werden. In vielen Gegenden baute man keine Möbel aus Holunderholz. Für Särge wurde allerdings häufig mit einem Holunderstab Maß genommen.

Im Mittelalter war man der Überzeugung, Holunder sei der Sitz böser Geister und Hexen. So ritten etwa die irischen Hexen auf Besen aus Holunderholz. Die Assoziation des Strauches mit dem Bösen wie auch als Eingang zur Unterwelt spiegelt sich in der Legende, Judas sei nach seinem Verrat an Jesus bei einem Holunder zur Hölle gefahren. Ein Pilz, der geschwächten Holunder befällt, wird Judasohr genannt. Bekannter ist er heute als Mu-Err oder Chinesische Morchel als Zutat zu Speisen und Arzneimitteln der Traditionellen Chinesischen Medizin. Die Blüten werden in der Kosmetikindustrie eingesetzt. Ein Extrakt der Blätter dient der Herstellung von Insektensprays.

Kennzeichen: Die Pflanze wird 3–8 m hoch mit warziger, hellbrauner oder grauer Rinde. Die Zweige mit weichem weißem Mark sind zerbrechlich. Die Blätter haben 5–7 große, gesägte, eiförmig-elliptische Fiederblättchen. Die weißen bis gelblichen Blüten (Mai bis Juli) mit je 5 Kron- und Staubblättern stehen in Scheindolden mit meist 5 Hauptstrahlen. Die Steinfrüchte sind zunächst grün, bei Reife schwarzviolett und enthalten 3 Steine. Während der Reifung färben sich die Doldenstrahlen rot.

Standort: Auwälder, Gebüsche, auf Schuttplätzen und an Waldrändern in ganz Europa, Asien und Nordafrika bis etwa 1.600 m Seehöhe.

Sammelzeit: Blüten im Juni und Juli, Beeren im August oder September, Rinde im Herbst oder Spätwinter.

Verwechslungsmöglichkeiten: **Roter Holunder**, *Sambucus racemosa L.*, auch Berg-Holunder oder Traubenholunder genannt, hat unscheinbare grünlich-gelbe Blüten und scharlachrote Beeren, die nach Entfernen der Samen gekocht wie schwarzer Holunder verwendbar sind. **Attich**, *Sambucus ebulus L.*, auch Zwergholunder genannt, hat gefiederte Blätter mit 7–11 gesägten, lanzettlichen Blättchen. Die Pflanze riecht unangenehm, besonders die Samen sind giftig. Es ist eine – sparsame – Verwendung der Blüten und entkernten Früchte als Gewürz überliefert. **Wolliger Schneeball**, *Viburnum lantana L.*, hat ungeteilte Blätter und ist wollig behaart. Die Blüten sind alle gleich groß, die reifen Früchte schwarz. Unreife Früchte sind bei Verzehr größerer Mengen giftig. Erhitzen zerstört das Gift. Ein Rindenabsud dient zum Gurgeln bei Zahnfleischentzündungen. **Gewöhnlicher Schneeball**, *Viburnum opulus L.*, hat 3-lappige Blätter und Blütendolden, deren äußere Blüten größer als die inneren sind. Größere Mengen unreifer oder roher Beeren reizen Magen und Darm. Erhitzen zerstört die Reizstoffe und macht die Früchte essbar.

Inhaltsstoffe: ätherisches Öl, Flavonoide (Rutin, Quercetin), Anthocyane, Sambucin, Sambunigrin, Kalium, Lävulose, Gerbstoffe, Harze, Rutin, Saponine, organische Säuren, Schleim, Vitamine (v. a. viel C). Blausäureglykoside in Blättern, Samen und Rinde.

Medizinische Eigenschaften: Blüten und Früchte wirken abführend, antiviral, blutreinigend, entzündungshemmend, fiebersenkend, harn- und schweißtreibend. Die Blätter sind antiseptisch und insektizid.

Mögliche Nebenwirkungen: Eine Kreuzallergie mit Lindenblüten ist möglich. Große Mengen roher Früchte reizen Magen und Darm. Die Blätter enthalten Cyanglykoside und werden daher nur getrocknet für innerliche Anwendungen benutzt.

Medizinische Anwendung: Seit der Antike ist Holunder als abführendes, galletreibendes und schleimlösendes Mittel geschätzt. Blätter legte man auf Geschwüre. Die volkstümliche Bezeichnung »Keilkebeerenbaum« erinnert an die Verwendung bei Koliken. »Fliedertee«, ein Blütenaufguss, trinkt man bei Erkältungen, Leberleiden und übermäßiger Transpiration. Äußerlich lindert er gerötete Augen, Frostbeulen, Gerstenkorn sowie Hämorrhoiden und ergibt eine Hautlotion. Rindenwein verwendet man bei Blasenentzündungen, Gicht, Herzbeschwerden und Nierensteinen. Mit getrockneten Holunderblättern gefüllte Matratzen mildern Rheumatismus. Die Beeren behandeln Arteriosklerose. Der Saft wirkt gegen Grippe und Herpes simplex. Die Homöopathie nutzt *Sambucus nigra* bei Asthma und Schnupfen sowie zur Stärkung des Immunsystems.

Kulinarische Verwendung: Die aromatischen Blüten eignen sich für Sirup, Sekt, Beignets und Kräuteressig. Sie verleihen Marmelade und Kompott ein Muskatelleraroma. Die Beeren ergeben Saft, Kaltschalen, Suppen, Wein und Kompotte zu dunklem Fleisch. Die Früchte dienen auch zum Färben von Wein und Fruchtzubereitungen.

KORNELKIRSCHE

Cornus mas L.
Hartriegelgewächse (Cornaceae)

Synonyme: *Dirndl(strauch), Dirlitze, Gelber Hartriegel, Herlitze*

Seit der Bronzezeit ist die Kornelkirsche als Holzlieferant und Obst beliebt. Umso erstaunlicher, dass Kirke die Früchte in der *Odyssee* als »das übliche Futter der Schweine« an die von ihr verwandelten Gefährten des Odysseus verfüttert. Das Shen Nong Ben Cao Jing, ein mehr als 2.000 Jahre alter chinesischer Klassiker, führt die Kornelkirsche bereits als Heilmittel. Die Pflanze kann ein sehr hohes Alter erreichen. Noch im 1. Jahrhundert soll auf dem Palatin in Rom ein Kornelkirschbaum gestanden sein, der aus einer der Lanzen gewachsen war, mit der einst Romulus die Grenzen Roms markiert hatte.

Das langfaserige, harte Holz prädestiniert es zur Herstellung von Kämmen und Radspeichen, auch Bögen und Lanzen. So entwickelten die als aggressiv berüchtigten Genueser den Kampfsport *bastone a due mani* (zweihändiger Stock), auch treffend *il ballo de malavita* (Tanz der Unterwelt) genannt, ausgetragen mit Stöcken aus Kornelkirschholz. Wegen schwerster Verletzungen und Todesfällen war ab 1600 das Tragen des Langstocks im Stadtgebiet von Genua verboten.

Das gut polierbare Holz wurde noch bis ins 20. Jahrhundert zur Produktion von Pfählen, Werkzeug, Leitersprossen sowie Spazier- und Schirmstöcken verwendet. Das Öl aus den Kernen diente mancherorts der Seifenherstellung.

Kennzeichen: Der Baum wird 2–6, selten 8 m hoch mit hellgrauer Rinde und aufrechten Ästen, die anfangs angedrückt behaart, später kahl sind. Die 4-zähligen, leuchtend gelben Blüten (Februar bis April) bilden seitenständig Dolden. Die gegenständigen Blätter erscheinen nach der Blüte. Sie sind ganzrandig und eiförmig-elliptisch mit langgezogener Spitze. Blattunterseiten sind in den Winkeln der bogig verlaufenden Blattnerven wollig behaart, Blattoberseiten selten fein behaart. Die länglich-ovalen, glänzend scharlachroten Steinfrüchte enthalten einen 2-samigen Steinkern.
Standort: Gebüsche, Waldränder, Eichenwälder in Mittel- und Südeuropa, Kleinasien und dem Kaukasus bis etwa 1.800 m Seehöhe.
Sammelzeit: Blüten Februar bis April, Blätter März und April, Früchte Juli bis Oktober, Rinde im Herbst.
Verwechslungsmöglichkeiten:
Roter Hartriegel, *Cornus sanguinea L.*, hat weiße Blüten in endständigen, rispigen Scheindolden. Blüten, Blätter und rohe Früchte sind schwach giftig. Die rot gestielten, blauschwarzen kugeligen Früchte sind säuerlich und bitter. Erhitzt würzen sie Relishes oder Aperitifs. Ein Rindenabsud wirkt fiebersenkend. Die **Berberitze**, *Berberis vulgaris L.*, ist ein kleinerer Strauch mit Dornen, die Blüten wachsen in hängenden Trauben. Die kleinen länglichen Früchte sind rot.
Inhaltsstoffe: Anthocyane, Eiweiß, Ellagsäure, Gallussäure, Kalium, Phytonzide, Rutin, Verbenalin sowie die Vitamine B, C und E.
Medizinische Eigenschaften: adstringierend, antibiotisch, antimykotisch, bakterizid, blutdrucksenkend, gefäßstärkend und harntreibend.
Mögliche Nebenwirkungen: Selten ruft der Genuss unreifer Früchte leichte Magenbeschwerden hervor.
Medizinische Anwendung: Frische Früchte behandeln seit Jahrtausenden Magen- und Darmentzündungen. Knospen, Blätter und Rinde lindern Durchfall, Fieber und Gastritis, in Salben auch Krampfadern und Wunden. Die Traditionelle Chinesische Medizin nutzt Hartriegel als Sexualtonikum, gegen Menstruations- und Wechseljahrsbeschwerden, zur Blutstillung und Stärkung der Nierenenergie.
Kulinarische Verwendung: Blüten und Blätter aromatisieren Getränke, Salate und Desserts. Die herbsäuerlichen Früchte liefern Saft, Gelee, Kompott, Marmelade sowie Wein, aromatisieren Essig und Spirituosen, auch getrocknet. Kandiert sind sie dekorative Nascherei. Geröstete Samen ergeben eine Art Kaffee. Im Orient ist die Kornelkirsche bis heute sehr beliebt als Sorbet (Persisch für »Trank«) und in pikanten Saucen.

SCHLEHDORN

Prunus spinosa L.
Rosengewächse (Rosaceae)

Synonyme: *Ackerpflaume, Bockbeerli, Dornschlehe, Effke, Haferpflaume, Hagedorn, Heckendorn, Kietschkepflaume, Sauerpflaume, Schlinke, Schwarzdorn, Spilling*

Schon der Steinzeitmensch Ötzi trug Schlehen bei sich.
In der Mythologie repräsentiert der Schlehdorn mit seinem sparrigen schwarzen Geäst die Schwarze Göttin des Winters und des Todes, bis sie sich im Frühling praktisch über Nacht mit ihrer weißen Blütenpracht in die Weiße Göttin des wiedererwachenden Lebens verwandelt. Tod und Erotik dominieren daher die symbolische Aufladung.
Hexer durchbohrten Wachsabbildungen ihrer Feinde mit fluchbeladenen Schlehendornen. Krieger schnitzten aus dem zähen Holz einen berüchtigten Totschläger und machten so den Schlehdorn zum Symbol des Streits. Leben rettete die Schlehe als Abwehrpflanze gegen Hexen und Vampire (als Parasiten und Herzschwäche zu verstehen). Angesichts der desinfizierenden und herzstärkenden Eigenschaften der Pflanze keine schlechte Idee.
Im Mittelalter galt die Schlehe als Symbol der Unkeuschheit. Wohl deshalb zeugten in der Blumensprache der Troubadoure Schlehenblüten von dräuenden Problemen. Ungeliebte Mädchen und verschmähte Verehrer erhielten einen Schlehenzweig.
Die christliche Mythologie verzieh dem Schlehdorn nie, dass aus seinen Ästen die Dornenkrone Christi geflochten worden war und er ausgerechnet am Karfreitag zur angeblichen Todesstunde Christi blühte.
Die Sympathiemedizin versuchte Warzen durch Aufspießen einer Nacktschnecke auf einen Schlehendorn zu entfernen. Vorbild war wohl der Neuntöter. Der kleine Vogel nistet gern geschützt im undurchdringlichen Busch, der ihm praktische Dornen bietet, auf die er Insekten und Mäuse aufspießt.

Kennzeichen: Der sparrige Strauch mit spitzen Dornen und anfangs seidig behaarten, später kahlen schwärzlichen Ästen wird 1–3 m hoch. Die weißen Blüten (März bis April) mit je 5 Kelch- und Kronblättern erblühen vor Erscheinen der Blätter, die kurzgestielt und klein sind, elliptisch mit gesägtem Rand. Die kugeligen Steinfrüchte sind bei Reife dunkelblau-violett mit einer Wachsschicht.
Standort: Felshänge, lichte Laubwälder, Wiesen und Weinberge in Europa mit Ausnahme des hohen Nordens, in Kleinasien und dem Vorderen Orient bis etwa 1.600 m Seehöhe.
Sammelzeit: Blüten März und April, Blätter sofort nach dem Abblühen, Früchte September bis November nach Frost, Rinde im Spätherbst.
Verwechslungsmöglichkeiten: Anderen Vertretern der Gattung fehlen die charakteristischen Dornen.
Inhaltsstoffe: Bitterstoffe, Blausäureglykoside, Cumarinderivate, Flavonoide (Quercetin, Rutin), Gerbstoffe und Vitamine.
Medizinische Eigenschaften: mild abführend, blutreinigend, adstringierend, cholesterinsenkend, harn- und schweißtreibend, herzstärkend, die Durchlässigkeit kleiner Blutgefäße senkend, krampflösend und tonisch.
Mögliche Nebenwirkungen: Eine Überdosis der Samen und Rinde führt zu Blausäurevergiftungen.
Medizinische Anwendung: Seit der Antike dienen die Früchte der Behandlung von Ruhr, Gicht und Magenschwäche. Kerne wirken gegen Darmparasiten, die Innenrinde bei Fieber. Blüten unterstützen die Frühjahrskur, sind Zutat nervenstärkender Tees und hautpflegender Öle, behandeln Akne, Blähungen, Ausschläge, Husten, Magenkrämpfe und Ödeme. Die Früchte bekämpfen Appetitlosigkeit, Beschwerden von Blase, Darm und Magen sowie Müdigkeit. Der Fruchtsaft dient zum Gurgeln.

Kulinarische Verwendung: Die Blüten würzen und dekorieren mit Bittermandelaroma, auch kandiert. Junge Blätter, frisch oder getrocknet, sind zartherbes Gewürz und Beigabe zu Kräutertee. Die feinsäuerlichen Früchte liefern Mus, Saft, Marmelade, Wein, Schnaps, Likör und pikante Saucen. Gern wird die »Olive des Nordens« auch eingesalzen in Essig oder Öl gelegt. Zerstoßene Samen vermitteln ein Marzipanaroma mit deutlich weniger Blausäure als Bittermandeln. Der traditionelle Verdauungslikör *Pacharán* aus Schlehen und Anis entsteht nach jahrhundertealtem Rezept. Getrocknete Früchte bereichern Müsli und dunkle Saucen.

WILD-ROSE

Rosa canina L.
Rosengewächse (Rosaceae)

SYNONYME: *Dornröschen, Hagebuttenstrauch, Hagrose, Hainrose, Heckenrose, Hedscherl, Heinzerlein, Hetschi-Petschi, Hiefe, Hiefenstrauch, Honietenstrauch, Hundsrose, Schlafdorn, Wipken*

Die Rose stammt aus der Urheimat der Indogermanen und breitete sich über den Iran, dessen Rosengärten im 14. Jahrhundert vom Dichter Hafis überschwänglich gerühmt wurden, bis nach Europa aus. Bereits in der Antike waren Rosen Bestandteil von Kosmetika, Delikatessen und Arzneimitteln.

Der Legende nach entstand die Rose aus dem Blut des Adonis. Die Blüte war der Venus geweiht und stand für Liebe, Fruchtbarkeit und die Verehrung der Toten. Für die Verbrennung von Leichnamen verwendete man Rosenholz.

Die Germanen verliehen der Rose einen hohen mystischen Stellenwert. Wild-Rosen-Büsche gelten als Anzeiger für Kraftadern. Dämonen (= Krankheitserreger) sollten die Heckenrose scheuen. Angesichts der Heilwirkungen der Pflanze wird diese Vorstellung verständlich.

Im *Capitulare de villis* Kaiser Karls des Großen, das den Anbau wichtigster Nutz- und Heilpflanzen vorschrieb, ist die Wild-Rose genannt.

In der sakralen Pflanzensymbolik hatte die Rose eine zentrale Stellung. Rosen galten als Sinnbild des Paradieses. Besonders im Spätmittelalter wird Maria häufig als *Madonna im Rosenhag* dargestellt. Zur selben Zeit gewinnt auch die Rosenkranzverehrung an Bedeutung. Die weiße Rose symbolisiert die jungfräuliche Reinheit Marias, die rote Rose steht für Marias Anteilnahme an der Passion Christi und ist Symbol vollkommener Liebe.

Kennzeichen: Der Strauch wird 1–5 m hoch mit gezähnten, wechselständigen, unpaarig 5- bis 7-fach gefiederten kahlen Blättern und gekrümmten Stacheln. Die hellrosa Blüten (Juni) haben 5 Kronblätter. Die eiförmige rote Scheinfrucht (Hagebutte) enthält harte Schließfrüchte und Borstenhaare.

Standort: sonnige Weg- und Waldränder in ganz Europa, Vorder- bis Mittelasien und Nordafrika bis etwa 1.600 m Seehöhe.

Sammelzeit: junge Blätter April bis Juni, Blüten Juni bis Juli, Hagebutten nach dem ersten Frost.

Verwandte: Alle Arten der Gattung sind verwendbar. Die **Heckenrose**, *Rosa dumetorum L.*, weist Flaumhärchen an der Blattunterseite auf.

Inhaltsstoffe: Anthocyane, ätherisches Öl, Carotinoide (v. a. Lycopin), Galaktolipide, Flavonoide, Gerbstoffe, Kieselsäure, Mineralstoffe, Pektine, Spurenelemente, Vanillin, Vitamin A, B, C (bis 1.500 mg%), E, K.

Mögliche Nebenwirkungen: Sehr selten treten allergische Hautreaktionen nach Dauergebrauch auf.

Medizinische Eigenschaften: mild abführend, adstringierend, antiarthrotisch, antioxidativ, antiskorbutisch, entzündungshemmend, mild harntreibend, wundheilend und tonisch.

Medizinische Anwendung: Ein Aufguss der Blütenblätter ist ein beliebtes Kosmetikum und hilft bei Verbrennungen und Wunden. Ein Absud der Früchte wird angewendet bei Angstzuständen, Asthenie, Blutungen, gegen Erkältungen, bei Gallensteinen, Magensäuremangel und Skorbut sowie zur Stärkung des Immunsystems. Äußerlich lindert der Absud Hautreizungen und beschleunigt die Wundheilung. Pulverisierte Hagebutten behandeln Arthrose. Auch eine Schutz vor Karzinomen ist möglich. Kerne sind ein Hausmittel gegen Gallenbeschwerden, Gicht, Nierensteine und Rheuma. Die Wurzel hilft bei Erkältungskrankheiten. Das Öl der Kerne, reich an essenziellen Fettsäuren und Vitamin E, dient als Kosmetikum und zur Wundheilung. Die Bachblütenessenz *Wild Rose* gibt man bei Apathie und Resignation.

Kulinarische Verwendung: Junge Blätter sind wie Spinat verwendbar. Blütenblätter aromatisieren Getränke, Sirup, Gelee, Essig, Likör und Desserts. Kandiert sind sie duftender Dekor. Die Früchte eignen sich zur Herstellung von Marmelade, Mus, Suppen, süßen und pikanten Saucen, Wein und Likör. Die Samen werten – frisch gemahlen – Müslis, Salate, etc. auf. Ihr hochwertiges Öl ist nicht lange haltbar. Die gerösteten Samen können mit Mehl vermengt zu Backwaren verarbeitet werden und geben einen guten Kaffee-Ersatz.

LAUB- UND MISCHWALD

Mitteleuropa war ursprünglich von Buchen- und Eichenmischwäldern dominiert, in höheren Lagen nimmt der Anteil an Nadelbäumen zu, wobei Fichte, Tanne und Kiefer vorherrschen. Große Waldflächen wurden für Nutzholz, Ackerbau, Siedlungen und Straßen gerodet. Zudem lichtete die Waldweide zahlreiche Gebiete, da das in den Wald getriebene Vieh Jungtriebe, Kräuter und Früchte fraß. Auch die Beschneidung der Bäume zur Laubgewinnung als Einstreu für das Vieh führte zur Ausdünnung. Naturnahe Urwälder sind mittlerweile auf ein Zehntel der Waldfläche geschrumpft. Aufgrund der Bedeutung intakter Wälder vor allem für das Klima wird zunehmend Wert auf die Rückführung zu naturnäheren Waldzonen gelegt.

Besonders sammelnswert sind Bärlauch (S. 95), Birke (S. 17), Brombeere (S. 106), Edelkastanie (S. 125), Giersch (S. 22), Hasel (S. 111), Heidelbeere (S. 141), Himbeere (S. 113), Kiefer (S. 145), Linde (S. 129), Nelkenwurz (S. 133), Robinie (S. 38), Scharbockskraut (S. 99), Springkraut (S. 136), Taubnessel (S. 53), Wald-Erdbeere (S. 127), Waldmeister (S. 101), Weidenröschen (S. 44), Wiesen-Bärenklau (S. 46) und Veilchen (S. 138).

EDELKASTANIE

Castanea sativa Mill.
Buchengewächse (Fagaceae)

SYNONYME: *Cheste, Echte Kastanie, Esskastanie, Keschte, Köschte, Marone, Maroni, Marrone*

Die Edelkastanie wird seit Jahrtausenden ihrer Früchte und ihres Holzes wegen geschätzt. Der aus Südeuropa und Westasien stammende Baum wurde vor allem von den Römern schon früh kultiviert und verbreitet. In milden Regionen der Schweiz und in italienischen Alpentälern war die Edelkastanie zu Zeiten von Missernten ein wichtiges Nahrungsmittel. Daher wurde in diesen Gebieten jedem Einwohner, der nicht über Grund- oder Waldbesitz verfügte, ein eigener Baum aus Gemeindeeigentum zur Verfügung gestellt. Die Mär, man bekomme von rohen Kastanien Läuse, entsprang wohl der Tatsache, dass besonders arme Menschen, die unter ungünstigen hygienischen Umständen lebten, aus Verzweiflung sogar rohe Kastanien aßen. Auf der ersten Stadtansicht von Heidelberg aus dem Jahre 1553 ist der »Kestenbaum« als eines der wenigen dargestellten Objekte mit einer schriftlichen Bezeichnung versehen. In China gilt die Pflanze, deren Früchte im Herbst als Wintervorrat gesammelt werden, als Symbol weiser Voraussicht.

Kennzeichen: Der bis 35 m hohe Baum wird bis zu 1.000 Jahre alt. Die gestielten, lanzettlichen Blätter sind am Rand stachelig gezähnt. Die Blüten sind gelblichweiß. Männliche Blüten mit meist 6-teiliger Blütenhülle und 8–15 Staubblättern bilden gerade, etwa 10 cm lange Scheinähren. Die weiblichen Blüten (Juni bis Juli) stehen einzeln oder bis zu dritt an der Basis der männlichen Scheinähren. Die reifen Fruchtbecher sind mit Stacheln bewehrt und enthalten 1–3 Früchte.
Standort: warme Regionen der nördlichen Hemisphäre bis 1.300 m Seehöhe.
Sammelzeit: Früchte, Blätter und Rinde von September bis November (nicht in eisenhaltigen Behältern aufbewahren).
Verwechslungsmöglichkeiten: Die **Rosskastanie**, *Aesculus hippocastanum L.*, ist in ihrem Erscheinungsbild wohl allgemein bekannt. Sehr junge Blätter sind essbar. Die grünen Samenschalen und rohen Früchte sind für Menschen giftig. Nach dem Rösten, Mahlen und Kochen unter mehrmaligem Wechsel des Kochwassers können die Früchte als Mehlersatz verwendet werden. Extrakte dienen der Behandlung von schweren Beinen. Das Pulver der getrockneten Früchte war Hauptbestandteil des bekannten »Schneeberger Schnupftabaks« und eignet sich als ökologisches Waschmittel.
Inhaltsstoffe: Gerbstoffe (u. a. Castalgin, Ellagsäure, Gallussäure und Quercetin) in Blättern und Rinde. In der Frucht Eiweiß (reich an essentiellen Aminosäuren), Fette (reich an Linol- und Linolensäure), Kohlenhydrate, Mineralstoffe und Spurenelemente, Vitamine B1, B2 und C.
Medizinische Eigenschaften: Blätter und Rinde wirken adstringierend, magenstärkend, sedativ und tonisch.
Mögliche Nebenwirkungen: In der Fachliteratur nicht verzeichnet.
Medizinische Anwendung: In Honig eingelegte Edelkastanien stillen Leberschmerzen. Zudem behandelt man mit den Früchten Asthenie sowie Mineralstoffmangel und fördert die Rekonvaleszenz. Ein Absud aus Blättern und Rinde lindert Durchfall, stärkt das Haar, strafft die Haut und behandelt Asthma, Husten sowie Rachenentzündungen und Tierseuchen. Die Indikationen der Bachblütenessenz *Sweet Chestnut* sind Hoffnungslosigkeit und Verzweiflung.
Kulinarische Verwendung: Matthiolus verrät ein aphrodisisches Rezept: »Gebratene Kastanien mit Pfeffer und Salz bestreut, macht die Natur geil und unkeusch.« Die gerösteten oder gekochten Früchte sind köstliche Beilage zu dunklem Fleisch und feine Zutat zu Geflügelfüllungen sowie Basis von Desserts, Kuchen und Likör. Die Früchte können auch kandiert oder zu Mehl vermahlen werden.

WALD-ERDBEERE

Fragaria vesca L.

Rosengewächse (Rosaceae)

SYNONYME: *Besingkraut, Darmkraut, Erbel, Erbelkraut, Flohbeere, Hafelsbeere, Rotbeere, Rote Besinge, Waldbeere*

Erste Belege für die Verwendung der Wald-Erdbeere finden sich in mesolithischen Pfahlbauten. In der germanischen Mythologie versteckt die Göttin Frigga tote Kinder in Erdbeeren, um sie nach Walhalla mitzunehmen. Der romantisierten christlichen Version nach steigt Maria aus dem Paradies zur Erde, um Erdbeeren für die verstorbenen Kinder zu sammeln. In einigen Regionen essen daher Frauen, die ein Kind verloren haben, keine Erdbeeren mehr. Als Nahrung für Seelen und Waldgeister ließ man zu Boden gefallene Früchte liegen – in Reminiszenz an archaische Beerenopfer für die Erdgöttin.

Die Erdbeere war Symbolpflanze für Verlockung und Sinnesfreuden. Die leuchtend roten Scheinfrüchte mit den zahlreichen Samen an der Oberfläche machten sie zum augenfälligen Aphrodisiakum. Das Märchen *Die drei Männlein im Walde* ist somit als Parabel auf die körperliche und charakterliche Reifung zu verstehen. Im Christentum war die Erdbeere das Symbol des großen Liebenden: Christus. Als Pflanze mit rosenförmigen Blüten, doch ohne Stacheln, gleichzeitig blühend und fruchtend, ist die Wald-Erdbeere auf zahlreichen mittelalterlichen Gemälden als Allegorie der Rechtschaffenheit und frommer Gedanken eine Begleitpflanze der Jungfrau Maria.

Kennzeichen: Die ausdauernde Pflanze erreicht 5–25 cm mit behaarten, Ausläufer bildenden Stängeln und grundständiger Blattrosette. Die Blätter sind 3-teilig, die Ränder gesägt. Die 5 Kronblätter der weißen Blüten (April bis Juni) berühren einan-

der. Die Früchtchen sitzen auf einer roten Scheinfrucht.
Standort: feuchte, nährstoffreiche Böden auf Waldlichtungen und an Wegrändern in Europa und Kleinasien bis etwa 2.200 m Seehöhe.
Sammelzeit: Blüten April bis Juni, Blätter im Frühsommer, Scheinbeeren Juni bis September, Wurzel während der Ruhephase.
Verwechslungsmöglichkeiten: Das **Erdbeer-Fingerkraut**, *Potentilla sterilis L.*, hat eine graugrüne Blattspreite mit 3 Fiederblättchen; das mittlere beinahe sitzend, die seitlichen stark asymmetrisch. Mittelzahn kürzer als umgebende Zähne. Die Blüten weisen einen Ring aus orangefarbenen Nektarien auf, die Kronblätter berühren einander nicht. Die Pflanze bildet keine fleischigen Früchte. Die **Indische Scheinerdbeere**, *Potentilla indica Th.Wolf*, früher *Duchesnea indica Focke*, hat gelbe Kronblätter. Die roten kugeligen Früchte sind ohne besonderes Aroma.
Inhaltsstoffe: ätherisches Öl, Flavonoide (Quercetin, Quercitrin, Rutin), Fruchtsäuren, Gerbstoffe (Ellagtannine), Kohlenhydrate, Mineralstoffe, Proteine, Phenolcarbonsäuren (Salicylsäure, Kaffeesäure, Chlorogensäure), Vitamin C (600 mg/kg).
Medizinische Eigenschaften: adstringierend, antirheumatisch, beruhigend, blutreinigend, entzündungshemmend, harntreibend und tonisch.
Mögliche Nebenwirkungen: Es sind Allergien auf frische Früchte möglich.
Medizinische Anwendung: Die Erdbeere dient seit der Antike als Heilmittel. Der Absud der Blätter und Wurzeln dient der Behandlung von Angina, Asthenie, Nierenkrankheiten und Nierensteinen. Eine Wurzelabkochung lindert Durchfall. Frisch zerstoßene Blätter legte man auf Couperose und Wunden. Mit frischen Früchten behandelt man Akne, Darmparasiten, Gicht, Herz- und Menstruationsbeschwerden, Leber-, Gallen- und Nervenleiden, Milzschwäche, Ödeme, Rheuma und chronische Verstopfung. Sie beschleunigen die Rekonvaleszenz. Die Homöopathie verabreicht *Fragaria* bei Durchblutungs- und Verdauungsstörungen sowie Nesselausschlag.
Kulinarische Verwendung: Die Blüten sind ein köstlicher Dekor, auch kandiert. Die zart säuerlichen jungen Blätter ergeben milde Salate und Gemüsegerichte, fermentiert dienen sie als ansprechender Ersatz für Schwarztee. Das intensive Aroma der Scheinfrüchte bereichert Getränke, Marmelade, Kompott, Kuchen und Eiscremes. Auch zu Obstwein lassen sich die Früchte vergären. Die Früchte sollten möglichst kurz gekocht werden, um den Bitterstoff aus den Nüsschen nicht hervorzuholen. Aus den Samen lassen sich Keimsprossen ziehen.
Hermann von Gilm empfiehlt: »Walderdbeeren müsst ihr ohne / Zucker, ohne Zimt genießen. / Nicht den Essig der Zitrone, / Nicht Burgunder daran gießen. / Lasst sie in der süßen Schale / Roter Lippen halb zerdrücken, / um sie dann zum zweiten Male / Noch mit einem Kuss zu pflücken.«

SOMMER-LINDE

Tilia platyphyllos Scop. syn. Tilia grandifolia Erh.
Malvengewächse (Malvaceae)

SYNONYME: *Bastbaum, Großblättrige Linde*

In der Steinzeit diente Lindenbast zur Herstellung von Betten, Matten, Seilen und Kleidungsstücken. Germanische und vermutlich auch keltische Krieger trugen Schilde aus Lindenholz, mit Bast verstärkt und mit Totemtieren oder Schutzgeistern grellbunt bemalt. Der Baum war Zentrum des gesellschaftlichen Lebens indogermanischer Völker. Er wurde daher häufig in der Nähe von Dorfbrunnen gepflanzt. Als Hofbaum war die Linde mit dem Schicksal ganzer Generationen verbunden, da sie das Tor in das Reich der Großen Göttin darstellte und damit den Blick in Vergangenheit und Zukunft ermöglichen sollte. Daher setzten sich skythische Schamanen unter Linden, wickelten drei Lindenblätter um ihre Finger und verfielen in Trance. Der Aphrodite der Skythen und der römischen Liebesgöttin Venus brachte man in der Antike unter Linden Opfer dar. Die Germanen übernahmen den römischen Venustag als »Tag der Frîja«, Freitag, da in ihrer Mythologie die Linde den Göttinnen der Liebe, Ehe und Fruchtbarkeit geweiht ist.

Mit seinen herzförmigen Blättern ist der Baum Symbol der Gastfreundschaft und der Lieder, der Güte und Bescheidenheit, Zärtlichkeit und ehelichen Liebe. Diese Zuordnung übernimmt Ovids Fabel von Philemon und Baucis, einander so liebevoll zugetan, dass sie gemeinsam sterben wollten. Den selbst bekanntlich weniger anhänglichen Zeus rührte die Gattentreue dermaßen, dass er die beiden in langlebige Bäume verwandelte. So standen Baucis als Linde und Philemon als Eiche noch einige Jahrhunderte eng beieinander.

Unter einer Linde besiegte Siegfried seinen Lindwurm. Ihr Laub wurde ihm in der Folge allerdings zum Verhängnis. Während seines Bades im Drachenblut fiel ihm ein Blatt zwischen die Schulterblätter und machte diese Stelle verwundbar. Unter einer Linde wurde er von Hagen getötet. Linden galten als Zentrum der Zauberrosengärten der Zwerge. Deren König Laurin raubte unter einer Linde die Schwester Dietrichs von Bern. Walther von der Vogelweide bereitete unter einer Linde sein berühmtes Liebeslager.

Die Linde gilt bis heute als menschenfreundlicher Baum mit ausgeprägt positiven Kräften. Vor der Existenz von Kirchen und Kapellen waren häufig Linden der Versammlungsort Rat und Schutz suchender Menschen. Zahlreiche Opfer sollten die guten Kräfte für Mensch und Tier beschwören. Linden waren auch beliebte Versammlungsorte, um einander zum Tanz zu treffen, zu heiraten oder Gericht zu halten. Unter Linden wurden keine Kapitalverbrechen verhandelt und daher auch keine Todesurteile verhängt, nur »lindere« Strafen. Kurfürst August von Sachsen unterfertigte seine Verordnungen mit »gegeben unter der Linde«. An die alten Bräuche erinnert noch heute der von *sub tilis* (unter der Linde) abgeleitete Begriff subtil.

Das als zauberkräftig eingeschätzte Baumheiligtum wird am häufigsten als »Taferlbaum« zur Kontaktaufnahme mit Göttern und Heiligen genutzt. Im Zuge der Christianisierung löste Maria die archaischen Göttinnen ab. Am Stamm und in dessen Höhlungen werden mitunter noch heute Hufeisen, Kreuze, Votivbilder und Marienbildnisse angebracht. Häufig sind diese Votivgaben – wie auch zahlreiche Meisterwerke der bildenden Kunst – aus dem weichen *Lignum sanctum*, dem heiligen Holz der Linde, geschnitzt. Mit der Berührung des Stammes hoffte man Krankheiten auf den Baum abzustreifen. Als Abwehrpflanze diente die Linde zum Schutz vor Blitzschlag, der Bast zur Bannung von Dämonen (= Bakterien und krankheitsübertragende Insekten), Lindenasche auf den Äckern zum Vertreiben von Ungeziefer. Das Räuchern mit Lindenblüten war vor allem im Siedlungsgebiet der Germanen und Slawen üblich. Es sollte Hexen und böse Geister (= Krankheitserreger) abwehren, gleichzeitig Glück und Wohlstand bringen. Seit der Antike ist die Linde ein Heilmittel und bis heute eine der meist verwendeten Pflanzen in der Volksmedizin.

Kennzeichen: Der bis 1.000 Jahre ausdauernde Baum wird bis 40 m hoch mit dunkelgrauer bis beinahe schwarzer Borke und herzförmigen, wechselständigen, gestielten Blättern, die fein und scharf gesägt sowie oberseits dunkelgrün sind, in den Nervenwinkeln an der Blattunterseite weiß behaart. Die intensiv riechenden, gelblichweißen, zwittrigen Blüten (Juni bis Juli) mit je 5 Kelch- und Kronblättern hängen in Blütenständen zu 2–5. Die Blütenstiele verwachsen mit einem grünlichgelben, länglichen Hochblatt. Die Früchte sind birnenförmig und längs gerippt. Das propellerflügelartige Hochblatt dient den Früchten als Flugorgan.
Standort: warme Laub- und Mischwälder, Dorfanger sowie Alleen in Europa, Kleinasien und Westsibirien bis etwa 1.400 m Seehöhe.
Verwechslungsmöglichkeiten: Die **Winterlinde**, *Tilia cordata L.*, erreicht bis 30 m, mit kleineren, unterseits in den Nervenwinkeln rotgelb bis rostbraun behaarten Blättern. Die **Silberlinde**, *Tilia tomentosa Moench*, hat eine silbriggraue Borke, unterseits filzig behaarte Blätter und leicht warzige Früchte.
Sammelzeit: Blattknospen März und April für kulinarische Zwecke, bis August für medizinische Anwendungen; Bast im Mai, Blüten Mai bis Juli spätestens bis zum 4. Tag nach dem Aufblühen, unreife Früchte im Juli, Samen im August und September.
Inhaltsstoffe: ätherisches Öl mit Farnesol, Flavonoide (u. a. Quercetin und daraus entstandenes Hyperosid, Kämpferol, Rutin), Gerbstoffe vom Catechin- und Gallocatechintyp, Glykosid Tilacin, Inosit, Saponine, Schleimstoffe, Vitamin C, Wachs und Zucker. Die Samen enthalten wertvolles Öl.

Medizinische Eigenschaften: beruhigend, erweichend, galletreibend, immunsystemstärkend, krampflösend, schlaffördernd und schweißtreibend.
Mögliche Nebenwirkungen: Gelegentlich wird vor einer Schädigung des Herzens durch Dauergebrauch von Lindenblütentee gewarnt. Eine Belastung des Herzens ist jedoch nur zu befürchten, wenn mit dem Tee allzu häufig Schwitzkuren durchgeführt werden.
Medizinische Anwendung: Mit den Blüten behandelte man Durchfall, Unterleibsbeschwerden und Wunden. Frischer Lindenbast dient als Verband bei Verbrennungen. In der Volksmedizin verwendet man Blütenaufgüsse bei Angst, Blasenleiden, Erkältungen, Fieber, Gicht, Herzklopfen, Husten, Kopfschmerzen, Magenverstimmungen, Nervosität, Nierenleiden, Rheuma und Schlaflosigkeit sowie zur Vorbeugung gegen Erkältungskrankheiten. Äußerlich kommt ein Lindenblütenabsud bei Augenentzündungen, Couperose, Falten, Hautflecken und Sommersprossen zum Einsatz. Ein Aufguss der Blätter wird gelegentlich bei Magenleiden genommen. Das Pulver der Lindenrinde lindert Darmkrämpfe. Lindenkohle bindet Magensäure und Gifte. Sie ist daher geeignet bei Darmproblemen, Erbrechen, Entzündungen der Magenschleimhaut, Koliken und Sodbrennen. Zu gleichen Teilen mit zerstoßenen Salbeiblättern gemischt, ergibt Lindenkohle ein desinfizierendes, zahnfleischstraffendes und Zähne weißendes Zahnputzmittel. Die Homöopathie nutzt *Tilia* zur Behandlung von allergischen Hautausschlägen, Heuschnupfen, Rheuma und übermäßiger Schweißabsonderung. Die Traditionelle Chinesische Medizin ordnet der Linde die Organe Herz, Lunge und Nieren zu.

Kulinarische Verwendung: Lindenblüten sind eine ausgezeichnete Bienenweide, die aromatischen Honig liefert. Junge Triebspitzen und Blätter ergeben feine Gemüsegerichte. Getrocknete Knospen und Blätter mischt man Mehl bei. Die Blüten aromatisieren Sirup, Bowlen, Marmelade, Parfaits, Mousses und Schokolade. Durch ihre Schleimstoffe eignet sich die Linde zum dezenten Andicken von Saucen und Cremes. Unreife Früchte (Juni) werden wie Kapern eingelegt. Reife Samen (August und September) eignen sich nach dem Schälen roh zum Knabbern oder zum Bestreuen von Salaten. Aus den Samen wurde auch Speiseöl hergestellt.

ECHTE NELKENWURZ

Geum urbanum L.
Rosengewächse (Rosaceae)

Synonyme: *Benediktenkraut, Benediktenwurzel, Buschnelkenwurz, Hasenaug, Hasenwurz, Heil aller Welt, Igelwurz, Mannskraftwurzel, Märzwurz, Mauer-Nelkenwurz, Nagelwurz, Nardenwurzel, Sanamundenkraut, Weinwurz*

Seit der Antike ist die Nelkenwurz als Heilpflanze und Gewürz in Verwendung. Aromatische Pflanzen galten zudem bereits in der Urzeit als Aphrodisiakum und Zauberkraut. Männer trugen die Wurzel als Amulett, um die Liebe der Frauen zu erringen. Unter den damaligen hygienischen Bedingungen war guter Geruch sicher hilfreich. Der alte Volksname »Mannskraftwurzel« lässt darauf schließen, dass die betreffenden Männer sich von der Wurzel auch im weiteren Verlauf ihrer amourösen Abenteuer Hilfe erhofften. Herz und Nerven stärkt sie jedenfalls. Die volkstümliche Bezeichnung »Hasenaug« leitet sich von der Sitte ab, gegen Augenleiden Nelkenwurzel in einem Säckchen um den Hals zu tragen. Angesichts der enthaltenen ätherischen Öle keine schlechte Idee. Unter das Kopfkissen gelegt sollte die Nelkenwurz im Traum Diebe überführen. Der Brauch ist offenbar ein Relikt schamanischer Praktiken. Tatsächlich erzeugt das in der Wurzel enthaltene Eugenol Rauschzustände, wenn auch erst bei großzügiger Dosierung.

Nelkenwurz soll auch jenen helfen, die sich stets in die Opferrolle drängen lassen. Zudem hoffte man, mit der Pflanze giftige Tiere fernzuhalten. Immerhin eignet sie sich als Vertilgungsmittel für Ungeziefer. Zum Schutz und zur Verbesserung der Milchleistung verfütterte man die Nelkenwurz an das Vieh. Auch einigen Falterarten dient sie als Futterpflanze. Industriell verwertet wird die Nelkenwurz zur Herstellung von Mundwasser, Zahncreme und Likör.

Kennzeichen: Die ausdauernde Pflanze wird 20–130 cm hoch mit einem verdickten Wurzelstock, der außen braun und innen fleischfarben bis lila ist. Die behaarten, kantigen Stängel entspringen den Achseln der Grundblätter. Die Grundblätter sind gefiedert mit 1–5 Paaren ungleich großer, grob doppelt gesägter Fiedern. Das Endblättchen ist am größten. Die Stängelblätter sind groß mit großen, nierenförmigen, unregelmäßig gezähnten Nebenblättern. Die gelben Blüten (Mai bis September) mit 5 zipfeligen Kronblättern und 5 Kelchblättern stehen einzeln. Die Griffel an den Früchten sind hakig gekrümmt und bilden ein haariges Köpfchen, das an eine kleine Klette erinnert.
Standort: schattige bis halbschattige, meist feuchte Standorte in Hecken und Wäldern bis etwa 1.900 m Seehöhe.
Sammelzeit: junge Blätter im März und April für kulinarische, von Mai bis September für medizinische Zwecke. Blütenknospen ab April, Blüten ab Mai, Wurzeln ab September.
Verwechslungsmöglichkeiten: Die **Bach-Nelkenwurz**, *Geum rivale L.*, im Volksmund auch als Bach-Benedikte, Kapuziner, Sumpf-Nelkenwurz oder Ufer-Nelkenwurz bezeichnet, wird auch Heilandsbrot oder Himmelsbrot genannt, da Kinder gern die nektarreichen Blüten aussaugen. Die behaarte Pflanze wächst an feuchten Standorten, wird bis 50 cm hoch mit oft rot überlaufenen Stängeln und unpaarig gefiederten, gelappten Blättern. Die Blüten sind blassgelb bis rosa mit 3- bis 5-blütigen nickenden Köpfchen. Die Bach-Nelkenwurz wird ähnlich wie die echte Nelkenwurz verwendet, ihre Heilkraft ist jedoch weniger ausgeprägt.
In Berglagen dient die **Berg-Nelkenwurz**, *Geum montanum L.*, der Bevölkerung als Gewürznelkenersatz und wichtiges Heilkraut, darunter gegen Blutharn und Ruhr, weshalb die Pflanze auch Ruhrwurz genannt wird. Wegen ihrer stark behaarten Früchtchen wird die Berg-Nelkenwurz mitunter als Petersbart bezeichnet.
Entfernt ähnliche Blüten haben gelb blühende **Hahnenfußgewächse**, *Ranunculus spp.* Die Pflanzen sind allerdings unbehaart mit runden Stängeln, die Blätter haben kein größeres Endblättchen, der Wurzel fehlt das Nelkenaroma. Hahnenfußgewächse dienten als Heilmittel. Blütenknospen verwendete man als Kapernersatz, Blütenblätter zum Färben von Butter und Käse,

das getrocknete (!) Kraut als Gewürz oder gekochtes Gemüse in kleinen Mengen.

Inhaltsstoffe: ätherisches Öl mit Eugenol und Myrtenal, Bitterstoffe, Gerbstoffe, Flavone und Harze.

Medizinische Eigenschaften: Besonders die Wurzel wirkt adstringierend, antiseptisch, blutstillend, fiebersenkend, herz- und nervenstärkend, magenberuhigend, schweißtreibend, tonisch und wundheilend.

Mögliche Nebenwirkungen: Hohe Dosen an Gerbstoffen können die Magenschleimhäute reizen und in der Folge Übelkeit sowie Brechreiz hervorrufen. Eugenol führt in größeren Mengen zu leichten Rauschzuständen. Nelkenwurz und deren Zubereitungen dürfen nicht in Gefäßen aus Eisen aufbewahrt werden.

Medizinische Anwendung: Nelkenwurz dient seit der Römerzeit als Heilmittel. Die ganze Pflanze wird eingesetzt gegen Asthenie, Augenbindehautentzündung, Durchfall, Kopfschmerzen, Verdauungsprobleme und zur Wundheilung. Für Hildegard von Bingen war die Pflanze *benedicta*, gesegnet, und entflammte zur Liebe, stärkte als aromatisierter Wein Haupt, Hirn und Herz. In der Volksmedizin diente die Nelkenwurz zur allgemeinen Stärkung und der Behandlung innerer Blutungen, von Gicht, Hämorrhoiden, allzu starker Menstruation, Krampfadern und Venenschwäche sowie Zahnfleischentzündungen. In Wein eingelegt wurde die Wurzel bei Herzleiden angewendet. Mitunter wurde auch eine günstige Wirkung bei Altersdiabetes beobachtet. Nelkenöl lindert Zahnfleischentzündungen und Zahnschmerzen. In der Homöopathie dient *Geum* der Behandlung von Entzündungen der Harnblase und Harnröhre. Heilpraktiker empfehlen, als Vorbeugung gegen Herzinfarkt Wurzel und Kraut in ein Säckchen zu nähen und dieses am Herzen zu tragen.

Kulinarische Verwendung: Die Blüten(knospen) und die zart herben jungen Blätter aller Nelkenwurz-Arten können für Salate und Gemüse, in Fleischbeizen und Wein verwendet werden, getrocknet auch als Gewürz. Der nach Nelken duftende Wurzelstock dient seit der Antike als Gewürz und verfeinert alle Speisen, die mit Gewürznelken bereitet werden. Traditionell ist auch die Beigabe zu Likör, Bier, Gemüsesuppen und Kräuterlimonaden, Desserts, Schokolade oder Kaffee. Die frische Wurzel dient als herbe Beigabe zu Wintergemüse.

GROSSES SPRINGKRAUT

Impatiens noli tangere Mill.
Balsaminengewächse (Balsaminaceae)

Synonyme: *Echtes Springkraut, Rühr mich nicht an, Wald-Springkraut*

Eine Springwurzel wird bereits in den Veden, den heiligen Schriften der altindischen Arier, als *Pata* erwähnt. Es handelt sich dabei um das Indische Springkraut, *Impatiens glandulifera L.*, das mittlerweile als – wenn auch sehr attraktiver – Neophyt gefürchtet ist. Dabei ließe es sich ganz einfach eindämmen: durch Verwendung als Nahrungsmittel und Heilpflanze. Zahlreiche antike Zauberbücher, einige Kräuterbücher und eine Reihe von Sagen berichten auch im europäischen Raum über die Heilwirkung und Zauberkraft einer Springwurzel. Die Eigenschaft der Pflanzen, ihre Samen bei geringster Berührung bis über 3 m weit zu schleudern, führt zu einer raschen Verbreitung und beflügelte seit jeher die Fantasie der Menschen. Das delikate Öl der Samen diente als Speise- und Lampenöl.
Das Springkraut ist eine gute Weide für Bienen und andere Insekten, sogar die einzige Nahrungspflanze für den vom Aussterben bedrohten Netzspanner.

Kennzeichen: Das einjährige Kraut wird etwa 30–100 cm hoch mit aufrechtem, glasig erscheinendem Stängel, der an den Gelenken verdickt ist. Die eiförmigen Blätter sind grob gesägt. Die großen, goldgelben Blüten (Juli bis September) mit gekrümmtem Sporn sind innen weinrot gepunktet und hängen in traubigen, blattachselständigen Blütenständen. Die längliche Fruchtkapsel weist eine unter Spannung stehende zentrale Gewebssäule auf. Bei Reife löst eine Berührung das Auftrennen und Einrollen der Fruchtblätter aus, wodurch die Samen ausgeschleudert werden.
Standort: Auwälder, feuchte Misch- und Laubwälder und Geröllhalden in Mitteleuropa bis etwa 1.800 m Seehöhe.
Sammelzeit: Sprosse und Blätter von April bis Juli, Samen im September und Oktober.
Verwechslungsmöglichkeiten: Das **Kleinblütige Springkraut**, *Impatiens parviflora Mill.*, hat zartgelbe Blüten mit geradem Sporn. Das eingebürgerte **Indische Springkraut**, *Impatiens glandulifera Mill.*, weist purpurne Blüten auf.
Inhaltsstoffe: Bitterstoffe, Gerbstoffe, Glykoside, Öl (mit der Fettsäure Parinarsäure) und Tannine.
Mögliche Nebenwirkungen: Das rohe Kraut wirkt in größeren Mengen stark abführend und harntreibend.
Medizinische Eigenschaften: abführend, antiseptisch und harntreibend.
Medizinische Anwendung: Ein Absud des Krautes diente zur Entschlackung im Rahmen einer Frühjahrskur sowie zur Therapie von Gicht, Ödemen und Rheumatismus. Einen konzentrierten Absud verwendete man zum Erzeugen von Brechreiz bei Vergiftungen, äußerlich zur Wundreinigung. Kompressen fördern eine gleichmäßige Narbenbildung. Die Indigenen Nordamerikas benutzten einen Aufguss der bei ihnen heimischen Art *Impatiens pallida Mill.* zur Linderung von Reizungen und Schmerzen bei Ekzemen und Hautausschlägen. Mit dem Saft der Pflanze behandelte man Hühneraugen, Kopfflechte und Warzen. Eine Salbenzubereitung aus der frischen Pflanze wurde gegen Hämorrhoiden angewendet. Die Bachblütenessenz *Impatiens* aus dem Indischen Springkraut verabreicht man ungeduldigen Menschen und solchen, die ständig unzufrieden sind.
Kulinarische Verwendung: Die jungen Triebe und Blätter eignen sich nach zweimaligem Blanchieren mit Wasserwechsel zur Bereitung von milden Gemüsegerichten und zum Einlegen in Essig oder Öl. Die süßen Blüten sind schmackhafter Dekor sowie Aroma für Blütenzucker, Sirup, Wein und Spirituosen. Die Samen mit ausgeprägt nussigem Aroma lassen sich unreif und reif wie Nüsse und Sesam verwenden. Reife Samen ergeben delikate Keimsprossen und gutes Öl.

WOHLRIECHENDES VEILCHEN

Viola odorata L.
Veilchengewächse (Violaceae)

SYNONYME: *Duftveilchen, Mädchenauge, Marienstängel, Märzennagerl, Märzveigerl, Nachtblume, Oeschen, Samtblume, Schwalbenblume, Tagblume, Veieli, Viola, Viönli*

Im Altertum hatte das Veilchen kultische Bedeutung. Für Moslems ist »der Rang des Veilchens erhaben, wie der des Islam über alle anderen Religionen«. Im antiken Griechenland war es das Symbol der Stadt Athen und diente als Schmuck für die Bilder der Hausgötter. Horaz bemängelte den übermäßigen Zeitaufwand, der mit der Anpflanzung von Veilchen betrieben wurde – sie dienten zu seiner Zeit zum Aromatisieren von Wein. Zu Kränzen geflochten sollten sie bei Festen und Orgien dekorativen Schutz gegen Rausch und Kater bieten. Am Tag nach Walpurgis, zu Belta(i)ne, dem großen Frühlingsfest und Fruchtbarkeitsritual, war Maid Marian, die Protagonistin zügelloser Mysterienspiele, mit Veilchen und Schlüsselblumen geschmückt. Als Stellvertreterin der Frühlingsgöttin ist sie die Gefährtin von Robin Hood, der Verkörperung des archaischen Grünen Mannes. Sein Vorname bedeutet Rotkehlchen, ein Synonym für Penis. Die wenig sittsamen Assoziationen heidnischer Pflanzensymbolik wichen im Christentum den Tugenden der Demut und Keuschheit, das Veilchen mutierte zum Mariensymbol. Das Violett der Blüten legte auch eine Verbindung zur Passion Christi nahe. Der Kaiserliche Hof in Wien geruhte, sich im Frühjahr in die Donauauen zu begeben, um das Veilchen zu begrüßen. Zu Zeiten der britischen Königin Victoria erlebte das Veilchen eine Hochblüte als liebreizender *Postillon d'Amour*. Goethe ehrte es mit seinen Versen und schenkte ihm einen Platz in seinem Hausgarten. Kaiser

Napoleon erkor das zarte Blümchen zu seiner Wappenblume. Er wurde *Caporal Violette* genannt und trug bei seinem Tod ein Medaillon mit Veilchen von Josephines Grab.

Kennzeichen: Die ausdauernde Pflanze wird 5–10 cm hoch mit kriechendem Wurzelstock und sich bewurzelnden Ausläufern. Die Blätter entspringen direkt aus dem Boden, sind langstielig und nierenförmig mit herzförmigem Grund. Die wohlriechenden Blüten (März bis April) sind dunkelviolett, selten weiß, mit 5 Kelchblättern und 5 Kronblättern, von denen 2 nach oben gerichtet sind. Der Sporn ist dick, die Kapsel behaart und 3-klappig aufspringend.
Standort: Auwälder, Gärten, Waldränder auf nährstoffreichen, leicht stickstoffhaltigen Böden vor allem in Mittel- und Südeuropa bis etwa 1.400 m Seehöhe.
Sammelzeit: Triebe, Blätter und Blüten von März bis April, Wurzeln während der Ruheperiode.
Verwechslungsmöglichkeiten: Die Gattung umfasst etwa 500 Pflanzen. Besonders häufig ist das **Hundsveilchen**, *Viola canina L.* Es hat hellviolett-bläuliche Blüten ohne Duft und keine grundständigen Blätter. Eine Verwechslung – auch mit anderen Veilchen-Arten – ist ungefährlich.
Inhaltsstoffe: ätherisches Öl u. a. mit Parmon (trans-Alpha-Ionon) und Sesquiterpenen, Alkaloide (v. a. Violin) in der Wurzel, Bitterstoffe, Flavonoide (u. a. Rutosid), Ionon, Methylsalicylat, Odoratin, Saponine, Beta-Sitosterol und Schleimstoffe.
Medizinische Eigenschaften: abführend, auswurffördernd, beruhigend, erweichend und schweißtreibend.
Mögliche Nebenwirkungen: Die Wurzeln lösen starken Brechreiz aus.
Medizinische Anwendung: Seit der Antike dienen Blüten, Blätter, Wurzelstock und Samen als Heilmittel, v. a. zur Blutreinigung und Behandlung von Abschürfungen, Bronchitis, entzündeten Augenlidern, Hauterkrankungen, Husten und Magenverstimmung. Bei Vergiftungen verabreicht man einen Absud der Wurzel, um Brechreiz zu erzeugen. Die Homöopathie verwendet *Viola odorata* bei Asthma, Depressionen, Gedächtnisschwäche, Hautunreinheiten, Keuchhusten, rheumatischen Gelenkserkrankungen und Tinnitus. Die Aromatherapie bekämpft mit dem Öl Bronchialkatarrh, Erschöpfungszustände und Hautprobleme. Veilchen dienen auch der Begleittherapie von Krebserkrankungen.
Kulinarische Verwendung: Junge Triebe und Blätter ergeben feine Salate und Gemüsegerichte. Sie dicken Saucen und Suppen dezent ein. Die leicht säuerlichen Blätter werden sparsam Salaten beigemengt. Blütensirup dient als zartes Aroma für Getränke, Essig, Mousses und Parfaits. Die Blüten sind wohlschmeckender Dekor für Desserts, auch kandiert. Eine Mischung aus Orangenmarmelade und frischen Veilchen wurde früher als köstliches Nervenberuhigungsmittel genossen.

MOOR UND HEIDE

Hochmoore entstanden durch das Abtauen der Gletscher nach der letzten Eiszeit. Sie bieten seltenen Pflanzen- und Tierarten einen natürlichen Lebensraum und sind zudem wichtige Kohlenstoffspeicher. Die Trockenlegung weiter Gebiete führte zu einem Austritt von Kohlendioxid und Lachgas. Auf dem nährstoffarmen sauren Boden gedeihen vorwiegend Pflanzen, die eine Gemeinschaft mit Pilzen eingehen, zum Beispiel die Heidelbeere (S. 141). Ihr Pilz ist empfindlich gegen Schadstoffe, weshalb an manchen Standorten immer weniger Heidelbeeren wachsen. Eine andere Strategie verfolgt der Sonnentau, der Insekten fängt.

Heiden entstanden durch Übernutzung natürlicher Laubwälder und den Plaggenabbau (die Abtragung der obersten humusreichen Schicht). Auch Heiden weisen großteils saure und nährstoffarme Böden auf. Hier gedeiht neben Heidekraut, Wacholder und Kiefer (S. 145) auch die Birke (S. 17).

HEIDELBEERE

Vaccinium myrtillus L.
Heidekrautgewächse (Ericaceae)

Synonyme: *Bickbeere, Blaubeere, Griffelbeere, Haselbeeri, Krackbeere, Krähenauge, Mostbeere, Schnuderbeeri, Schwarzbeere, Sentbeere, Taubeere, Waldbeere, Wehlen, Worbel*

Die Druiden sammelten vor dem Neumond unter Beschwörungen Heidelbeeren und brauten aus ihnen in Kombination mit Eisenkraut, Honig, Klee, Moos, Schlüsselblumen und Weizen einen berauschenden und heilenden Trank. An archaische Ernteopfer erinnert der Brauch, neun Heidelbeeren auf einem Stein zu zerdrücken, um das Sammlerglück zu fördern. Desgleichen sollen Beeren, die beim Sammeln auf den Boden fallen, als Beerenopfer liegen gelassen werden. Ernteopfer zeugen von einem Verständnis der Naturkreisläufe: Wer Bestände nicht vollständig plündert, kann im folgenden Jahr eine gute Ernte erwarten.
Die Heidelbeere zählt zu den Nabelkräutern. Pflanzen, deren Blätter oder Früchte eine nabelartige Einbuchtung aufweisen, wurde eine aphrodisierende Wirkung zugesprochen, da der Nabel als Sitz »unkeuscher Gelüste« galt. Piloten der britischen Royal Air Force schärften im Zweiten Weltkrieg ihre Nachtsicht mit Heidelbeermarmelade. Heute ist Heidelbeerextrakt Bestandteil zahlreicher Nahrungsergänzungsmittel.

Kennzeichen: Der bis 30 Jahre ausdauernde Zwergstrauch wird 30–50 cm hoch mit scharfkantigen, stark verästelten grünen Zweigen. Der Wurzelstock kriecht weit und verzweigt sich stark. Die derben, wechselständigen, zugespitzten Blätter sind kurz gestielt,

rundlich-eiförmig und fein gesägt, im Sommer grün, im Herbst rot. Die grünlichen, blassrosa überlaufenen Blüten (Mai bis Juni) stehen in den Blattachseln und haben einen 5-lappigen Kelch. Die kugeligen Früchte mit zahlreichen winzigen Samen sind blauschwarz und meist bereift.

Standort: lichte Laub- und Nadelwälder sowie Heiden und Torfmoore in Europa und Asien bis etwa 2.800 m Seehöhe.

Sammelzeit: Blätter im Frühjahr, Blüten im Mai und Juni, Beeren von Juli bis September.

Verwechslungsmöglichkeiten: Die **Rauschbeere**, *Vaccinium uliginosum L.*, auch Moorbeere, Schwindelbeere, Trunkelbeere oder Tollbeere genannt, hat runde graubraune Zweige und ganzrandige Blätter, die unterseits graugrün sind. Die rauschartigen Zustände, die mitunter nach Verzehr der Beeren beobachtet werden, sind nicht von den Beeren selbst hervorgerufen, sondern von einem Pilz, *Sclerotinia megalospora*, der gelegentlich in der Beere schmarotzt. Daher treten nicht immer Vergiftungen auf. Getrocknete Beeren lindern Durchfall und Blasenleiden.

Inhaltsstoffe: Früchte: Anthocyane, Fruchtsäuren, Gerbstoffe, Glykoside, Pektin, Zitronen- und Äpfelsäure, Vitamine A, B, C, Pantothensäure, Nicotinamid, Mineralstoffe (v. a. Chrom und Mangan), Pektin. Blätter: Arbutin, Gerbstoffe, Flavone, Kaffeesäure, Quercetin, Glukochinon. Frische Blätter: Myrtin (zeitlich begrenzt anwenden).

Medizinische Eigenschaften: adstringierend, leicht antidiabetisch und blutfettsenkend (Blätter), antiseptisch, blutstillend, stuhlregulierend und wundheilend.

Mögliche Nebenwirkungen: Ein Übermaß frischer Blätter kann Übelkeit hervorrufen. Dauergebrauch der Blätter kann das Blutbild verändern. Empfindliche Menschen reagieren auf Kerne mit leichten Reizungen der Magenschleimhaut. Diese Wirkung lässt sich durch Abkochen verhindern.

Medizinische Anwendung: Frische Heidelbeeren finden Anwendung bei Blutarmut, erhöhten Harnstoffwerten, Nachtblindheit, starker Lichtempfindlichkeit der Augen sowie als Kompresse bei Couperose. Heidelbeerwein war ein Hausmittel gegen Durchfall. Ein konzentrierter Absud getrockneter Beeren wirkt rasch gegen Durchfall – besonders wenn er mit Gärung einhergeht – und Hämorrhoiden. Dick eingekochtes Mus aus getrockneten Beeren wurde gegen Ruhr eingesetzt. Ein Absud der Blätter lindert Blasenentzündungen und leichten Diabetes. Der frische Saft der Blätter hilft bei Ekzemen, entzündeter Mundschleimhaut und Wunden.

Kulinarische Verwendung: Die Früchte bieten vielfältige Verwendungsmöglichkeiten für Desserts und herbe Fruchtsaucen zu Käse oder Wild, Kompott, Saft und Wein. Getrocknete Früchte dienen als Beigabe zu Müslis und Studentenfuttermischungen. Die säuerlichen Blätter sind in kleinen Mengen eine würzige Beigabe zu Salaten (genial mit Haselnussöl) und Kräuterteemischungen.

HOCHLAND UND GEBIRGE

Auf den besonders attraktiven Wiesen in höheren Lagen wachsen vorwiegend Arten, die selten geworden sind und teilweise unter Naturschutz stehen. Daher ist ein Sammeln an diesen Standorten nicht angezeigt. Eine Pflanze bildet eine Ausnahme und zählt wegen ihrer exquisiten kulinarischen und medizinischen Eigenschaften zu den größten Schätzen. Sie wird deshalb auch in Gärten und Parks angepflanzt.

ZIRBE

Pinus cembra L.
Kieferngewächse (Pinaceae)

SYNONYME:
Arve, Zirbelkiefer

Die »Königin der Alpen« beherrscht kühle subalpine Lagen als einziger Baum an der Baumgrenze. Sie wird seit Jahrtausenden geschätzt und genutzt. Zirbenholz ist wegen seiner attraktiven Maserung beliebt und zeigt eine starke bakterienhemmende Wirkung. Wer in Zirbenholzbetten schläft, so sagt nicht nur der Volksmund, ist morgens erholter und weniger anfällig für wechselhaftes Wetter oder Stress. Das ätherische Öl wirkt überdies gegen Kleidermotten.

In den archaischen Wintermysterien kam den immergrünen Koniferen als »Wintermaien« eine zentrale Rolle zu. Nach der Wintersonnenwende war dieser Lichtbaum (heute Christbaum) dem neugeborenen Sonnenkind der »Großen Mutter«, der Erdgöttin, geweiht. Die christliche Mythologie machte daraus das Christkind und Maria. Als »Geburtsbaum« schützte die antiseptische und nervenberuhigende Zirbe Mütter im Wochenbett und ihren Nachwuchs, eine früher besonders gefährdete Bevölkerungsgruppe. Auch eine andere potentiell gefährdete Gruppe schützte laut Überlieferung die Zirbe: die Wanderer. Sie haben magische Hilfe allerdings besonders nötig, wenn ihnen auf den Hütten der beliebte Zirbengeist allzu gut schmeckt.

Kennzeichen: Der bis 1.000 Jahre ausdauernde Baum wird etwa 25 m hoch mit graubrauner, rissiger Schuppenborke. Die Triebe sind filzig rostrot behaart. Die steifen Nadeln sind oberseits dunkelgrün, innen mit blauweißen Längsstreifen versehen und sitzen zu 5 in pinselartigen Büscheln an Kurztrieben. Weibliche Blüten (Juni bis Juli) stehen als violette Zäpfchen einzeln oder bis zu 5 an den Spitzen der Jahrestriebe. Die ei- oder walzenförmigen, gelben oder roten männlichen Blüten stehen gehäuft an der Basis junger Langtriebe. Die rundlich-eiförmigen Zapfen stehen aufrecht, die unreifen sind violett und bereift, reife Zapfen braun mit lederartigen Samenschuppen. Die großen, hartschaligen Samen sind flügellos und mattbraun.

Standort: Alpen und Karpaten, eine Unterart in Nordrussland und Westsibirien bis 2.800 m Seehöhe.

Sammelzeit: innere Rinde (nur als Notnahrung oder von bereits abgetrennten Teilen!) und junge Triebe im März und April, männliche Blütenknospen Mai bis Juni, Nadeln Mai bis Juli, männliche Blütenpollen im Juni und Juli, junge Zapfen im Juli, Samen von August bis September.

Verwechslungsmöglichkeiten: Die meisten anderen Kiefern-Arten haben hängende Zapfen. Besonders die **Wald-Kiefer**, *Pinus sylvestris L.*, bietet mit jungen Trieben, Nadeln und Samen Verwendungsmöglichkeiten als Gemüse, Gewürz und Heilmittel.

Inhaltsstoffe: ätherisches Öl (u. a. mit Anisaldehyd, Pinen, Limonen), Glykoside, Harz und Vitamin C (Maitriebe).

Medizinische Eigenschaften: antiseptisch, auswurf- und durchblutungsfördernd, harntreibend, nervenstärkend und schleimhautberuhigend.

Mögliche Nebenwirkungen: Pures Harz und unverdünntes ätherisches Öl reizen Magen, Darm und Nieren.

Medizinische Anwendung: Innerlich wird ein Aufguss oder gereinigtes Terpentinöl mit heißem Wasser bei Gallenblasenbeschwerden, Harnwegsinfekten und Heiserkeit angewendet. Inhalationen mit Terpentinöl therapieren Asthma, Bronchitis, Katarrh, Lungenentzündung und Nebenhöhlenentzündungen. Bäder mit 250 g frischen Schösslingen oder Nadeln und Zapfen behandeln Akne, Arthritis, Durchblutungsstörungen, Erschöpfung, Gicht, Ischias, Neuralgien und Rheumatismus. Das Öl dient als Salbe der Behandlung von Gicht, Muskelschmerzen, Prellungen, Rheuma und Verstauchungen. Einige Arten nutzt die Traditionelle Chinesische Medizin in ähnlichen Indikationen. Die Bachblütenessenz *Pine* hilft, eigene Grenzen und Schwächen zu akzeptieren.

Kulinarische Verwendung: Die junge innere Rinde eignet sich zur Bereitung von Gemüsegerichten. Junge Triebe werden mit Wasser und Zucker zu einem honigartigen Sirup eingekocht oder für Ansatzschnäpse verwendet. Die Nadeln dienen frisch oder getrocknet als Gewürz, besonders für dunkles Fleisch. Die männlichen Blütenpollen können Mehl zugesetzt werden. Sehr junge Zapfen liefern den Zirbengeist, ein altes Hausmittel. Zum Auslösen der Samen bäckt man die Zapfen bei 170 °C, bis sie sich öffnen und die Nüsschen freigeben. Die Samen lassen sich wie Nüsse verwenden, auch Speiseöl wird mitunter daraus gepresst.

SAMMELKALENDER

Mitunter entspricht die Frucht dem Samen. In diesen Fällen sind fleischige Früchte rot gekennzeichnet, nussartige Früchte blau. Je nach Klima und Standort sind Variationen in den Blüte- und Reifezeiten möglich.

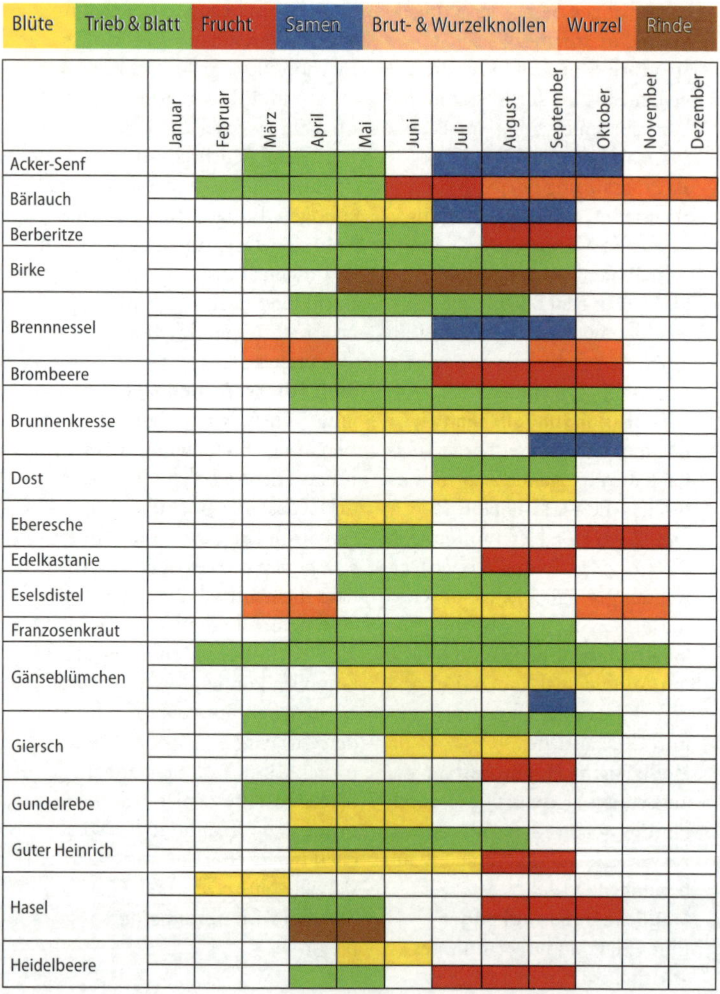

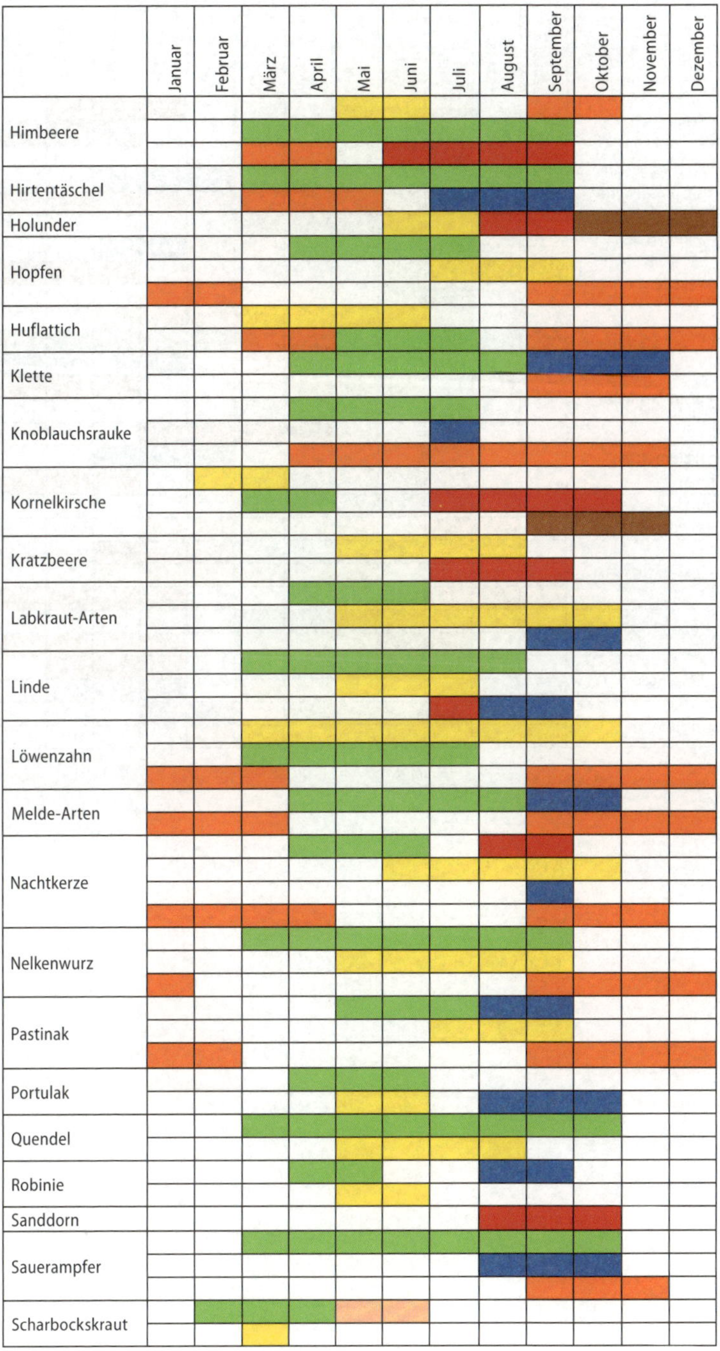

Januar
Februar
März
April
Mai
Juni
Juli
August
September
Oktober
November
Dezember
Himbeere
Hirtentäschel
Holunder
Hopfen
Huflattich
Klette
Knoblauchsrauke
Kornelkirsche
Kratzbeere
Labkraut-Arten
Linde
Löwenzahn
Melde-Arten
Nachtkerze
Nelkenwurz
Pastinak
Portulak
Quendel
Robinie
Sanddorn
Sauerampfer
Scharbockskraut

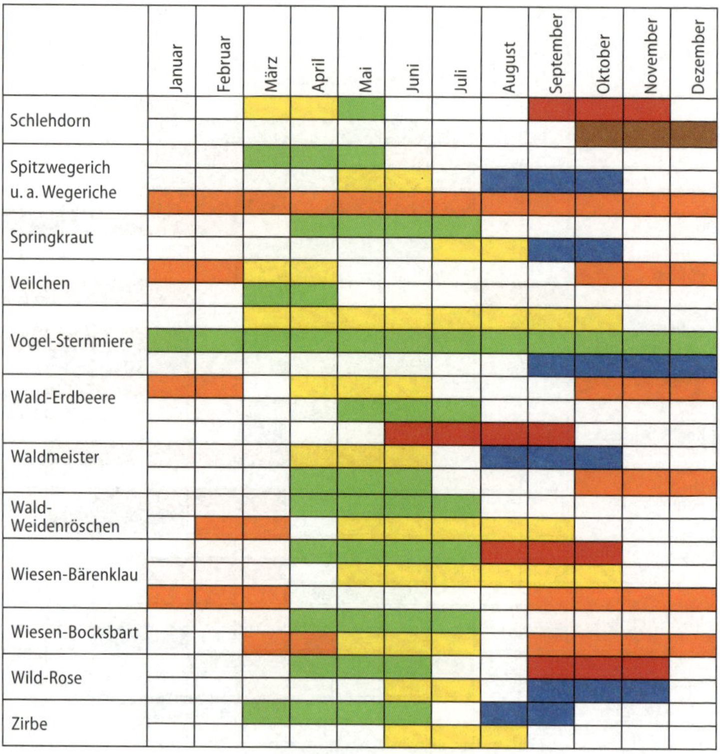
Januar
Februar
März
April
Mai
Juni
Juli
August
September
Oktober
November
Dezember
Schlehdorn
Spitzwegerich u. a. Wegeriche
Springkraut
Veilchen
Vogel-Sternmiere
Wald-Erdbeere
Waldmeister
Wald-Weidenröschen
Wiesen-Bärenklau
Wiesen-Bocksbart
Wild-Rose
Zirbe

DIE KULINARISCHEN SEITEN

Wer Wildpflanzen sammeln geht, kann nicht immer vorhersehen, was Wald und Wiese zu bieten haben. Daher sind die Rezepte auf größtmögliche Flexibilität hinsichtlich der wilden Zutaten ausgelegt. Zur Orientierung dienen folgende Kategorien, innerhalb derer je nach Sammlerglück, Geschmack und Laune ausgetauscht werden kann:

Die milden Triebe, Blätter und Samen: Franzosenkraut, Guter Heinrich, Huflattich, Klette, Labkraut, Linde, Melde, Nachtkerze, Taubnessel und Vogel-Sternmiere.

Die würzigen Triebe, Blätter und Samen: Bärlauch, Brennnessel, Brunnenkresse, Giersch, Hirtentäschel, Hopfen, Knoblauchsrauke, Löwenzahn, Pastinak, Portulak, Sauerampfer, Wegerich, Wiesen-Bärenklau und Wiesen-Bocksbart.

Die wichtigsten Gewürzkräuter: Dost, Gundelrebe, Quendel, Schafgarbe und Wegerich für Pikantes; Labkraut und Waldmeister für Süßes.

Die häufigsten essbaren wilden Blüten: Bärlauch, Brunnenkresse, Dost, Gänseblümchen, Giersch, Gundelrebe, Holunder, Wild-Rose, Knoblauchsrauke, Kornelkirsche, Labkraut, Linde, Löwenzahn, Nachtkerze, Pastinak, Portulak, Quendel, Robinie, Veilchen, Vogel-Sternmiere, Wiesen-Bärenklau und Wiesen-Bocksbart.

Nach Möglichkeit sollten die Pflanzen lediglich ausgeschüttelt oder mit einer weichen Bürste gesäubert werden, da Wasser Vitalstoffe und Aroma ausschwemmt. Vor allem bei Pflanzen, die zum Trocknen oder Einlegen in Öl vorgesehen sind, ist eine Nassreinigung nicht günstig.

Wenn nicht anders angegeben, gelten die Mengen für vier Portionen. Bitte der eigenen Gesundheit und der Umwelt zuliebe heimische Bio-Lebensmittel bevorzugen. Da beim Sammeln wohl kaum jemand eine Küchenwaage zur Verfügung hat, steht als Maß meist die Handvoll.

Zur jahreszeitlichen Orientierung dienen die Symbole

Frühling, Sommer , Herbst und Winter.

WILDE KEIMSPROSSEN

Keimsprossen sind nicht zu verwechseln mit Pflanzensprossen, bei denen es sich um junge Triebe handelt.

Rohe Sprossen zählen zu den vitalstoffreichsten Nahrungsmitteln. Sie bereichern nicht nur Smoothies und Salate. Prinzipiell sind alle Samen zum Keimen geeignet. Besonders wichtig ist das Spülen, um die Bildung von Schimmel und die Vermehrung von Mikroorganismen zu verhindern.

Am einfachsten und hygienischsten ist das Keimen in großen Gläsern mit Fliegengitter oder Sieb. Je nach Größe des Glases und der Samen 1–3 EL Samen in das Glas geben und das Fliegengitter mit einem Gummiband über die Öffnung spannen. Die Samen gut spülen und über Nacht in kaltem Wasser einweichen.

Am folgenden Tag die Samen nochmals gut spülen. Das Glas kopfüber schräg in eine hohe Schale stellen, sodass das Wasser abrinnen kann, die Samen aber feucht bleiben. An einem hellen Ort ohne direkte Sonneneinstrahlung platzieren. Zwei Mal täglich spülen, bis die gewünschte Größe der Keimlinge oder Sprossen erreicht ist (2–7 Tage). Zum Entfernen der Samenschalen die Sprossen mit Wasser bedecken – die Schalen schwimmen oben und lassen sich abschöpfen.

Die Keimsprossen kann man auch zu aromatischen kleinen Pflänzchen heranwachsen lassen, die vor allem im Winter frisches Grün bieten.

Wildkräutersmoothie

Je 2 Handvoll Giersch, Brennnesselspitzen und Vogel-Sternmiere • 200 g pflanzliches Joghurt • je 1 Prise Salz, Quendel und Brunnenkressesamen • 1 EL Blüten zum Bestreuen

Alle Zutaten mit Ausnahme der Blüten in der Küchenmaschine mixen. Mit den Blüten bestreuen.

Detoxtrunk mit Brunnenkresse und Birke

Diese Mischung war Teil der traditionellen Frühjahrskur. Sie kann bis in den September hinein wiederholt werden.

100 g pürierte Brunnenkresse • 30 ml Birkensaft • 1 l Butter- oder Hafermilch

Alle Zutaten verrühren und kühlen. Täglich 3 Wochen lang jeweils über den Tag verteilt trinken.

Wildkräutershake

Wer morgens keinen Bissen hinunterbekommt, holt sich flüssige Energie.

Pro Person 2 Handvoll Blätter nach Wahl (Giersch, Guter Heinrich, Melde, Vogel-Sternmiere …) • 1 Karotte • 1 Apfel • 150 ml Butter- oder Hafermilch • 2 TL gemahlene Haselnüsse

Alle Zutaten kurz im Mixer pürieren. Besonders fein mit aromatischen Blüten.

Blütenbutter

Köstlich auf knusprigem Brot oder als Füllung für Kuchen und Kekse.

80 g Butter • 1 TL Honig • Mark von ¼ Vanilleschote • 1–2 TL wilde Blüten

Butter, Honig und Vanille schaumig schlagen. Einen Teil der Blüten zerkleinern und vorsichtig einrühren. Die restlichen Blüten dekorativ auf der Oberfläche verteilen.

Die Butter hält im Kühlschrank in einem verschlossenen Glas 2 Wochen, tiefgekühlt 9 Monate.

Kräutercreme mit Giersch, Vogel-Sternmiere und Gundelrebe

Fein als Brotaufstrich und Füllung für Gemüse.

Je ½ Handvoll Giersch und Vogel-Sternmiere • einige Blättchen Gundelrebe • 200 g Frischkäse • 2 EL Sauerrahm (saure Sahne) • je 1 Prise Salz und gemahlene Brennnesselsamen • nach Belieben 2 EL Käse oder Schinken • 1 TL Blüten

Alle Zutaten mit Ausnahme der Blüten in der Küchenmaschine mixen. Die Blüten einrühren oder darüberstreuen. Die Creme hält im Kühlschrank in einem verschlossenen Glas 3–4 Tage.

Wald-Erdbeer-Cocktail

Der Cocktail schmeckt mit allen Wildfrüchten.

2 Handvoll Wald-Erdbeeren • 2 TL Honig • Mark von ½ Vanilleschote • 600 g Kefir oder Joghurt • 3 EL geröstete und gemahlene Haselnüsse • 4 Stämmchen wilde Minze

Einige Wald-Erdbeeren beiseitelegen, den Rest – außer Minze – mit dem Honig und der Vanille im Mixer pürieren. Abwechselnd Beerenpüree, Kefir und Nüsse in hohe Gläser löffeln. Mit den aufbewahrten Beeren und der Minze dekorieren.

Engländerinnen-Geheimnis

Der Londoner Botaniker John Gerard berichtete im 16. Jahrhundert, die Engländerinnen kochten Labkraut mit Haferflocken, um »eine gute Figur zu behalten und abzunehmen«.

pro Person 1 Handvoll junge Labkrauttriebe • 60 g Haferflocken • je 5 EL geraspelte Wurzeln von Pastinak und Nachtkerze • je 1 Prise Salz und Knoblauchsraukensamen

Die Labkrauttriebe grob hacken. Die Haferflocken und Wurzeln salzen und knapp mit Wasser bedeckt weich kochen. Kurz vor Ende der Garzeit das Labkraut hinzufügen. Mit den Knoblauchsraukensamen bestreut servieren.

Aromatischer Kefir

Eine kleine flüssige Mahlzeit.

500 ml Kefir • 4–5 Handvoll Wurzeln von Nachtkerze, Klette oder Brennnessel, ersatzweise 3 Karotten • 1 zarte Prise Salz • einige Blättchen Gundelrebe, Giersch oder Quendel

Alle Zutaten in der Küchenmaschine mixen.

Kornelkirschbutter mit wilden Blüten

Köstlich aufs Brot oder in Kuchen und Keksen. Auch mit Schlehen, Waldbeeren oder Hagebutten zubereitet ein Genuss.

100 g Butter • 5 EL entsteinte Kornelkirschen • 1 EL Honig • etwas Mark von 1 Vanilleschote • 1 TL Blüten zum Bestreuen

Alle Zutaten mit Ausnahme der Blüten in der Küchenmaschine zu einer glatten Creme mixen. Mit den Blüten bestreuen. Die Butter hält im Kühlschrank 3–4 Tage, tiefgekühlt mindestens 6 Monate.

Hirsebrei süß oder pikant

Der Brei lässt sich auch erwärmen und macht auf diese Weise besonders angenehm satt.

150 g Hirseflocken • 250 ml Milch oder Fruchtsaft oder Gemüsesaft • 300 g Wildfrüchte oder Gemüse nach Wahl oder hausgemachtes Kompott • 1 Handvoll Blüten oder Kräuter

Die Flocken über Nacht in der Flüssigkeit einweichen. Das Obst bzw. Gemüse frisch in den Brei schneiden oder das Kompott einrühren. Mit Blüten oder Kräutern bestreut servieren.

Nachtkerzencocktail mit Kornelkirschen

4 EL unreife Nachtkerzenfrüchte • 2 EL Butter • 500 g Frischkäse • 3 EL Milch • Mark von ½ Vanilleschote • 2 EL Honig • 4 EL entsteinte Kornelkirschen

Die Nachtkerzenfrüchte kurz in der Butter anrösten. Frischkäse, Milch, Vanille und Honig zu einer Creme rühren. Abwechselnd etwas von der Creme und den Kornelkirschen in hohe Gläser löffeln. Mit den Nachtkerzenfrüchten bestreuen.

Wilder Pastinaken-Tofu mit Brennnessel

250 g Tofu • 4 Pastinakenwurzeln • 3 Wurzeln der Brennnessel oder wilden Karotte • 2 EL Öl • 1 EL geriebener Käse nach Wunsch • je 1 Prise Salz und Brunnenkresse- oder Brennnesselsamen • je 1 TL Schafgarbe und Gundelrebe zum Bestreuen

Alle Zutaten mit Ausnahme der Schafgarbe und Gundelrebe in der Küchenmaschine mixen. Den Tofu mit den Blättchen dekoriert auf Brot, mit rohen Gemüsestäbchen oder als Füllung für Tomaten, Gurken und Zucchini servieren.

Hüttenkäse mit Kornelkirschrelish

250 g Hüttenkäse • je 1 TL Gundelrebe, Quendel und Dost • 1 Prise gemahlene Brennnesselsamen • 4 Kletten- oder Huflattichblätter • 4 EL Kornelkirschrelish (S. 209) • 1 TL Balsamicoessig

Den Hüttenkäse mit den Kräutern, Brennnesselsamen und Blättern verrühren und mit dem Chutney auf den Blättern anrichten. Mit Balsamicoessig beträufeln.

Holunderflocken mit Zirbennüsschen

Die Flocken schmecken kalt oder warm.

250 g Haferflocken • 150 ml Apfelsaft • 1 Prise gemahlene Kalmuswurzel oder Zimt • 2 EL Zirbennüsschen oder gehackte Haselnüsse • 300 g Holunderkompott

Die Haferflocken über Nacht im Apfelsaft einweichen. Kurz vor dem Servieren mit Kalmuswurzel und Zirbennüsschen bestreuen. Das Holunderkompott dazu reichen.

Nachtkerzencocktail mit Kornelkirschen

Holunderflocken mit Zirbennüsschen

Schlehenmüsli

Warm oder kalt als Frühstück oder Dessert.

150 g gemischte Getreideflocken • 150 ml Birnensaft • 200 g Schlehenkompott • 1 Prise gemahlene Nelkenwurz oder Zimt • 4 EL Joghurt

Die Getreideflocken über Nacht im Birnensaft einweichen. Mit dem Kompott und mit Nelkenwurz oder Zimt bestreut servieren, dazu einen Tupf Joghurt.

Couscous mit Berberitzen und Sanddorn

Ein köstlicher Vitaminspender.

1 l Apfelsaft • 240 g feiner Couscous • 2 EL Honig • 1 Prise gemahlene Nelkenwurz oder Zimt • 4 EL Berberitzen oder andere Wildfrüchte • 4 EL Sanddornmus (S. 210)

Den Apfelsaft erhitzen und über den Couscous gießen. Mit einem dicken Tuch bedeckt nach Packungsanleitung quellen lassen. Die übrigen Zutaten einrühren und servieren.

Winter-Powerdrink mit Wildfrüchten und Zirbennüsschen

Das kraftspendende Getränk schmeckt kalt oder warm.

800 ml Milch • 4 EL Zirbennüsschen • 2 EL Honig • 4 EL Wildfruchtkompott • 1 Prise gemahlene Nelkenwurz oder Zimt

Alle Zutaten in der Küchenmaschine mixen.

VORSPEISEN, SALATE UND KLEINE GERICHTE

Baumsalat mit Honig-Buttermilch-Dressing

Das Dressing bildet auch einen schönen Kontrast zu leicht bitteren Wildkräutern wie Löwenzahn oder Gundelrebe.

3 Handvoll junge Blätter von Birke oder Linde • 4 EL Buttermilch • 1 EL Apfelessig • 2 EL Öl • 1 Prise Salz • 1 TL Honig • 2 sehr fein gehackte Schalotten • 1 EL Gänseblümchen, Veilchen oder andere Blüten

Die Blätter auf kleinen Tellern anrichten. Buttermilch, Essig, Öl, Salz und Honig mit den Schalotten verrühren. Die Mischung über die Blätter träufeln. Mit den Blüten bestreut sofort servieren.

Wilder Frühlingssalat im Körbchen

30 ml Pflanzenöl oder zerlassene Butter • 150 g Filoteig, ersatzweise Strudelteig • 250 g Sauerrahm (saure Sahne) • 1 fein gehackte Bärlauchwurzel • 10 Blättchen Schafgarbe • 2 EL Veilchen- oder Himbeeressig • 1 TL Sanddornsenf (S. 211) • 1 Prise brauner Rohrohrzucker • Salz • 2 TL Springkrautsamen • 3 Handvoll Vogel-Sternmiere • je 1 Handvoll junge Giersch- und Löwenzahnblätter • 1 Handvoll Gänseblümchenblätter und -blüten • 3 Stämmchen Gundelrebe • Blüten

Den Backofen auf 200 °C Umluft vorheizen. Die Vertiefungen einer Muffinbackform mit etwas Öl auspinseln. Die Teigblätter auf ein leicht feuchtes Küchentuch legen. Jeweils 1 Blatt mit Öl bestreichen und ein zweites Blatt darüberlegen. Die Teigblätter in Quadrate schneiden, die groß genug sind, dass die Teigränder den Rand der Backblechvertiefungen gut fingerbreit überragen. Die Teigquadrate sanft in die Vertiefungen drücken und etwa 10 Minuten goldgelb backen. Die Teigkörbchen vorsichtig aus der Form heben und abkühlen lassen. Sauerrahm, Bärlauchwurzel, Schafgarbe, Essig, Senf, Zucker, Salz und Samen vermengen. Die Blätter verlesen, eventuell etwas kleinhacken und mit dem Dressing mischen. In den Körbchen mit Blüten garniert servieren.

Fattoush

Der beliebte traditionelle libanesische Portulaksalat.

1–2 TL gemahlener Sumach • 4 Handvoll Portulakblätter • 2 Fleischtomaten in Spalten • 1 große Salatgurke in Scheiben • 1 altbackenes Pitabrot • 6 Frühlingszwiebeln in feinen Ringen • 250 g fein gehackte Petersilienblätter • 1 kleine gehackte Knoblauchzehe • 2 EL Granatapfelmelasse • 4 EL Zitronensaft • Salz • 100 ml Olivenöl • 50 g frische Minzblätter

Den Sumach in etwas Wasser 15 Minuten einweichen. Portulak, Tomaten und Gurke auf Tellern arrangieren. Das Pitabrot aufbacken oder toasten, in Stückchen zupfen und über das Gemüse streuen. Frühlingszwiebeln, Petersilie und Knoblauch auf dem Salat verteilen. Die Granatapfelmelasse mit Zitronensaft, Salz, Sumach, Olivenöl und Minzblättern verrührt über den Salat träufeln.

Lindencanapés

Sehr schön auf Buffets – besonders, wenn die Brotscheiben herzförmig wie ein Lindenblatt ausgestochen sind.

1 Handvoll Lindenblattknospen • 150 g Frischkäse • 2 TL Lindenblütenhonig • 1 sehr dezente Prise frisch geriebene Muskatnuss oder gemahlener Zimt • 1 noch dezentere Prise Salz • 4 Scheiben Hafer- oder Dinkelbrot • Lindenblüten

Lindenblattknospen, Frischkäse, Lindenblütenhonig, Muskat und Salz gut verrühren; auf die Brotscheiben streichen. Mit Lindenblüten bestreut servieren.

Waldmeistersauce pikant

Die Sauce passt zu Fisch und hellem Fleisch, ebenso zu gebratenem Gemüse und Tofu oder Grillkäse.

6 Stämmchen Waldmeister • 1 Handvoll gehackte Lindenknospen oder Veilchen • 300 ml sehr kräftiger Gemüsefond oder je 150 ml Gemüsefond und Weißwein • 4 fein gehackte Bärlauchwurzeln • 1 EL Öl • 1 Prise gemahlene Hirtentäschelsamen

Die Waldmeisterstämmchen einige Stunden welken lassen. Die Lindenknospen oder Veilchen im Gemüsefond kochen, bis er leicht andickt. Nach Belieben pürieren. Den Waldmeister im heißen Fond 10 Minuten ziehen lassen, danach entfernen. Die Bärlauchwurzeln im Öl goldbraun braten und in den Gemüsefond rühren. Mit Hirtentäschel abschmecken.

Portulaksalat mit Pilzen

4 Handvoll Portulak, alternativ Brunnenkresse oder Rauke • 150 g Pilze nach Wahl • 5 halbierte Cocktailtomaten • 1 EL Weißweinessig • 2 EL Olivenöl • 1 TL Sanddornsenf (S. 211) • je 1 Prise Salz und gemahlene Brunnenkressesamen • 4 Scheiben Brot in Würfeln, nach Wunsch geröstet • 1 Stämmchen Dost oder Quendel

Den Portulak auf kleinen Tellern anrichten. Die Pilze feinblättrig schneiden und auf die Teller verteilen. Die Tomaten zu den Pilzen legen. Essig, Öl, Senf und Gewürze kräftig verrühren und über den Salat träufeln. Kurz vor dem Servieren mit Brotwürfeln und Dost bestreuen.

Knoblauchsraukensorbet

Das würzige Sorbet erfrischt als Zwischengang und ist eine reizvolle Beigabe zu gebratener Wildleber und Meeresfrüchten.

1 Handvoll junge Knoblauchsraukenblätter • 1 Bio-Zitrone • 2 EL Honig • 2 Eiweiß • 1 Prise Salz • trockener Sekt oder Prosecco zum Aufgießen • Knoblauchsraukenblüten

Die Knoblauchsraukenblätter mit dem Saft und der Schale der Zitrone sowie dem Honig pürieren. Eiweiß mit Salz sehr steif schlagen und unter das Knoblauchsraukenpüree ziehen. Im Tiefkühlfach unter gelegentlichem Rühren oder in der Eismaschine frieren. Jeweils 1 Kugel des Sorbets in eine Sektflöte setzen, mit Sekt oder Prosecco aufgießen und mit Blüten dekoriert sofort servieren.

Marinierte Himbeersprosse und Klettenmark mit Sanddorn

Als Vorspeise auf einem Salatbett – auch mit gebratener Kaninchenleber – oder als Beigabe zu Käse und Schinken.

4 Handvoll junge Himbeersprosse • 4 Handvoll geschälte Klettenstiele (übrig bleibt das Mark) • 7 EL Sanddornsaft • 1 TL Honig • 40 ml Olivenöl • je 1 Prise Salz und Hirtentäschelsamen

Himbeersprosse und Klettenmark in mundgerechte Stücke teilen. Den Sanddornsaft mit dem Honig verrühren und mit dem Öl über Sprosse und Mark träufeln. Salz darüberstreuen und im Kühlschrank 1 Stunde ziehen lassen. Mit Hirtentäschelsamen bestreut servieren.

Wiesen-Bocksbart-Sprosse mit Sauce Ravigote

Auch die Sprosse des Wiesen-Bärenklau eignen sich hervorragend. In der veganen Version besteht die Saucenbasis aus 6 EL Sanddornsaft und 4 EL Haselnussmus. Anstelle der hart gekochten Eier streut man Stückchen von Tofu, Tempeh oder Lopino über das Gericht.

400 g Wiesen-Bocksbart-Sprosse • 1 Eigelb • 2–3 EL Sanddornsaft • 2 TL Sanddornsenf (S. 211) • 1 Prise Rohrohrzucker • je 1 Prise Salz und frisch gemahlene Hirtentäschelsamen • 200 ml Öl • 1 fein gehackte Schalotte • 1 TL Gänseblümchenkapern (S. 205) • je 1 TL gehackter Wilder Kerbel, Sauerampfer, Schnittlauch und Petersilie • 2 Handvoll junge Wildpflanzenblätter (Vogel-Sternmiere, Guter Heinrich, Brennnessel, Taubnessel, Wegerich, Melde, Giersch) • 4 hart gekochte Eier

Die Bocksbartsprosse entweder roh lassen oder einige Sekunden in siedendem Salzwasser blanchieren. Eigelb mit Sanddornsaft, Senf, Zucker, Salz und Hirtentäschelsamen verrühren. Das Öl unter kräftigem Schlagen in sehr dünnem Strahl einarbeiten. Die Schalotte, Gänseblümchenkapern und Kräuter bis auf einige Dekorblätter in die Mayonnaise rühren. Die Wildpflanzenblätter auf Tellern arrangieren. Die Bocksbartsprosse darauflegen und mit der Sauce Ravigote überziehen. Die Eier fein hacken und darüberstreuen. Mit den übrigen Kräuterblättern bestreut servieren.

Wiesen-Bärenklau-Rolle mit Räucherfisch

Die Rolle kann bereits am Vortag zubereitet und bis zu 1 Stunde im Voraus aufgeschnitten werden. Sie ist daher ideal für Picknicks und Buffets. Für dieses Rezept eignen sich auch Triebe und Blätter von Bärlauch, Brennnessel, Brunnenkresse, Giersch, Franzosenkraut, Guter Heinrich, Huflattich, Klette, Knoblauchsrauke, Labkraut, Linde, Melde, Nachtkerze, Pastinak, Sauerampfer, Taubnessel, Vogel-Sternmiere und Wiesen-Bocksbart.

4 Handvoll junge Triebe und Blätter vom Wiesen-Bärenklau • Salz • 3 Eier, getrennt • 1 kräftige Prise gemahlene Acker-Senf-Samen • 1 Prise frisch geriebene Muskatnuss • Fülle: 200 g Frischkäse • 2 EL fein gehackte würzige Blätter (Giersch, Pastinak, Gundelrebe, Schafgarbe, Quendel, Dost) • 200 g Räucherfisch in hauchdünnen Scheiben • 1 Bio-Zitrone in dünnen Scheiben

Den Backofen auf 200 °C Ober-/Unterhitze vorheizen. Ein Backblech mit Backpapier auslegen. Die Triebe und Blätter kurz in kochendes Salzwasser tauchen, gut abtropfen lassen, sanft auspressen und pürieren. Das Püree mit Eigelb, Salz, Acker-Senf-Samen und Muskat mixen. Eiweiß mit 1 Prise Salz steif schlagen. Den Schnee unter die Wiesen-Bärenklau-Mischung heben. Die Masse gleichmäßig auf das Backblech streichen und 10–12 Minuten backen, bis sie stockt. Auf ein frisches Backpapier stürzen und abkühlen lassen, danach quer zur längeren Seite halbieren. Den Frischkäse mit den würzigen Blättern verrühren, bei Bedarf mit Salz und Acker-Senf-Samen abschmecken. Auf die Teigplatten streichen, dabei an den Längsseiten jeweils einen 3 cm breiten Streifen frei lassen. Die Fischscheiben auf den Frischkäse legen und die Rouladen längs mithilfe des Backpapiers eng zusammenrollen. Auf Frischhaltefolie gleiten lassen. Die Folie eng über die Rollen schlagen und an den Enden verknoten. In der Folie lassen sich die Rollen gut transportieren. Vor dem Aufschneiden mindestens 1 Stunde gut kühlen.

Die Rollen frühestens 1 Stunde vor dem Servieren in fingerdicke Scheiben schneiden und mit Zitronenscheiben anrichten. Dazu passen Blattsalate und frisches Brot.

Bärlauchboote

Die Boote sind nicht nur auf Kinderfesten beliebt. Mit Mini-Paprika sind sie perfektes Fingerfood. Auch Giersch und Wiesen-Bärenklau eignen sich für dieses Rezept.

2 große oder 4–6 kleine Paprikaschoten • 200 g Frischkäse • 2 gehackte Bärlauchwurzeln • 1 Handvoll Bärlauchblätter und -knospen, plus Blätter zum Dekorieren • 1 Prise gehackte Gundelrebenblätter • je 1 Prise Salz und gemahlene Brennnessel- oder Brunnenkressesamen • 4 Salzstangen

Die Paprikaschoten halbieren und die Kerne entfernen. Den Frischkäse mit den Bärlauchwurzeln, Blättern und Gewürzen verrühren und in die Paprikaschoten füllen. Kalt servieren oder 15 Minuten im vorgeheizten Rohr bei 200 °C Ober-/Unterhitze backen. Die Boote mit den Bärlauchknospen dekorieren und auf Bärlauchblätter stellen. Auf jede Salzstange 1 Bärlauchblatt stecken und als »Segel« auf die Boote setzen.

Giersch-Chips

Zum Knabbern und als aromatischer Dekor für Canapés, Salate und Suppen. Die Chips sind so würzig, dass sie kein Salz benötigen.

3 Handvoll Giersch • ca. 50 ml hitzebeständiges Pflanzenöl • 1 EL Brunnenkressesamen

Den Backofen auf 200 °C Umluft vorheizen. Ein Backblech mit Backpapier auslegen. Die Gierschstämmchen flach auf das Blech legen, dünn mit Öl beträufeln, mit Brunnenkressesamen bestreuen und einige Minuten knusprig backen. Sofort verwenden oder abgekühlt in dicht verschlossenen Gläsern kühl und trocken lagern.

Wildkräuterbällchen

Die Bällchen sind ein feiner Snack, in Olivenöl eingelegt auch als Vorrat oder Geschenk willkommen.

1 Handvoll würzige Blätter (Giersch, Pastinak, Gundelrebe, Schafgarbe, Quendel, Dost) • 150 g geriebener Käse • 150 g Frischkäse • 3 Bärlauchwurzeln • je 1 Prise Salz und gemahlene Wegerichsamen • je ½ EL Quendel und Dost • 1 EL gehackte Zirbennüsschen • Blüten zum Dekorieren

Alle Zutaten in der Küchenmaschine mixen. Die Masse zu Bällchen formen und mit Blüten dekorieren.

Guter-Heinrich-Blüten in Bierteig

Einfach so knabbern oder mit Salat und Kornelkirschrelish (S. 209) genießen.

125 g Weizenmehl • 1 EL Rohrzucker • 1 Prise Salz • 1 Prise frisch geriebene Muskatnuss • 1 Ei, getrennt • ca. 250 ml Bier • 1 EL Öl, plus mehr zum Ausbacken • 3 Handvoll knospige Guter-Heinrich-Blütenstände

Die trockenen Zutaten in eine große Schüssel sieben. Mit Eigelb und Bier zu einem dickflüssigen Teig verrühren. Das Öl hinzufügen. Eiweiß steif schlagen und unterziehen. Öl in einem hohen Topf erhitzen. Die Blüten in den Teig tauchen und sofort goldgelb backen. Sie können bei Bedarf kurz im Backofen bei 90 °C warm gehalten werden.

Bunte Minibrote

Das vielseitige Rezept schmeckt mit allen milden und aromatischen Wildpflanzen, die sich je nach Jahreszeit, Laune und Sammlerglück kombinieren lassen.

300 g Weizenmehl • 15 g Hefe • 1 TL Honig • 3 EL lauwarme Milch • 60 ml Öl • 1 Prise Salz • 100 ml pürierte Wildkräuter
Zum Bestreichen: 1 EL Mehl mit 1 EL Wasser verrührt

Das Mehl in eine große Schüssel sieben, in die Mitte eine Vertiefung drücken. Die Hefe mit dem Honig in der Milch auflösen und zum Mehl gießen. Die Schüssel bedeckt an einem warmen Ort stehen lassen, bis die Hefemischung auf das doppelte Volumen aufgegangen ist. Die übrigen Zutaten einrühren und alles zu einem glatten Teig kneten. Den Teig an einem warmen Ort in der zugedeckten Schüssel auf das doppelte Volumen aufgehen lassen, wieder zusammenschlagen, nach Belieben formen und auf einem mit Backpapier ausgelegten Backblech zugedeckt nochmals 30 Minuten gehen lassen. Backofen auf 190 °C Ober-/Unterhitze vorheizen. Die Brote mit dem Mehlwasser bestreichen und auf der mittleren Schiene je nach Größe 25–45 Minuten backen. Sie sind fertig, wenn beim Klopfen auf die Unterseite ein hohler Ton entsteht.

Wildkräuterterrine

Die Terrine eignet sich sehr gut für Buffets. Dazu passen Salate, süße und pikante Saucen.

800 ml Milch • 1 Prise Salz • 80 g Grieß • 4 EL pürierte aromatische Kräuter (Giersch, Schafgarbe, Quendel, Dost, Gundelrebe …) • 80 g gemahlene Sonnenblumenkerne, auf Wunsch geröstet

Die Milch mit dem Salz aufkochen. Den Grieß in dünnem Strahl einrieseln lassen und unter stetem Rühren 5 Minuten sanft kochen. Die pürierten Kräuter und Sonnenblumenkerne einrühren. (Wer die Sonnenblumenkerne knusprig mag, bäckt sie im vorgeheizten Rohr bei 190 °C Ober-/Unterhitze etwa 15 Minuten.) Die heiße Masse in kleine Förmchen füllen und auf Zimmertemperatur abkühlen lassen. Danach stürzen. Die Terrine kann bis zu 2 Tage im Voraus zubereitet werden. Dann bewahrt man sie in den Förmchen gekühlt auf und stürzt sie kurz vor dem Servieren.

Wildkräuterdip-Duett

Die Dips vertreiben den kleinen Hunger oder die Wartezeit auf den Hauptgang. Zum Eintauchen eignen sich Sprosse und Wurzeln von Wildpflanzen, ebenso in Stifte geschnittenes rohes Gemüse.

400 g Sauerrahm (saure Sahne) • 4 fein gehackte Bärlauchwurzeln • 1 Prise Salz • je 1 Prise Quendel, Dost, Gundelrebe und Schafgarbe • 1 Handvoll pürierte Vogel-Sternmiere oder Giersch

Den Sauerrahm mit Bärlauchwurzeln, Salz und Gewürzkräutern verrühren. Die Hälfte davon mit der Vogel-Sternmiere verrühren. Kleine Schälchen mit beiden Sorten befüllen und bis zum Servieren kühlen.

Gegrillte Wildkräuterbrote

4 Bärlauchwurzeln in Scheibchen • 2 EL würzige Blättchen (Schafgarbe, Gundelrebe, Giersch, Quendel, Dost) • 4 Scheiben Brot • 4 Scheiben Käse • 4 Cocktailtomaten in Scheiben oder 4 EL geraspeltes Gemüse • 1 EL Bärlauchblüten oder -früchte

Den Backofen auf 220 °C Oberhitze vorheizen, ein Backblech mit Backpapier auslegen. Bärlauchwurzeln und Blättchen auf den Brotscheiben verteilen. Käse und Gemüse darauflegen. Die Brote auf der obersten Schiene backen, bis der Käse schmilzt und zart bräunt. Die Brote mit Bärlauchblüten oder -früchten bestreut sofort servieren.

Nachtkerze im Tomatenmantel

2 Handvoll gehackte Nachtkerzenwurzeln • 1 Prise Salz • 4 fleischige Tomaten • 200 g Frischkäse • 2 TL fein gehackte Wegerichblättchen • 2 gehackte Bärlauchwurzeln • 1 Prise gemahlene Brunnenkressesamen • Blüten und Blätter

Die Nachtkerzenwurzeln mit Salz in wenig Wasser weich dünsten. Von jeder Tomate einen Deckel abschneiden. Die Tomaten aushöhlen und mit der Öffnung nach unten abtropfen lassen. Die übrigen Zutaten mit Ausnahme der Blüten und Blätter mit der Nachtkerze mischen und in die Tomaten füllen. Die Tomaten auf ein Bett aus den Blüten und Blättern setzen.

Gratinierte Pilze mit Wildkräuterfülle

Die Pilze sind auch kalt hervorragend – als Vorspeise oder beim Picknick.

100 g Couscous • 8–12 Champignons • 2–3 EL Apfelessig • 2 geraspelte Nachtkerzenwurzeln, ersatzweise 1 Karotte • 3 gehackte Bärlauchwurzeln • je 1 kräftige Prise Quendel, Dost und Salz • 80 g geriebener Käse oder Tofu • 80 g gehackter Schinken oder Tempeh • 4 EL wildes Pesto (S. 205)

Den Couscous mit 200 ml kochendem Wasser übergießen und 15 Minuten zugedeckt quellen lassen. Backofen auf 200 °C Umluft vorheizen, ein Backblech mit Backpapier auslegen. Die Stiele aus den Champignons brechen und grob hacken, die Köpfe mit etwas Essig beträufeln. Die Champignonstiele sowie die Wurzeln von Nachtkerze und Bärlauch mit dem restlichen Essig, Quendel, Dost und Salz mit dem Couscous mischen. Die Hälfte des Couscous mit dem Käse mischen, den Rest mit dem Schinken. Die Champignonköpfe jeweils mit einer der Couscousmassen füllen, auf das Blech legen und im Ofen 15–20 Minuten auf der oberen Schiene goldbraun backen. Sofort mit dem Pesto servieren.

Erdäpfelkäs mit Wildkräutersalat

Als Snack oder leichte Hauptmahlzeit.

500 g gekochte Erdäpfel (Kartoffeln) • 1 kleine, fein gehackte Zwiebel • 2 fein gehackte Bärlauchwurzeln • 250 g Sauerrahm (saure Sahne) • 1 Prise Salz • 1 Prise gemahlene Brennnessel- oder Brunnenkressesamen • 2 Handvoll gemischte Blätter von Giersch, Wiesen-Bärenklau und Knoblauchsrauke • je 1 EL Apfelessig und Öl (vorzugsweise Kürbiskernöl) • aromatische Blüten als Dekor (Quendel, Gundelrebe, Knoblauchsrauke …)

Die Erdäpfel schälen und zerstampfen. Mit der Zwiebel, den Bärlauchwurzeln und dem Sauerrahm mischen. Kräftig mit Salz und Brennnesselsamen würzen. Aus den Blättern ein Kräuterbett legen, mit Essig und Öl beträufeln. Den Erdäpfelkäs auf die Blätter setzen und mit den Blüten bestreuen.

Nachtkerzenproviant mit Nüssen und Dost

Eine gute Energiequelle für unterwegs, die sogar der Schönheit dient.

4 Handvoll unreife Nachtkerzenfrüchte • Salz • 150 g Hirseflocken • 1 Stämmchen blühender Dost • 4 EL Nachtkerzensamen • 1 EL Öl • 50 g Zirbennüsschen oder Haselnüsse

Die Nachtkerzenfrüchte in wenig Salzwasser weich kochen. Mit Hirse, 1 Prise Salz und Dostblättchen in der Küchenmaschine zu einer homogenen Paste verarbeiten. Bei Bedarf etwas vom Kochwasser hinzufügen. Die Masse auf eine mit Backpapier ausgelegte Fläche streichen. Die Nachtkerzensamen im Öl anrösten und auf der Masse verteilen. Leicht andrücken. Die Zirbennüsschen und Dostblüten ebenfalls leicht in die Oberfläche der Masse drücken. Mit einem Teigrad Rechtecke aus der Masse schneiden. Die Riegel an einem warmen luftigen Ort über Nacht trocknen lassen, bei feuchtem Wetter in einem Dehydrator oder Backofen leicht trocknen. Die Riegel lassen sich auch einfrieren.

Aromatische Riegel mit Giersch, Zirbe und Wiesen-Bärenklau

Die Riegel lassen sich mit zahlreichen Kräutern und wilden Trockenfrüchten variieren und auch tiefkühlen.

2 Handvoll junger Giersch • 50 ml Apfelsaft • 100 g Getreideflocken • 50 g gemahlene Zirbennüsschen oder Haselnüsse • ½ TL Wiesen-Bärenklau-Samen

Den Giersch mit Apfelsaft in der Küchenmaschine pürieren, die übrigen Zutaten hinzufügen und wenige Sekunden mixen. Die Masse 2 Stunden ziehen lassen, danach auf Backpapier streichen. Mit einer weiteren Lage Backpapier bedecken und mit einem Brett und einem dicken Buch beschwert über Nacht pressen. Am folgenden Tag in Streifen schneiden. In einem dichten Gefäß mit Papierstreifen getrennt kühl und dunkel lagern.

Wald-Erdbeer-Salat mit Vogel-Sternmiere und Quendelblüten

4 Handvoll milde Vogel-Sternmiere • 1–2 EL Haselnussmus • 2 EL Sanddornsaft • Salz • nach Wunsch 1 fein gehackte Bärlauchwurzel • 3 Handvoll Wald-Erdbeeren • blühender Quendel

Aus der Vogel-Sternmiere ein Salatbett legen. Das Nussmus mit Sanddornsaft, etwas Wasser, Salz und – falls verwendet – Bärlauchwurzel verrühren. Auf die Vogel-Sternmiere träufeln. Mit den Wald-Erdbeeren belegen und dem Quendel bestreuen.

Hopfenwurzelsalat mit Schlehenoliven und Sanddorn

2 Handvoll Hopfenwurzeln • Salz • 2 EL Öl • 2 Handvoll Vogel-Sternmiere • 2 EL Sanddornsaft • 1 EL Ahornsirup oder Honig • 1 Handvoll Schlehenoliven (S. 208; Variante der Kornelkirscholiven) • Vogel-Sternmiere-Blüten

Die Hopfenwurzeln kurz in Salzwasser blanchieren, abtropfen lassen und im Öl anbraten. Die Vogel-Sternmiere auf Tellern anrichten, mit einer Mischung aus Sanddornsaft, Sirup und Salz beträufeln. Die Schlehen sowie die Hopfenwurzeln mitsamt Bratöl auf dem Salat verteilen. Mit den Blüten bestreut sofort servieren.

Brennnesselomelette für »eheliche werck« nach Otto Brunfels

4 Eigelb • 1–2 TL Brennnesselsamen • 1 Prise Salz • frisch gemahlener Pfeffer • Olivenöl

Eigelb mit Brennnesselsamen, Salz und Pfeffer aufschlagen und in Olivenöl braten.

Nachtkerzen in Weinteig

Bereits in der Antike sehr beliebt als Knabberei zum Wein.

4 Handvoll Nachtkerzenwurzeln oder -sprosse • Salz • 150 g Weizenmehl • 2 Eier, getrennt • 180 ml Weißwein • je 1 Prise Rohrzucker und Muskatnuss • Öl zum Ausbacken • Nachtkerzenblüten zum Dekorieren

Die Nachtkerzenwurzeln schälen, in Scheiben schneiden und in wenig Salzwasser bissfest dünsten. Sprosse müssen nur kurz blanchiert werden. Gut abtropfen lassen. Das Mehl mit Eigelb, Wein, 1 Prise Salz, Zucker und Muskat zu einem dickflüssigen Teig rühren. Eiweiß mit 1 Prise Salz zu festem Schnee schlagen und unter die Weinmasse ziehen. Den Teig im Kühlschrank 30 Minuten rasten lassen. Die Nachtkerzen in den Teig tauchen und im Öl bei 170 °C goldgelb backen. Mit Küchenpapier abtupfen und sofort mit Nachtkerzenblüten dekoriert zum Knabbern oder mit Blattsalaten servieren.

Haselnusswürfel mit Quendel

Der aromatische Pausensnack wird mit Bärenklauchutney (S. 206) oder Kornelkirschrelish (S. 209) zur attraktiven Vorspeise.

150 g Quinoa • 1 Prise Salz • 100 g geriebene Haselnüsse, nach Wunsch geröstet • 3 EL Honig • 1 Prise gemahlene Nelkenwurz oder Zimt • ½ TL Quendel

Quinoa in 450 ml Wasser mit Salz zugedeckt bei milder Hitze 20 Minuten kochen. Nüsse, Honig, Nelkenwurz und Quendel einrühren. Die Masse noch heiß in kleine Förmchen füllen oder fingerdick auf ein mit Backpapier belegtes Blech streichen. Nach dem Abkühlen aus den Förmchen stürzen bzw. die Masse in Würfel schneiden.

Wilde Wurzeln mit Sanddornsenf

200 g geraspelte Wurzeln von Nachtkerze, Pastinak oder Klette • 250 ml guter Gemüsefond • 125 g Getreideflocken • 1 EL Butter oder Öl • je 1 Prise Dost und Quendel • 1 Prise gemahlene Brennnesselsamen • 2 EL Sanddornsenf (S. 211)

Die Wurzeln im Fond mit Flocken, Butter und Gewürzen unter stetem Rühren so lange kochen, bis sich die Masse vom Topfrand zu lösen beginnt. Die abgekühlte Masse zu kleinen Wurzeln formen und mit Senf servieren.

Mit 3 Eiern vermischt und mit Butterflöckchen besetzt lässt sich die Masse auch backen, am besten in kleinen Förmchen bei 200 °C Ober-/Unterhitze etwa 15 Minuten lang. Sie schmecken warm oder kalt mit Saucen, Salat, Gemüse, auch zu einem Stück Fisch oder Fleisch.

Pikante Zirbentaler

Die Taler machen sich sehr gut auf Blattsalat mit Wildfruchtessig oder mit Kornelkirschrelish (S. 209) und Bärenklauchutney (S. 206).

80 g gemahlene Zirbennüsschen oder Haselnüsse • 100 g Topfen (Quark) • 1 Zwiebel • 4 Bärlauchwurzeln • je 1 Prise Quendel, Dost, Salz und gemahlene Brennnesselsamen • bei Bedarf etwas Milch

Alle Zutaten in der Küchenmaschine mixen. Aus der Masse mundgerechte Scheiben formen.

Die Taler halten sich im Kühlschrank 2–3 Tage.

Gänseblümchen-Keimsprossen-Salat mit Vogel-Sternmiere und Haselnussdressing

Sprossen sind besonders im Winter eine wichtige Vitalstoffquelle.

2 Handvoll Gänseblümchen-Keimsprossen (S. 150) • 3 Handvoll Vogel-Sternmiere • 2 EL feinst gemahlene Haselnüsse • 6 EL Sanddornsaft • 1 Prise Salz • ½ TL gemahlene Hirtentäschelsamen

Die Gänseblümchen-Keimsprossen auf der Vogel-Sternmiere anrichten. Das Haselnusspüree mit Sanddornsaft, Salz und Hirtentäschelsamen verrühren und über die Sprossen träufeln.

Winterfrüchte mit Sanddorn und Zirbe

80 g Trockenmarillen (getrocknete Aprikosen) • 2 EL Sanddornmus (S. 210) • 150 g entsteinte Dörrzwetschken (Backpflaumen) • 2 EL Zirbennüsschen, nach Wunsch geröstet

Die Marillen mit dem Sanddornmus pürieren, in die Zwetschken füllen und mit den Zirbennüsschen bestreuen.

SUPPEN

Hopfensprossensuppe

Für diese Suppe eignen sich auch junge Triebe und Blätter von Brennnessel, Giersch, Guter Heinrich, Klette, Knoblauchsrauke, Labkraut, Melde, Pastinak, Sauerampfer, Vogel-Sternmiere, Wiesen-Bärenklau und Wiesen-Bocksbart.

4 Handvoll Hopfensprossen • Salz • 2 EL Butter • 2 EL feine Haferflocken • 1 TL Paprikapulver • 700 ml Gemüsefond • 50 ml Kaffeeobers (Kaffeesahne) • 1 Prise gemahlene Brennnesselsamen

Die Hopfensprossen 3 Minuten in Salzwasser kochen, danach abtropfen lassen. Die Butter schmelzen und die Haferflocken darin 3 Minuten unter häufigem Rühren zart anbraten. Das Paprikapulver einrühren, mit dem kalten Fond aufgießen und aufkochen. Die Hopfensprossen einige Minuten mitkochen. Den Topf vom Herd nehmen, das Kaffeeobers einrühren, mit 1 Prise Salz und Brennnesselsamen abschmecken.

Gierschsuppe

Hier sind der Fantasie keine Grenzen gesetzt: Die Suppe schmeckt auch großartig mit den Blättern von Brennnessel, Brunnenkresse, Klette, Knoblauchsrauke, Labkraut, Pastinak, Vogel-Sternmiere und Wiesen-Bärenklau.

2 Handvoll Giersch • 1 Handvoll Bärlauchblätter • je 1 Prise Salz und gemahlene Brennnesselsamen • nach Belieben Kaffeeobers (Kaffeesahne) oder Sauerrahm (saure Sahne) • Blüten von Gänseblümchen, Taubnessel und Gundelrebe

Die Wildkräuter in 800 ml Wasser nicht zu weich kochen, pürieren, mit den Gewürzen abschmecken. Nach Wunsch mit Kaffeeobers oder Rahm verrühren und mit den Blüten bestreuen.

Wiesen-Bocksbart-Suppe mit hausgemachten Wildkräuternudeln

Für diese Suppe sind auch die Wurzeln von Disteln oder Knoblauchsrauken hervorragend geeignet, im Herbst und Winter Wurzeln u. a. von Nachtkerze, Sauerampfer, Wiesen-Bärenklau, wilder Karotte und allen gängigen Gräsern.

6 gehackte Wiesen-Bocksbart-Wurzeln • 2 gehackte Pastinakenwurzeln • 3 gehackte Bärlauchwurzeln • 1 EL Butter oder Öl • 1 Lorbeerblatt • 4 Pfefferkörner • 1 Prise Salz • 2 Handvoll hausgemachte Wildkräuternudeln (S. 206) • Gundelrebe, Bärlauchblüten und Gänseblümchen zum Bestreuen

Die Wurzeln in der Butter kurz anrösten. 800 ml Wasser angießen. Mit Lorbeer, Pfeffer und Salz 25 Minuten kochen. Die Nudeln einlegen und nicht zu weich kochen. Mit Kräutern und Blüten servieren.

Knoblauchsrauken-Kaltschale

Bei Hitze mag niemand lange in der Küche stehen. Die Kaltschale ist eine ideale leichte Mahlzeit für brütende Sommertage.

2 Handvoll Knoblauchsraukenblätter • 500 g griechisches Joghurt • je 1 Prise Salz und gemahlene Brunnenkressesamen • Knoblauchsraukenblüten

Die Blätter pürieren, mit Joghurt verrühren, mit den Gewürzen abschmecken. Gut gekühlt mit den Blüten bestreut servieren.

Portulaksuppe mit Pastinak und Bärlauch

Die zart säuerliche Suppe ist besonders erfrischend. Sie kann auch kalt serviert werden.

1 gehackte Zwiebel • 1 EL Öl • 2 gehackte Pastinakenwurzeln • 4 gehackte Bärlauchwurzeln (nach Wunsch) • 2 Handvoll Portulak • je 1 Prise Salz und gemahlene Brennnesselsamen oder Pfeffer

Die Zwiebel im Öl kräftig anbraten, Pastinakenwurzeln und nach Wunsch Bärlauchwurzeln kurz mitrösten. Den Portulak in Stücke teilen und hinzufügen. Knapp mit Wasser aufgießen und 15 Minuten bei sanfter Hitze ziehen lassen. Mit Salz und Brennnesselsamen abschmecken. Wer mag, püriert die Suppe.

Wiesen-Bocksbart-Suppe mit hausgemachten Wildkräuternudeln

Brennnesselsuppe mit Bärlauchblüten

2 Handvoll Brennnesselspitzen • 1 gehackte Zwiebel • 100 ml Milch • je 1 Prise Salz, gemahlene Muskatnuss und Brennnesselsamen • 4 Bärlauchblüten

Die Brennnesseln mit der Zwiebel, Milch, Gewürzen und etwas Wasser 15 Minuten bei milder Hitze ziehen lassen. Mit den Bärlauchblüten servieren.

Kastaniensuppe mit Hagebutten

Diese mollige Suppe ist richtiges Seelenfutter an trüben kalten Tagen.

500 g gekochte Edelkastanien • 1 fein gehackte Zwiebel • 1 l Gemüsefond • 150 ml Schlag- oder Kaffeeobers (Schlag- oder Kaffeesahne) • je 1 Prise gemahlene Nelkenwurz oder Gewürznelken sowie gemahlene Kalmuswurzel oder Zimt • 4 EL Hagebuttenmus

Kastanien und Zwiebel im Fond 20 Minuten bei milder Hitze kochen, anschließend pürieren. Schlagobers einrühren und die Suppe mit den Gewürzen abschmecken. Auf jede Portion einen Löffel Hagebuttenmus setzen.

Schlehensuppe

4 Handvoll entkernte Schlehen • 1 große gehackte Zwiebel • 1 TL Waldhonig • je 1 Prise Salz, gemahlene Brennnesselsamen und gemahlene Nelkenwurz oder Zimt

Alle Zutaten mit ein wenig Wasser bei milder Hitze 20 Minuten kochen. Nach Wunsch pürieren.

Haselnusssuppe mit Sanddorn und Berberitzen

Besonders im Winter tut ein Vitaminschub richtig gut.

300 g altbackenes Brot ohne Rinde • 200 g gemahlene Haselnüsse • 3 fein gehackte Bärlauchwurzeln • 1 EL Öl • 2 EL Sanddornmus (S. 210) • je 1 Prise Salz, geriebene Brennnesselsamen und gemahlene Nelkenwurz oder Zimt • 1 EL Berberitzen

Das grob zerkrümelte Brot 10 Minuten in 500 ml Wasser einweichen. Nüsse, Bärlauchwurzeln, Öl, Sanddornmus und Gewürze hinzufügen und kräftig verrühren oder kurz mixen. Mit Berberitzen bestreut servieren.

Die Suppe schmeckt kalt oder warm. Beim Erwärmen aufpassen, dass die Suppe nicht zu rasch erhitzt, damit sie nicht ausflockt.

Hagebuttensuppe mit Vogelbeerchutney

Diese Suppe ist in Grippezeiten ein ideales Vorbeugungsmittel.

3 Handvoll reife Hagebutten • 1 Prise Salz • 1 TL Honig • 1 Prise gemahlene Nelkenwurz oder Gewürznelken • 1 Prise gemahlene Kalmuswurzel oder Zimt • 2 EL Sanddornmus (S. 210) • 4 TL Vogelbeerchutney (S. 212)

Hagebutten von Blütenansätzen und Stielen befreien. In 1 l Wasser 25 Minuten kochen. Das Kochwasser aufbewahren, die Hagebutten durch ein sehr feines Sieb streichen. Die Suppe mit Salz, Honig, Nelkenwurz, Kalmus sowie Sanddornmus abschmecken und mit einem Löffel Vogelbeerchutney servieren.

Schlehensuppe

FÜR DEN GROSSEN HUNGER

Schnelle Gerichte, die sich in vielen Varianten nach eigenen Vorlieben gestalten lassen.

Giersch-Soufflé

Das Soufflé schmeckt auch mit anderen Wildkräutern hervorragend: Bärlauch, Brennnessel, Franzosenkraut, Guter Heinrich, Klette, Knoblauchsrauke, Labkraut, Sauerampfer, Vogel-Sternmiere und Wiesen-Bärenklau. Dazu passt das Kornelkirschrelish (S. 209) als aromatischer Farbtupfer besonders gut.

80 g weiche Butter, plus etwas mehr für die Förmchen • 2 EL Semmelbrösel (Paniermehl) • 8 Handvoll Giersch • Salz • 4 Eier, getrennt • je 1 kräftige Prise frisch gemahlene Muskatnuss und Pfeffer • 120 g geriebener Käse • 50 ml Schlagobers (Schlagsahne) • 3 EL Crème fraîche • 2 EL Stärke • Gierschblüten zum Dekorieren

Eine feuerfeste Form mit Butter auspinseln und mit den Bröseln ausstreuen. Den Backofen auf 180 °C Ober-/Unterhitze vorheizen. Den Giersch kurz in Salzwasser blanchieren. Abschrecken, gut ausdrücken und grob hacken. Die Butter mit Eigelb, ½ TL Salz, Muskat und Pfeffer schaumig rühren. Giersch, Käse, Obers, Crème fraîche und Stärke einrühren. Eiweiß zu steifem Schnee schlagen und unter die Gierschmasse heben. In die Form füllen und 30–40 Minuten goldbraun backen. Sofort mit den Blüten dekorieren und mit Salat und Saucen servieren.

Knoblauchsraukenterrine

Die Terrine lässt sich mit den unterschiedlichsten Blättern zubereiten. Dazu passen Bärenklauchutney (S. 206) und Kornelkirschrelish (S. 209).

5 Scheiben Brot • 250 ml Milch oder Wasser • 2 EL Butter oder Öl • 4 große Handvoll Knoblauchsraukenblätter • 2 gehackte Zwiebeln • 4 Handvoll geraspelte Wurzeln von Distel, Knoblauchsrauke oder Wiesen-Bocksbart • je 1 Prise Dost, Quendel und Giersch, Salz und gemahlene Brunnenkressesamen • 5 Eier

Das Brot zerpflücken und in Milch oder Wasser einweichen. Eine Backform und ein Stück Alufolie einfetten. Den Backofen auf 180 °C Umluft vorheizen. Ein tiefes Backblech oder eine große Bratform auf der mittleren Schiene in den Ofen stellen und 2,5 cm hoch mit Wasser befüllen. Knoblauchsrauke, Zwiebeln, Wurzeln, Brot und Gewürze mit den Eiern in der Küchenmaschine nicht zu fein pürieren. Die Masse in die Backform füllen, mit der gefetteten Alufolie bedecken und in das heiße Wasser im Backofen stellen. 50 Minuten garen, die Alufolie entfernen und die Terrine weitere 20 Minuten backen. Sofort servieren oder die abgekühlte Terrine mindestens 2 Stunden in den Kühlschrank stellen.

Pikante Gierschtorte mit Bärlauch, Vogel-Sternmiere und Scharbockskraut

Diese sehr aromatische Torte für 8–12 Personen gelingt auch mit jungen Trieben und Blättern von Brennnessel, Brunnenkresse, Knoblauchsrauke, Löwenzahn, Pastinak, Portulak, Sauerampfer, Wegerich, Wiesen-Bärenklau und Wiesen-Bocksbart. Als würziger Dekor bieten sich Dost, Gundelrebe, Quendel und Schafgarbe an.

200 ml Milch • 60 g Butter • Salz • 1 Prise gemahlene Muskatnuss • 80 g Mehl • 2 Eier • 1 kg Frischkäse • 2 Handvoll fein gehackte Gierschblätter • 1 Handvoll fein gehackte Bärlauchblätter • 1 TL Samen von Acker-Senf, Knoblauchsrauke oder Hirtentäschel • je 1 Handvoll Vogel-Sternmiere und junge Scharbockskrautblätter • Bärlauchblüten

Den Backofen auf 220 °C Ober-/Unterhitze vorheizen. Die Böden von 3 Tortenformen (24 cm Ø) mit Backpapier auslegen. Milch, Butter, 1 Prise Salz und Muskatnuss aufkochen. Das Mehl unter Rühren einrieseln lassen. Die Masse unter ständigem Rühren auf kleiner Flamme rösten, bis sie sich vom Topfrand löst. Vom Feuer nehmen, die Eier einzeln kräftig einarbeiten. Die Masse gleichmäßig auf die Böden der Formen verteilen und jeweils 15 Minuten backen. Auskühlen lassen, danach vorsichtig aus den Formen lösen.

Den Frischkäse mit Salz, Giersch- und Bärlauchblättern sowie den Samen verrühren. Die Tortenböden mit der Masse bestreichen, dabei jeweils ein wenig Vogel-Sternmiere und Scharbockskraut auf den Frischkäse streuen. Die Böden aufeinanderstapeln. Die oberste Frischkäseschicht mit Vogel-Sternmiere und Scharbockskraut dekorativ belegen und mit den Bärlauchblüten dekorieren.

Birkenblatt-Gemüse mit Gundelrebenpolenta

Für dieses Gericht eignen sich auch junge Blätter von Linde und Ahorn.

350 ml Milch • 1 gehackte Bärlauchwurzel • Salz • 1 Prise frisch geriebene Kalmuswurzel oder Muskatnuss • 100 g Maisgrieß • 8 junge Stämmchen Gundelrebe • 3 Handvoll Birkenblätter • 1 fein gehackte Zwiebel • 1 EL Butter oder Öl • 1 Prise gemahlene Brunnenkressesamen • 2 EL Sauerrahm (saure Sahne) oder Kaffeeobers (Kaffeesahne)

Die Milch mit Bärlauchwurzel, 1 Prise Salz und Kalmus aufkochen. Den Maisgrieß in dünnem Strahl unter stetigem Rühren mit einem Schneebesen in die Milch einstreuen. Auf kleiner Flamme unter häufigem Rühren 20 Minuten quellen lassen. Die Hälfte der Gundelrebe fein hacken und in die fertige Polenta rühren.

In der Zwischenzeit die Birkenblätter 30 Sekunden in kochendes Salzwasser tauchen, danach gut abtropfen lassen, größere Blätter zerkleinern. Die Zwiebel in der Butter glasig dünsten. Die Birkenblätter kurz mitschwenken. Die Blätter mit Salz und Brunnenkresse abschmecken und etwas Rahm zum Binden hinzufügen. Mit der restlichen Gundelrebe bestreut sofort servieren.

Hopfensprossen mit wildem Kürbiskernpesto

Das feine Aroma der Hopfensprossen kommt in dieser Version besonders gut zur Geltung.

8 kleine Kartoffeln oder Topinamburen • 4 Handvoll Hopfensprossen • je 1 Prise Salz und gemahlene Brennnesselsamen • 3 EL Milch • 4 EL wildes Pesto (S. 205)

Die Kartoffeln weich kochen (junge können in der Schale bleiben, ältere schälen). Die Hopfensprossen 3 Minuten in einer Mischung aus Salzwasser, Brennnesselsamen und der Milch kochen, gut abtropfen lassen, mit den Kartoffeln und dem Pesto sofort servieren.

Hopfensprossen mit wildem Kürbiskernpesto

Gorebelküchlein

Eine Kultspeise aus archaischen Zeiten.

1 Handvoll junge Gundelrebenblätter • 8 Eier • 1 Prise Salz • 1 kräftige Prise Acker-Senf-Samen • 2 geraspelte Pastinakenwurzeln • Öl zum Braten • Gundelrebenblüten

Die Gundelrebenblätter sorgfältig von den Stielen befreien. Die Eier mit Salz und Acker-Senf-Samen kräftig aufschlagen. Die Pastinakenwurzeln und Gundelrebenblätter einrühren. Das Öl in einer großen schweren Pfanne erhitzen. Nach Belieben ein großes oder mehrere kleine Küchlein beidseits goldbraun ausbacken. Mit den Blüten und einem Wildkräutersalat mit Honig-Buttermilch-Dressing (S. 156) servieren.

Distelböden mit Sanddornsenf-Sauce

Die Distelböden schmecken warm oder kalt und eignen sich gut für Buffets.

16 Distelblüten • 2 EL Sanddornsenf (S. 211) • 1 Eigelb • Saft und Schale von 1 Bio-Zitrone • Salz • frisch gemahlene Brennnesselsamen • 1 TL Honig • 2 EL Olivenöl • 4 Scheiben Toscanabrot • Distelblüten zum Dekorieren

Die Distelblüten von der stacheligen Hülle und den Blütenblättern befreien. Die Böden je nach Größe der Blüten 8–12 Minuten auf einem Gemüsesieb dämpfen. Sie sollen beim Anstechen mit einem scharfen Messer noch etwas Widerstand bieten. Senf, Eigelb, Zitronensaft, Gewürze und Honig mischen, nach und nach das Öl kräftig zu einer dicklichen Sauce einrühren. Die Distelböden auf Tellern anrichten und mit der Sauce überziehen. Die Brotscheiben in Dreiecke schneiden, toasten und zu den Distelböden legen. Mit Zitronenschale und Distelblütenblättern bestreut sofort servieren.

Guter-Heinrich-Braten

An heißen Tagen ist der erkaltete Braten ein feiner Proviant für den Badeausflug. Sehr gut eignen sich für dieses Rezept auch die Blätter von Giersch, Klette, Knoblauchsrauke, Melde, Pastinak und Wiesen-Bärenklau. Dazu passen Salate sowie Bärenklauchutney (S. 206), Kornelkirschrelish (S. 209) und Sanddornsenf (S. 211).

4 Scheiben altbackenes Brot • 50 ml Milch oder Wasser • 2 EL Öl • 1 gehackte Zwiebel • 3 gehackte Bärlauchwurzeln • 3 große Handvoll gehackte Guter-Heinrich-Blätter • 750 g Rindsfaschiertes (Rinderhack), Tofu oder Käse • 2 Eier nach Belieben • je 1 Prise Salz und gemahlene Pastinakensamen, Dost und Quendel

Das zerpflückte Brot in Milch oder Wasser einweichen. Den Backofen auf 170 °C Umluft vorheizen. Eine Kastenform mit 1 EL Öl auspinseln. Zwiebel und Bärlauchwurzeln im restlichen Öl goldgelb braten, mit den übrigen Zutaten gut mischen, in die Form füllen und etwa 75 Minuten backen. Sollte die Oberfläche zu rasch bräunen, mit geölter Alufolie bedecken. Die Folie 10 Minuten vor Ende der Backzeit entfernen.

Distelböden mit Sanddornsenf-Sauce

Klettenblätter mit Linsenfülle und Haselnussdip

Zum Füllen eignen sich auch die Blätter von Bärlauch oder Wiesen-Bärenklau.

300 g getrocknete Linsen • 3 EL Haselnussmus • 1 TL gehackte Gundelrebenblätter • 1 TL Apfelessig • Salz • 4 große Pilzköpfe • 8 kleine Klettenblätter • 1 fein gehackte Zwiebel • 3 gehackte Bärlauchwurzeln • 1 EL Öl • 1 Prise gemahlene Brennnesselsamen • 1 Handvoll Taubnesseln mit Blüten

Die Linsen je nach Sorte 30–40 Minuten weich kochen. Für den Dip das Nussmus mit Gundelrebe, Essig und 2 EL heißem Wasser glatt rühren, mit Salz abschmecken und in die Pilzköpfe füllen. Die Klettenblätter 30 Sekunden in kochendem Salzwasser blanchieren, gut abtropfen lassen und flach auf ein Brett legen. Die Zwiebel und Bärlauchwurzeln im Öl glasig dünsten, mit Linsen, Salz und Brennnesselsamen mischen. Die Blätter mit den Linsen füllen, einrollen und sofort mit den Pilzköpfen und Taubnesseln servieren.

Wiesen-Bocksbart-Sprosse mit Wildkräuternudeln

Wer mag, erweitert mit Streifen von gebratenem Gemüse, Fisch oder Fleisch.

4 Handvoll Sprosse vom Wiesen-Bocksbart • 3 gehackte Bärlauchwurzeln • 2 EL Butter • 1 Rezeptmenge Wildkräuternudeln (S. 206) • Salz • 1 Prise gemahlene Brennnesselsamen • 150 g Sauerrahm (saure Sahne) nach Wunsch • Wiesen-Bocksbart-Blüten

Die Sprosse mit den Bärlauchwurzeln in der Butter weich dünsten. Die Nudeln in kochendem Salzwasser bissfest garen, abgießen und gut abtropfen lassen. Die Sprosse nur mit Salz und Brennnesselsamen abschmecken oder kurz vor dem Servieren zusätzlich den Sauerrahm einrühren. Sprosse und Nudeln auf Tellern anrichten und mit den Blüten bestreut sofort servieren.

Wildkräuterforelle mit Pilzen im wilden Wurzelbett

Ein ideales Rezept für Gäste. Die Vorspeise kann in Ruhe genossen werden, während die Wurzeln backen; die Garzeit der im Voraus gefüllten Fische bietet Gelegenheit, Getränke nachzuschenken.

2 EL Butter oder Öl, plus mehr für das Blech • 4 Handvoll Wurzeln von Guter Heinrich, Klette, Königskerze oder Pastinak in Scheiben • 200 g Pilze in Scheiben • 4 gehackte Bärlauchwurzeln • 1 Handvoll Sauerampfer • je 1 TL getrockneter Quendel und Dost • Salz • gemahlene Brunnenkressesamen • 4 küchenfertige Forellen

Den Backofen auf 190 °C Ober-/Unterhitze vorheizen. Ein tiefes Backblech großzügig mit Butter bepinseln. Die Wurzelscheiben darauf verteilen und 20 Minuten backen. Die Pilze mit 1 Bärlauchwurzel kurz in 1 EL Butter scharf anbraten und mit dem Sauerampfer und den Kräutern sowie je 1 Prise Salz und Brunnenkressesamen in die Forellen füllen. Die Fische auf die vorgebackenen Wurzeln legen und weitere 12–15 Minuten garen. In der Zwischenzeit die übrigen Bärlauchwurzeln in der restlichen Butter knusprig braten, mit etwas Salz und Brunnenkressesamen mischen und kurz vor dem Servieren über die Forellen streuen.

Heidelbeeren mit Eierschwammerln und Heurigen ☀

800 g Heurige (junge Kartoffeln) • 2 gehackte Zwiebeln • 2 EL Öl • 500 g Eierschwammerl (Pfifferlinge) • 300 g Heidelbeeren • je 1 Prise Salz, frisch gemahlene Hirtentäschelsamen und Muskatnuss • 2 Stämmchen Dost

Die Kartoffeln weich kochen und schälen. Die Zwiebeln im Öl goldgelb rösten. Die Pilze grob zerkleinern und mitrösten. Die Kartoffeln kurz mitbraten. Die Beeren einrühren. Mit den Gewürzen und Kräutern abschmecken und sofort servieren.

Dazu passt besonders gut ein Salat aus Vogel-Sternmiere mit einem dezenten Dressing aus Sanddornsaft und Haselnussöl.

Dost-Spieße mit scharfem Wald-Himbeer-Relish ☀ 🍂

Auch als Fingerfood der absolute Blickfang. Die Spieße schmecken warm und kalt.

12 verholzte Dost-Stiele • 600 g Kaninchenkeule, Hühnerbrust oder Tofu in Würfeln • 24 sehr kleine Pilze • 1 kleine Stange Lauch in Scheiben • 4 EL Olivenöl • 2 EL Sanddornsaft • je 1 TL Quendel und Acker-Senf-Samen • ½ TL Salz • Öl zum Braten • 4 EL scharfes Wald-Himbeer-Relish (S. 209)

Die Dost-Stiele von Blattansätzen befreien. Abwechselnd Fleisch, Pilze und Lauch aufstecken. Olivenöl, Sanddornsaft, Quendel, Acker-Senf-Samen und Salz verrühren. Die Spieße darin einige Stunden gekühlt marinieren. Aus der Marinade heben, trocken tupfen und im heißen Öl allseits rasch goldgelb braten. Mit dem Wald-Himbeer-Relish und Blattsalat servieren.

Quendelblinis mit Wiesen-Bärenklau-Sauce 🍂

Die sehr aromatische Sauce gelingt auch mit Blättern von Bärlauch, Brennnessel, Giersch, Guter Heinrich, Knoblauchsrauke, Melde, Pastinak und Vogel-Sternmiere.

Für die Blinis: 150 g Buchweizenmehl • Salz • 1 Prise gemahlene Kalmuswurzel oder Muskatnuss • 1 TL Quendelblätter • 2 g Hefe • 1 Prise Zucker • 250 ml lauwarme Milch • 2 Eier, getrennt • Öl oder Butter zum Braten

Für die Sauce: 400 g Wiesen-Bärenklau-Blätter • 3 gehackte Bärlauchwurzeln • 2 EL Butter oder Öl • 3 EL Crème fraîche • je 1 Prise Salz, Dost, Gundelrebe und Schafgarbe

Das Buchweizenmehl mit 1 Prise Salz, Kalmuswurzel und Quendel mischen. Die Hefe mit dem Zucker in der Milch auf-

lösen, Eigelb einrühren und mit der Mehlmischung sorgfältig verrühren. Den Teig an einem warmen Ort bedeckt 45 Minuten gehen lassen.
Das Eiweiß mit 1 Prise Salz steif schlagen und sanft in den Teig rühren. Das Öl in einer großen Pfanne erhitzen. Jeweils 1 EL Teig in die Pfanne setzen, leicht verstreichen und beidseits bei mittlerer Hitze goldgelb braten. Danach im Ofen bei 90 °C warm halten, während die nächste Partie gebraten wird.
Für die Sauce den Wiesen-Bärenklau mit den Bärlauchwurzeln in der Butter weich dünsten. Bei Bedarf einige Tropfen Wasser hinzufügen. Pürieren, mit Crème fraîche verrühren, mit Salz und Kräutern abschmecken. Blinis und Sauce gemeinsam servieren.
Wer zu faul ist, die Blinis in der Pfanne zu braten, setzt Teighäufchen auf ein mit Backpapier belegtes Blech, streicht sie glatt und bäckt sie im vorgeheizten Ofen bei 180 °C Umluft in 20–25 Minuten goldgelb.

Klette im Hirsering

Auch die Blütenböden und das Mark von Disteln eignen sich bestens für dieses Rezept.

12 dicke Stiele oder dünne Wurzeln der Klette • 250 ml Gemüsefond • 150 g Hirse • Salz • 50 g Butter • 80 g Lauch in feinen Streifen • 1 EL Öl • 125 ml Kaffeeobers (Kaffeesahne) • frisch geriebene Kalmuswurzel oder Muskatnuss • 2 gehackte Bärlauchwurzeln • 2 TL fein gehackte Pastinakenblätter • 1 EL getrockneter Giersch, Quendel, Dost, Gundelrebe oder andere würzige Kräuter, plus mehr zum Bestreuen

Das Mark aus den Klettenstielen schälen oder die Wurzeln gut abbürsten. 15–20 Minuten bei milder Hitze im Gemüsefond garen. Die Hirse gut waschen und in 250 ml gesalzenem Wasser mit der Butter 10 Minuten ankochen. Den Topf vom Herd nehmen, in ein Tuch wickeln und die Hirse 15–20 Minuten quellen lassen. Den Lauch in ½ EL Öl anbraten, danach mit dem Obers zur Klette hinzufügen und die Flüssigkeit etwas einkochen lassen. Mit Salz und Kalmus abschmecken.
Die Bärlauchwurzeln im restlichen Öl knusprig braten und mit Salz, Kalmus, Pastinakenblättern sowie den Würzkräutern in die Hirse rühren. Die Hirse ringförmig anrichten, die Klette mit Sauce in die Mitte schöpfen und sofort mit Kräutern bestreut servieren.

Pastinaken-Kürbis-Kugel

Die Aschkenasim servieren dieses Gericht am Pessachfest oder als Beilage zu Geflügel.

1 fein gehackte Zwiebel • 3 EL Butter • 4 Handvoll Pastinakenwurzeln • 400 g Muskatkürbis • 1 Karotte • 1 Apfel • 30 g Vollrohrzucker • 3 EL Honig • 2 Eier • 40 g Matzenmehl, ersatzweise 25 g Semmelbrösel (Paniermehl) • je 1 Prise Zimt und frisch geriebene Muskatnuss • 1 kräftige Prise Salz • 1 TL Acker-Senf-Samen • 2 EL Öl

Die Zwiebel in der Butter glasig dünsten. Pastinakenwurzeln, Kürbis, Karotte und Apfel schälen und fein reiben. Das Gemüse zur Zwiebel geben und etwa 5 Minuten rösten. Das etwas abgekühlte Gemüse mit Zucker, Honig, 3 EL Wasser, Eiern und Matzenmehl mischen. Mit Zimt, Muskat, Salz und Acker-Senf-Samen kräftig abschmecken. Den Backofen auf 190 °C Ober-/Unterhitze vorheizen. Das Öl in einer Auflaufform erhitzen und die Gemüsemasse einfüllen. Bedeckt 30 Minuten backen. Die Abdeckung entfernen und 15 Minuten weiterbacken.

Kastanien nach jüdischer Art

Dieses einfache, aber süchtig machende Rezept stammt aus dem großartigen *Buch der jüdischen Küche* von Claudia Roden. Für Eilige: Das Gericht gelingt auch bestens mit vorgekochten oder gebratenen Kastanien. Damit entfällt nicht nur das Schälen, sondern auch das Dünsten. Mit Kartoffelpüree und Endiviensalat ergeben sie das ideale Essen für nasskalte Tage.

400 g Edelkastanien • 1 große Zwiebel in Scheiben • 3 EL Öl • Salz • Pfeffer

Die bauchige Seite der Kastanien mit einem scharfen Messer einschneiden und unter einmaligem Wenden einige Minuten unter den Grill oder in den auf höchste Stufe vorgeheizten Backofen legen, bis die Schalen aufzuplatzen beginnen. (Die Kastanien nur so lange garen, bis sie sich schälen lassen, jedoch nicht braun werden.) Noch heiß schälen. Die Zwiebel im Öl goldgelb braten. Die Kastanien hinzufügen, salzen und pfeffern. Knapp mit Wasser bedeckt 30 Minuten dünsten. Die Sauce sollte stark eingekocht sein.

Ich serviere die Kastanien gern mit Stämmchen von Petersilie, Pastinak oder Sellerie, die ich einige Sekunden in sehr heißem Öl knusprig brate.

Wilde Wurzeln aus dem Ofen mit Zirben-Sardellen-Salsa

Die sehr pikante Salsa bietet einen reizvollen Kontrast zu den milden, zart süßen Wurzeln. Das Gericht eignet sich – in halber Menge zubereitet – auch als Beilage.

Je 3 Handvoll Wurzeln von Nachtkerze, Klette und Pastinak • 1 Handvoll Wiesen-Bärenklau-Wurzeln • 1 große rote Zwiebel in dicken Ringen • 3 EL Olivenöl • je 1 Prise Salz und Hirtentäschelsamen • 1 Prise gemahlene Pastinakensamen

Für die Salsa: 4–6 gehackte Bärlauchwurzeln • 1 EL Olivenöl • 40 g gehackte Sardellenfilets • 4 EL gehackte geröstete Zirbennüsschen

Den Backofen auf 200 °C Ober-/Unterhitze vorheizen. Die unzerkleinerten Wurzeln mit den Zwiebelringen auf einem Backblech mit dem Öl mischen. Mit Salz und Hirtentäschelsamen bestreut 25–30 Minuten goldgelb backen. Für die Salsa die Bärlauchwurzeln im Öl anbraten. Die Sardellenfilets kurz mitbraten. Die Zirbennüsschen einrühren. Die Wurzeln mit den Pastinakensamen bestreuen und mit der Salsa servieren.

Schlehenrisotto mit Zirbe und Berberitzen

Zum Trost an trüben Wintertagen ist das farbenfrohe Risotto bestens geeignet. Anstelle von Reis schmecken auch Dinkel, Hafer oder Hirse.

400 g Mittelkornreis (idealerweise Arborio oder Carnaroli) • 2 EL Butter • Salz • 1 TL Zirben- oder Kiefernnadeln • 10 Krokusfäden oder 1 TL gemahlene Gelbwurz • 600 g Hühnerfilet oder Seitan • 2 EL Olivenöl • 2 gehackte Bärlauchwurzeln • 4 EL entsteinte Schlehen • ½ TL brauner Rohrohrzucker • gemahlene Brunnenkressesamen • 2 TL Berberitzen

Den Reis in der Butter glasig dünsten, mit der doppelten Wassermenge aufgießen, Salz und Zirbennadeln hinzufügen. Etwa 15 Minuten kochen, danach ausquellen lassen. In der Zwischenzeit die Krokusfäden mit 1 TL kochendem Wasser übergießen und 15 Minuten ziehen lassen. Die Hühnerfilets in mundgerechte Stücke schneiden und im Olivenöl knusprig braten. Die Bärlauchwurzeln kurz mitbraten. Den Reis mit Krokusfäden, Huhn und Schlehen verrühren. Mit Rohrzucker, Salz und Brunnenkressesamen abschmecken. Mit den Berberitzen bestreut servieren.

Berglinsengupfe mit Nachtkerze, Klette und Pastinak

Da ein Gupf eigentlich ein abgerundeter Berggipfel ist, verwende ich gern Berglinsen für dieses Rezept. Wer es bunter mag, nimmt rote Linsen. Die Gupfe schmecken auch kalt und lassen sich gut einfrieren. Dazu passen Bärenklauchutney (S. 206), Kornelkirschrelish (S. 209) oder Vogelbeerchutney (S. 212).

300 g Berglinsen • 2 fein gehackte rote Zwiebeln oder 1 Stange Lauch • 1 EL Öl oder Butter, plus mehr für die Förmchen • je 1 kleine geraspelte Wurzel von Nachtkerze, Klette und Pastinak • je 1 Prise Salz, Pfeffer und frisch geriebene Muskatnuss • je 1 Prise getrockneter Quendel und Dost • 3 Eier • nach Belieben 150 g geriebener Käse oder Tofu • 25 g gehackte Haselnüsse

Die Linsen einige Stunden in kaltem Wasser einweichen, danach knapp mit Wasser bedeckt etwa 15 Minuten weich kochen; ausdampfen lassen, sofern noch Flüssigkeit vorhanden ist. Die Zwiebeln im Öl glasig dünsten. Die Wurzeln 5 Minuten mitdünsten. Den Backofen auf 200 °C Umluft aufheizen, 8 kleine Förmchen fetten. Die Linsen mit den Wurzeln und den Gewürzen mischen. Die Eier in die leicht abgekühlten Linsen rühren, nach Wunsch auch Käse oder Tofu. Die Linsenmasse in die Förmchen füllen und etwa 15 Minuten knusprig braun backen. In der Zwischenzeit die Haselnüsse in einer trockenen Pfanne rösten, bis sie zu duften beginnen. Die Gupfe auf Teller stürzen, mit den Haselnüssen bestreuen, mit Saucen und/oder Chutneys servieren.

Wildkräuterkartoffeln aus dem Ofen mit Vogel-Sternmiere, Gänseblümchen und Zirbe

Diese Kartoffeln sind richtiges Soulfood. Die Kräuter beugen Infektionen vor. Vogel-Sternmiere und Gänseblümchen wachsen sogar unter Schnee.

4 große oder 8 kleine Kartoffeln • 200 g geriebener Käse oder Frischkäse • 4 gehackte Bärlauchwurzeln • Salz • gemahlene Brunnenkressesamen • je 1 TL getrockneter Quendel und Dost • 2 EL Olivenöl • Saft von 1, Schale von ½ Bio-Zitrone • ½–1 TL fein gehackte Zirben- oder Kiefernnadeln • 2 Handvoll Vogel-Sternmiere • 12–16 Gänseblümchen

Die ungeschälten Kartoffeln je nach Größe 20–35 Minuten mit Wasser bedeckt knapp weich kochen. In der Zwischenzeit den

Käse mit den Bärlauchwurzeln und den Gewürzen verrühren. Den Backofen auf 190 °C Umluft aufheizen. Ein Backblech mit Backpapier belegen. Die leicht abgekühlten Kartoffeln längs aufschneiden. Mit einem Grapefruitlöffel oder spitzen Messer die Kartoffelhälften aushöhlen, dabei einen 1 cm breiten Rand stehen lassen. Die ausgeschabte Kartoffelmasse mit dem gewürzten Käse mischen. Die Kartoffeln mit der Masse füllen, auf das Backblech legen und auf der obersten Schiene 15 Minuten goldbraun backen. In der Zwischenzeit das Olivenöl mit dem Saft und der Schale der Zitrone, den Zirbennadeln und etwas Salz kräftig verrühren und kurz vor dem Servieren über die Vogel-Sternmiere träufeln. Mit den Gänseblümchen bestreut zu den heißen Kartoffeln reichen.

FÜR WILDE NASCHKATZEN

Délicieuse mit kandierten Veilchen

2 Eigelb • 80 g Zucker • 80 ml Schlagobers (Schlagsahne) • 220 g gehackte weiße Schokolade • 1 TL Bio-Orangenschale • Mark von ½ Vanilleschote • 50 g weiche Butter • 150 g Bitterschokolade oder weiße Schokolade • 25 kandierte Veilchen (S. 202)

Eigelb und Zucker schaumig schlagen. Schlagobers aufkochen, etwas abgekühlt nach und nach in die Ei-Zucker-Masse rühren und im Wasserbad unter ständigem Rühren bis knapp unter den Siedepunkt erhitzen. Die gehackte weiße Schokolade hinzufügen und die Masse auf etwa 40 °C abkühlen lassen. Orangenschale, Vanille und Butter einrühren. Einen Kuchenrahmen auf ein mit Backpapier belegtes Blech setzen, die Masse hineingießen und glatt streichen. Die Masse erstarren lassen. In 2,5 cm große Würfel schneiden. Die Bitterschokolade bzw. weiße Schokolade schmelzen, abkühlen lassen und die Würfel hineintunken. Besonders hübsch sind diagonal in weiße und dunkle Schokolade getunkte Würfel. Mit kandierten Veilchen dekorieren.

Waldmeistersorbet mit Veilchen

Eine Kugel des Sorbets in einem Glas Prosecco ist der beste Einstieg für ein Frühlingsfest.

6 Stämmchen Waldmeister • 80 g Honig oder Zucker • Schale von ½ Bio-Zitrone • Veilchen

Den Waldmeister einige Stunden welken lassen, bis er kräftig zu duften beginnt. 500 ml Wasser mit dem Honig und der Zitronenschale aufkochen, vom Herd nehmen. Den Waldmeister in der abgekühlten Flüssigkeit 20 Minuten ziehen lassen, danach entfernen. Die Flüssigkeit in der Eismaschine oder in einer flachen Schale unter gelegentlichem Rühren im Tiefkühlfach frieren lassen. Wer faul ist oder auch später im Jahr den Geschmack des Frühlings genießen möchte, mischt das Wasser einfach mit Waldmeistersirup (S. 202). Das Sorbet ist ebenso köstlich mit Sirup von Holunderblüten oder Robinien.

Veilcheneiscreme mit Waldmeistersauce

Für die Eiscreme: 5 EL Veilchenblüten ohne Stiel • 2 Eier • 2 Eigelb • Mark von 1 Vanilleschote • 80 g Orangenblütenhonig • 1 dezente Prise Salz • 300 ml Schlagobers (Schlagsahne) • Veilchenblüten und Gänseblümchen zum Verzieren

Für die Sauce: 5 Stämmchen Waldmeister • 250 ml Weißwein • 80 g Blütenhonig oder Zucker • 1 kleines Stück Bio-Zitronenschale • 1 EL Stärkemehl

Die Veilchenblüten mit möglichst wenig kochendem Wasser überbrühen und 20 Minuten bedeckt ziehen lassen. Herausnehmen. Eier, Eigelb, Vanille, Honig und Salz im Wasserbad dickcremig aufschlagen. Im kalten Wasserbad weiterschlagen, bis die Masse abgekühlt ist. Den Veilchenaufguss einrühren. Das Schlagobers steif schlagen und behutsam unter die Eiermasse heben. Kleine Soufflééförmchen mit der Masse füllen und mindestens 4 Stunden tiefkühlen.

Währenddessen den Waldmeister einige Stunden welken lassen, danach mit wenig kochendem Wasser überbrühen und bedeckt 20 Minuten ziehen lassen. Herausnehmen.

Den Weißwein mit Honig und Zitronenschale 5–8 Minuten köcheln. Stärkemehl mit wenig kaltem Wasser anrühren und gleichzeitig mit dem Waldmeisteraufguss in den Weißwein rühren. Auf kleiner Flamme andicken lassen. Die Zitronenschale entfernen. Das Eis mit Waldmeistersauce und Blüten servieren.

Holunderblüten-Eiscreme

Die Eiscreme eignet sich auch als Füllung für Torten, Eisbomben und Waffeln.

300 ml Milch oder Schlagobers (Schlagsahne) • 3 EL Honig • 3 Eigelb • Mark von ½ Vanilleschote • ¼ TL Salz • 4 EL Holunderblütensirup (S. 203) • Holunderblüten zum Dekorieren

Alle Zutaten bis auf die Blüten sorgfältig mischen und bei milder Hitze unter stetem Rühren erwärmen, bis die Flüssigkeit anzudicken beginnt. Die Masse darf nicht kochen. In der Eismaschine gefrieren oder im Tiefkühlfach unter gelegentlichem Rühren erstarren lassen. Mit den Blüten dekoriert servieren.

Robinien-Joghurt-Mousse mit Haselnussmilch

Die duftige Mousse wird mit Biskuitboden und Blütendekor zur leichten Frühlingstorte. Auch mit Holunderblütensirup (S. 203) ein Gedicht.

1 TL Agar-Agar • 250 ml Haselnussmilch (S. 216) • 6 EL Robiniensirup (S. 203) • 1 TL Akazienhonig • 250 g mildes Joghurt • Robinienblüten zum Dekorieren

Agar-Agar in 100 ml Haselnussmilch 2 Minuten kochen. Robiniensirup und Honig mit der restlichen Milch verrühren. Die Agar-Agar-Mischung hinzufügen, das Joghurt rasch einrühren. Die Masse in kalt ausgespülten Förmchen 2–3 Stunden im Kühlschrank erstarren lassen, danach auf Teller stürzen und mit Robinienblüten servieren.

Waldmeistercœur à la crème mit Veilchen

In Frankreich ist das *Cœur à la crème* ein beliebtes Dessert. Da dieser feine Frischkäse in Herzform bei uns kaum erhältlich ist, machen wir ihn einfach selbst. Wer es eilig hat, ersetzt den hausgemachten Waldmeisterhonig durch Waldmeistersirup (S. 202).

6 Stämmchen Waldmeister • 4 EL Honig • 250 g Crème fraîche • 250 g Frischkäse • 1 TL Zitronensaft • Mark von ½ Vanilleschote • ¼ TL Salz • Veilchen und Waldmeisterblüten als duftender Dekor

Den Waldmeister einige Stunden welken lassen, im Honig 1 Tag ziehen lassen, danach entfernen. 4 je gut 200 ml fassende Herzförmchen mit gelöchertem Boden, alternativ 4 Teefiltereinsätze aus Keramik oder 4 Pappbecher, in deren Boden Löcher gestochen sind, mit reißfestem Küchenpapier auslegen. Crème fraîche

Robinien-Joghurt-Mousse mit Haselnussmilch

Waldmeistercœur a la creme mit Veilchen und Waldmeisterblüten

und Frischkäse mit Zitronensaft, Vanille und Salz sorgfältig glatt rühren. Die Masse in die Förmchen füllen, das Küchenpapier darüberschlagen. Die Förmchen mit Frischhaltefolie bedeckt zum Abtropfen auf einem Rost *9in eine Wanne stellen und mindestens 4, maximal 24 Stunden kühlen.

Den Frischkäse aus den Förmchen auf Teller stürzen, mit dem Waldmeisterhonig beträufeln und mit den Blüten bestreut servieren.

Zirbenflocken mit Birkenknospen

Auch die Knospen von Ahorn und Linde sind ein Genuss.

8 EL Getreideflocken • 250 g Joghurt oder Fruchtsaft • ½ TL feinst geschnittene Zirben- oder Kiefernnadeln • 1 Prise gemahlene Nelkenwurz oder Zimt • 1 EL Ahornsirup oder Honig • Mark von ½ Vanilleschote • 1 Handvoll Birkenknospen • Blüten zum Dekorieren

Die Flocken mit Joghurt, Zirbennadeln, Nelkenwurz, Ahornsirup und Vanille verrühren; einige Stunden ziehen lassen. Mit den Birkenknospen und Blüten servieren.

Helles und dunkles Lindenkonfekt

Das Konfekt lässt sich mit zahlreichen aromatischen Zutaten zur Schokolade variieren und ist ein sehr attraktiver Tortendekor.

Je 50 g Bitter- und weiße Schokolade • 30 g Kakaobutter oder notfalls Kokosfett • Mark von ½ Vanilleschote • 2 Handvoll unreife weiche Lindenfrüchte mit Hochblatt

Die Schokoladensorten jeweils mit der Hälfte der Kakaobutter und Vanille getrennt im Wasserbad schmelzen. Die Lindenfrüchte in jeweils eine der Schokolademassen tunken – das Hochblatt nicht miterfassen – und auf Backpapier erstarren lassen. Der durch das Herabrinnen eines Teils der Tunkmasse entstehende »Fuß« gibt eine gute Standfläche.

Gegessen wird das Kügelchen, das Hochblatt dient lediglich zur Zierde.

Waldfruchtsalat mit Kornelkirsche und Quendel

Die Kombination der Aromen ist fantastisch und lässt sich mit Bränden aus den verwendeten Früchten noch weiter veredeln.

600 g Brombeeren, Heidelbeeren, Himbeeren oder Wald-Erdbeeren • 250 ml Kornelkirschsaft • 1 EL Honig • 1–2 TL Quendel • Blüten zum Dekorieren

Die Früchte im Kornelkirschsaft mit Honig und Quendel 1 Stunde ziehen lassen. Mit Blüten dekoriert servieren.

Grüne Brennnesseltorte mit Robinienfülle und wilden Blüten

Nicht nur auf Hochzeiten eine Attraktion, ebenso mit Vogel-Sternmiere und Holunderblüten- oder Waldmeistercreme. Damit die Glasur auch höhere Temperaturen übersteht, enthält sie ausnahmsweise Kokosfett. Muss die Torte lange auf einem Buffet durchhalten, empfiehlt sich die Verwendung von kandierten Blüten (S. 202).

4 Handvoll junge Brennnesselblätter ohne Stiele • 3 Eier, getrennt • 150 g Zucker oder Honig • Mark von ½ Vanilleschote • 120 ml Öl • 2 EL Sanddornsaft • 250 g Mehl • 3 TL Backpulver • ½ TL Salz

Für die Füllung: ½ Rezeptmenge Robinien-Joghurt-Mousse (S. 190)

Für die Glasur: 2 Eiweiß • 1 Prise Salz • 50 g Staubzucker (Puderzucker) • 150 g lauwarmes Kokosfett • 2 TL feinst gemahlener Kaffee • Blüten zum Dekorieren

Die Brennnesselblätter kurz in kochendes Wasser tauchen, gut abtropfen lassen, auspressen, fein pürieren und abkühlen lassen. Den Backofen auf 160 °C Ober-/Unterhitze vorheizen (die niedrige Temperatur erhält die schöne Farbe), die Böden von 2 Springformen (24 cm Ø) mit Backpapier auslegen. Eigelb und Zucker mit Vanille sehr schaumig schlagen, mit den Brennnesseln mischen. Das Öl und den Sanddornsaft einrühren. Das Mehl mit Backpulver und Salz sieben, anschließend in die Ei-Zucker-Öl-Masse rühren. Eiweiß zu steifem Schnee schlagen und unterheben. Die Masse in die Formen gießen und etwa 35 Minuten backen, bis sich ein in die Mitte gestochener Holzspieß sauber wieder herausziehen lässt. In den Formen auskühlen lassen, dann vorsichtig herauslösen.

Die Robinien-Joghurt-Mousse auf einen der Böden streichen, den zweiten Boden darauflegen.

Für die Glasur Eiweiß mit Salz steif schlagen. Den Staubzucker nach und nach einarbeiten. Das Kokosfett einrühren und die Glasur auf die Torte streichen. Mit dem Kaffeepulver bestreuen – es färbt sich grün. Mehrere Stunden oder über Nacht kühlen. Vor dem Servieren mit den Blüten dekorieren.

Waldbeerenkuppel

Ein erfrischend leichtes Dessert für 8–12 Personen.

1 kg reife weiche Brombeeren, Heidelbeeren, Himbeeren oder Wald-Erdbeeren • 120–170 g Honig nach Geschmack • 10 Scheiben altbackenes Brot • 250 g Joghurt • 1 Stämmchen getrockneter Waldmeister oder 1 Stück Vanilleschote • Blüten und Blätter als Dekor

Die Früchte mit 100–150 g Honig mischen, dabei ein wenig zerdrücken. Aus einer der Brotscheiben einen Kreis ausstechen und auf den Boden einer großen Salatschüssel legen. Aus 6–7 Brotscheiben Keile zuschneiden, die am unteren Ende etwa 7 cm messen, am oberen 10 cm. Die Schüssel mit diesen Keilen ½ cm überlappend auslegen. Die Früchte einfüllen und mit den restlichen Brotscheiben bedecken.

Einen passenden flachen Teller auf die Schüssel legen und beschweren. Mindestens 12 Stunden gut kühlen. Das Joghurt mit 20 g Honig verrühren, den Waldmeister hineinlegen. Mindestens 4 Stunden im Kühlschrank durchziehen lassen. Danach den Waldmeister entfernen.

Zum Stürzen der Kuppel den Teller durch eine große kalte Servierplatte ersetzen und die Schüssel rasch umdrehen. Die Kuppel sofort mit dem Joghurt, den Blüten und Blättern servieren.

Labkraut-Ei-Tartelettes mit Gänseblümchen und Wild-Rose

Nicht nur für Low-Carb-Fans ein Genuss.

Butter oder Öl für die Förmchen • 3 EL fein gehacktes junges Labkraut • 1 TL gemahlene rosa Beeren • 1 EL Ahornsirup • 4 Eier • 1 Prise Salz • Gänseblümchen und Rosenblüten

4 kleine Tartelettförmchen fetten. Eine große Pfanne zwei Finger hoch mit Wasser befüllen und erhitzen. Das Labkraut mit den rosa Beeren sowie dem Ahornsirup mischen und auf dem Boden der Förmchen verteilen. Je 1 Ei daraufschlagen und dezent salzen. Die Förmchen im Wasserbad bei milder Hitze erwärmen, bis die Eier gestockt sind. Mit den Gänseblümchen und Rosenblüten bestreut sofort servieren.

Wald-Erdbeer-Törtchen mit Haselnuss-Salz-Krokant

Die Törtchen kommen ohne Backofen aus. Sie schmecken auch mit Brombeeren, Heidelbeeren oder Himbeeren.

125 g Dinkelflocken • 50 ml Fruchtsaft • 2 EL Honig • 1 Prise gemahlene Nelkenwurz oder Zimt • 3 EL Butter • 50 g Haselnüsse • 2 EL Zucker • 1 TL Fleur de Sel • 4 EL griechisches Joghurt • 1 TL Ahornsirup • Schale von ½ Bio-Orange • 2 Handvoll Wald-Erdbeeren

Die Dinkelflocken mit dem Saft, Honig, Nelkenwurz und 2 EL geschmolzener Butter mischen, auf 4 Tartelettförmchen verteilen, gut andrücken und 2 Stunden ziehen lassen. In der Zwischenzeit ein Backblech mit Backpapier belegen. Die Haselnüsse nicht zu fein hacken und in einer trockenen Pfanne goldbraun rösten. Die restliche Butter in einer schweren Pfanne schmelzen, den Zucker einrühren und karamellisieren lassen. Die Nüsse einrühren. Mit Fleur de Sel bestreuen und auf dem Backpapier verteilen. Abkühlen lassen, danach in kleine Stückchen brechen. Kurz vor dem Servieren das Joghurt mit Ahornsirup und Orangenschale verrühren, auf die Flockenböden streichen und mit den Beeren belegen. Unmittelbar vor dem Servieren die Törtchen mit Krokant bestreuen.

Kornelkirschcreme

2 Handvoll entsteinte Kornelkirschen • 2 EL Honig • 500 g Joghurt • 1 Prise gemahlene Kalmuswurzel oder Zimt

Von den Kornelkirschen einige Früchte als Dekor aufbewahren, den Rest mit dem Honig pürieren. Je 1 Klecks des Pürees auf Dessertteller setzen. Das restliche Püree mit dem Joghurt und der Kalmuswurzel mischen, auf die Teller gießen und mit Kornelkirschen dekorieren.

Nachtkerzenflammeri mit Brombeeren und beschwipsten Himbeeren

Zum Flammeri passen auch Heidelbeeren, Kornelkirschen, Schlehen und Sanddorn.

4 Nachtkerzenblüten • 150 ml Schlagobers (Schlagsahne) • ¼ TL Agar-Agar • 250 ml Milch • 4 EL Honig • Mark von ½ Vanilleschote • 1 Prise Salz • 1 Prise frisch gemahlene Nelkenwurz oder Muskatnuss • 40 g Weizengrieß • 150 g Himbeeren • 2 EL Himbeerbrand • Schale von ½ Bio-Zitrone • ½ Bio-Orange • 2 EL pürierte Brombeeren • 2 EL Honig • 1 Prise gemahlene Kalmuswurzel oder Zimt • 150 g griechisches Joghurt

Die Blütenblätter in etwas erwärmtem Schlagobers mit dem Mixstab pürieren und 20 Minuten ziehen lassen. In der Zwischenzeit Agar-Agar in 50 ml kalter Milch anrühren. Die restliche Milch mit Honig, Vanille, Salz und Nelkenwurz aufkochen. Den Grieß unter stetem Rühren mit dem Schneebesen in dünnem Strahl in die Milch einrühren. Unter häufigem Rühren 5 Minuten kochen. Die fein geriebene Zitronenschale einrühren. Himbeeren in Himbeerbrand einlegen.

Agar-Agar-Milch 2 Minuten kochen. Inzwischen das übrige Schlagobers mit dem Nachtkerzenobers und etwas fein geriebener Orangenschale steif schlagen, mit der leicht abgekühlten Agar-Agar-Milch flott mischen und unter die Grießmasse heben. Das Brombeerpüree einrühren. Die Masse in kalt ausgespülte Förmchen füllen und mindestens 4 Stunden gut kühlen. Dünne Streifen von der Orangenschale mit dem Zestenreißer abheben und zur Seite stellen. Honig, Saft der Orange und Kalmus mit dem Joghurt mischen. Die Flammeris auf Teller stürzen, Joghurt angießen. Mit den beschwipsten Himbeeren und der Orangenschale bestreut sofort servieren.

UND BESCHWIPSTEN HIMBEEREN

Guter-Heinrich-Konfekt

200 g frische Guter-Heinrich-Wurzeln • 150 g Nachtkerzensamen oder Haselnüsse • 3–4 EL milder Ahornsirup • bei Bedarf etwas Sanddornsaft • Blüten als Dekor

Wurzeln, Samen und Ahornsirup in der Küchenmaschine zu einer homogenen Paste verarbeiten. Bei Bedarf eine möglichst geringe Menge Sanddornsaft einarbeiten. Aus der Masse kleine Würfel oder Kugeln formen und mit Blüten dekorieren.

Mohnhäppchen mit Kornelkirschsauce

Die Häppchen schmecken warm und kalt.

150 g Quinoa • ½ TL Salz • 4 EL Mohn • 2 EL geriebene Haselnüsse • 2 EL Honig • 1 Prise gemahlene Kalmuswurzel oder Zimt • 4 EL Kornelkirschmus (S. 208) • 2 TL Rum

Die Quinoa mit 450 ml Wasser und dem Salz 12 Minuten kochen. Mohn und Haselnüsse getrennt rösten, mit dem Honig und Kalmus in die Quinoa rühren. Die Masse in kleinen Förmchen 10 Minuten ausquellen lassen, danach stürzen. Das Kornelkirschmus mit dem Rum verrühren und zu den Häppchen reichen.

Gerösteter Hafercocktail mit Holunder und Waldmeister

Es eignen sich auch Schlehen und Hagebutten für dieses Dessert.

1 Stämmchen getrockneter Waldmeister • 250 ml Schlagobers (Schlagsahne) oder Joghurt • 125 g Haferflocken • 1 Prise gemahlene Nelkenwurz oder Zimt • 4 Handvoll Holunderfrüchte • 4 EL Waldhonig • 2 TL Bio-Orangenschale

Den Waldmeister im Schlagobers gut gekühlt 3 Stunden ziehen lassen, danach entfernen. Den Backofen auf 180 °C Umluft aufheizen. Die Flocken gleichmäßig auf einem Backblech verteilen und im Ofen goldbraun rösten. Nach dem Abkühlen mit Nelkenwurz mischen. Die Holunderfrüchte mit 2 EL Honig 8 Minuten kochen, nach Belieben pürieren. Orangenschale einrühren. Das Waldmeisterobers mit 2 EL Honig steif schlagen. In hohe Gläser abwechselnd etwas von den gerösteten Flocken, dem Obers und den Holunderfrüchten löffeln.

Polentaflan mit Schlehen und Berberitzen

250 ml Milch • ½ TL Salz • 1 Prise gemahlene Kalmuswurzel oder Muskatnuss • 15 g Butter, plus mehr für die Förmchen • 80 g Polenta (Maisgrieß), plus mehr für die Förmchen • Schale von ½ Bio-Orange • 2 Eier, getrennt • 6 EL entsteinte Schlehen • 150 ml Orangensaft • 1 EL Honig oder Ahornsirup • 1 Prise gemahlene Nelkenwurz oder Zimt

Die Milch mit Salz, Kalmus und Butter aufkochen. Den Maisgrieß unter stetem Rühren in dünnem Strahl einrieseln lassen und bei milder Hitze unter häufigem Rühren 10 Minuten kochen. Orangenschale einrühren. Die Polenta einige Minuten abkühlen lassen. Den Backofen auf 180 °C Umluft vorheizen. 4 Förmchen dünn mit Butter auspinseln, mit Polenta ausstreuen und kopfüber ausklopfen. Eigelb in die Polenta rühren, Eiweiß steif schlagen und sanft unterheben. Die Förmchen mit der Masse füllen und in ein tiefes Backblech stellen. Das Blech mit kochendem Wasser bis zu ⅔ der Förmchenhöhe befüllen. Im unteren Bereich des Ofens 40–45 Minuten backen.

In der Zwischenzeit die Schlehen im Orangensaft mit Honig und Nelkenwurz 5 Minuten kochen, danach passieren.

Mit einem scharfen Messer am Rand der Förmchen entlangfahren und die Flans stürzen. Sofort mit den Schlehen servieren.

Zirbenkonfekt mit Berberitzen

Das Konfekt lindert auch Halsschmerzen. Wer es raffiniert mag, bestreut das noch weiche Konfekt mit einigen Meersalzflocken.

150 g Zirbennüsschen • 100 ml Schlagobers (Schlagsahne) • 120 g Waldhonig • Mark von 1 Vanilleschote • 1 Prise Salz • 1 Prise gemahlener Zimt • 1 TL Bio-Orangenschale • 50 g getrocknete Berberitzen • einige Zirbennadeln

Die Zirbennüsschen auf Wunsch rösten und grob hacken. Schlagobers und Honig in einer schweren Pfanne bei mittlerer Hitze unter häufigem Rühren zu einer dickflüssigen Masse einkochen. Die Zirbennüsschen, Vanille, Salz, Zimt und Orangenschale einrühren. Die lauwarme Masse zu kleinen Kugeln formen. Jede Kugel mit Berberitzen und 1 Zirbennadel verzieren. Das Konfekt auf Backpapier oder in Konfektmanschetten fest werden lassen.

Kastaniennockerln mit Schlehensauce

Für die Nockerln (Klößchen): 250 ml Milch • Mark von 1 Vanilleschote • 1 Prise Salz • 2 Eigelb • 100 g Zucker • 250 g gegarte, pürierte Kastanien • 2 EL Maraschino • 1 TL Agar-Agar • 250 ml Schlagobers (Schlagsahne)

Für die Sauce: 300 g entkernte Schlehen • 80 g Zucker • 1 kleine Stange Zimt • 150 ml Rotwein • 1 TL Speisestärke • Schale von 1 Bio-Orange

Milch mit Vanille und Salz aufkochen. Eigelb mit Zucker aufschlagen und in dünnem Strahl unter stetem Rühren in die Milch gießen. Auf kleiner Flamme, besser noch im Wasserbad, zu einer dickflüssigen Creme rühren. Die Masse vom Herd nehmen und in einem Eiswasserbad kühl rühren. Das Kastanienpüree mit Maraschino verrühren und mit der Eimasse vermengen. Agar-Agar mit 2 EL Wasser verrühren und 2 Minuten kochen. Flott in die Kastanienmasse rühren. Das Obers steif schlagen und unter die Kastanienmasse ziehen. Mindestens 6 Stunden kalt stellen.

Für die Sauce die Schlehen mit Zucker, Zimt und Rotwein 5 Minuten kochen. Den Zimt entfernen und die Masse pürieren. Die Speisestärke in wenig kaltem Wasser anrühren, in das Fruchtpüree rühren und erhitzen, bis die Sauce andickt. Mit etwas fein geriebener Orangenschale dezent abschmecken.

Aus der Kastanienmasse kleine Nockerln ausstechen und mit der Schlehensauce anrichten. Mit dem Zestenreißer feine Streifen von der Orangenschale abziehen und über die Nockerln streuen.

Haselnusspralinen mit Hagebutten und Zirbennüsschen

Die Pralinen sind köstlich auch mit Berberitzen, Kornelkirschen und Sanddorn.

7 EL gemahlene Haselnüsse, auf Wunsch geröstet • 2 EL Honig • 1 EL gemahlene Zirbennüsschen • 1 Prise gemahlene Kalmuswurzel oder Zimt • 1 Prise gemahlene Nelkenwurz oder Koriandersamen • 3–4 EL Hagebuttenmus

Alle Zutaten zu einer festen Masse kneten und zu Kugeln formen.

DELIKATER VORRAT UND WILLKOMMENE GESCHENKE

Damit der wilde Schatz lange hält ist es wichtig, sehr sauber zu arbeiten, dicht schließende Gefäße aus Glas zu verwenden und diese kühl, dunkel und trocken zu lagern. Getrocknete Kräuter und Kräutersalz können beim Öffnen des Behälters Feuchtigkeit aus der Luft aufnehmen. Daher empfiehlt es sich, einen mit ungekochten Reiskörnern gefüllten Teefilter in das Glas zu legen; die Körner saugen überschüssige Feuchtigkeit auf.

Suppen- und Würzpulver

Die ideale Alternative zu den berüchtigten Suppenwürfeln und Streuwürzen. Die Zusammensetzung bleibt den persönlichen Vorlieben vorbehalten. Als Basis eignen sich die Blätter von Brennnessel, Giersch, Pastinak und Wiesen-Bärenklau sowie die Wurzeln von Pastinak und Klette. Für zusätzliche Würze sorgen Dost, Gundelrebe, Quendel und Schafgarbe.

Die Zutaten sorgfältig trocknen, nach Wunsch auch Pilze hinzufügen. Bei den Wurzeln empfiehlt es sich, sie vor dem Trocknen in der Küchenmaschine zu zerkleinern. Danach die Bestandteile zu Pulver vermahlen. Gut verschlossen kühl und dunkel lagern.

Getrocknete Wildkräuter

Die zum Trocknen vorgesehenen Pflanzen sammelt man am besten am späten Vormittag an regenfreien Tagen, sobald der Morgentau darauf verdunstet ist. Sie müssen frei von Verschmutzungen und Infektionen sein.

Am schonendsten ist das Lufttrocknen an einem trockenen, warmen und gut belüfteten Ort. Direktes Sonnenlicht schadet den Farben und wertvollen Inhaltsstoffen. Werden Kräuter in Büscheln aufgehängt, sollten sie nicht zu dicht gebunden werden und ausreichend Abstand zum Nachbarbund haben. Stapelbare flache Gemüsekisten mit Fliegengitter bespannt eignen sich als platzsparende Methode zum Trocknen von kleinen Pflanzen sowie Blättern. Wurzeln und Rinde fädelt man am besten auf Schnüre.

Beim Trocknen im Backofen oder Dörrautomaten darf die Temperatur 40 °C nicht überschreiten. Die Backofentür wird mit einem Kochlöffelstiel offen gehalten. Die Mikrowelle ist zum Trocknen nicht geeignet.

Melde milchsauer vergoren

Wie Sauerkraut und Kimchi verwendbar. Zum milchsauer Einlegen eignen sich so gut wie alle Blätter.

1 kg Meldeblätter • 2 Knoblauchsraukenwurzeln• 20 g Salz • nach Wunsch 200 ml Sauerkrautsaft (zum Verhindern einer Fehlgärung)

Die Blätter und Wurzeln etwas zerkleinern und in weithalsige, große Gläser schichten, dabei jede Schicht salzen und gut feststampfen, um Lufteinschlüsse zu verhindern. Die Blätter mit einem Teller beschweren, damit sie in der entstehenden Flüssigkeit nicht aufschwimmen. Gläser lose bedecken und an einem warmen dunklen Ort stehen lassen. Sollte sich nach 24 Stunden nicht ausreichend Flüssigkeit gebildet haben, um die Blätter zu bedecken, Sauerkrautsaft hinzufügen. Je nach Temperatur ist die Gärung nach 4–10 Tagen abgeschlossen, sobald keine Bläschen mehr aufsteigen. Nun können die Gläser fest verschlossen kühl und dunkel gelagert werden.

Kandierte Blüten und Früchte

Eine wunderschöne aromatische Nascherei und Dekoration.

10 g Gummi arabicum (aus der Apotheke oder dem Konditorbedarf) oder 1 Eiweiß • ätherisches Öl von Orangen, Rosen, Bergamotte, etc. oder Vanille nach Belieben • 150 g feiner Zucker • 2 Handvoll Blüten oder Früchte

Das Gummi arabicum in einem Schraubglas mit 25 ml kaltem Wasser anrühren, kräftig schütteln und gut 10 Minuten quellen lassen. Alternativ Eiweiß und 1 EL kaltes Wasser mit einer Gabel schlagen, bis das Eiweiß keine Fäden mehr zieht. Nach Belieben einige Tropfen ätherisches Öl in die jeweilige Flüssigkeit rühren. Ein Blech mit Backpapier belegen. Den Zucker in eine flache Schale geben. Blüten und Blütenblätter dünn mit Gummi arabicum oder Eiweiß bepinseln, Früchte an einem Spieß in die Flüssigkeit tauchen und abtropfen lassen. Die benetzten Stücke vorsichtig im Zucker wenden, auf das Backpapier legen und mit zusätzlichem Zucker bestreuen. Je nach Größe einen bis mehrere Tage an der Luft oder mehrere Stunden bei 40 °C im Backofen bei leicht geöffneter Ofentür trocknen lassen.

Blüten und Früchte in Salzkruste (Salieren)

Diese Methode ergibt sehr reizvollen Dekor für Canapés, Antipasti-Platten, Cremesuppen, Hauptspeisen und Käseteller. Besonders geeignet sind Blüten und Früchte der würzigen Wildpflanzen, allen voran Bärlauch und Gewürzkräuter (S. 150). Zutaten und Vorgehensweise sind wie beim Kandieren. Der Zucker wird durch Salz ersetzt, an die Stelle der ätherischen Öle treten Chili, gemahlene rosa Beeren oder Pfefferkörner, auch Curry oder andere Gewürzmischungen. Dabei sollte allerdings der Eigengeschmack der Pflanzen im Vordergrund bleiben.

Waldmeistersirup

12 Stämmchen Waldmeister • 1 kg Zucker • 2 Bio-Zitronen in Scheiben

Den Waldmeister einige Stunden welken lassen. Den Zucker mit 1 l Wasser kochen, bis die Flüssigkeit klar erscheint. Nach dem Abkühlen Waldmeister und Zitronen hinzufügen. Gut bedeckt 5 Tage an einem kühlen Ort ziehen lassen. Abfiltern und in kleine Flaschen abfüllen. Kühl und dunkel lagern.

Holunderblütensirup

Der Sirup verfeinert nicht nur Limonaden, Sekt, Likör und Desserts – einige Tropfen ergeben eine reizvolle Würze für kräftigen Käse, helles Fleisch und Fisch.
Das Rezept eignet sich auch für Lindenblüten und Birkenblattknospen.

12–15 Holunderblütendolden • 2 kg Zucker • 3 Bio-Zitronen in Scheiben

Die Dolden von groben Stielen befreien. Den Zucker mit 3 l Wasser 5 Minuten sprudelnd kochen. Die Blüten und Zitronenscheiben in ein weithalsiges Glas legen und mit der erkalteten Zuckerlösung bedecken. Unter gelegentlichem Schütteln 5 Tage an einem warmen Ort, doch nicht in direktem Sonnenlicht stehen lassen. Danach durch ein mit reißfestem Küchenpapier ausgeschlagenes Sieb filtern. Den Sirup noch einmal rasch aufkochen, noch heiß in mit kochendem Wasser ausgespülte Flaschen füllen und gut verschließen. Kühl und dunkel lagern.

Robiniensirup

12 Robinien-Blütenstände • 300 g Zucker • 1 Bio-Zitrone in Scheiben

Die Blüten von den Stielen zupfen. Den Zucker mit 300 ml Wasser 5 Minuten kochen. Blüten und Zitronenscheiben in ein weithalsiges Glas legen, mit dem Sirup übergießen. Das Glas für 2–3 Tage unter gelegentlichem Schütteln in den Kühlschrank stellen. Den Sirup durch ein mit reißfestem Küchenpapier ausgeschlagenes Sieb filtern, nochmals rasch aufkochen lassen, heiß in mit kochendem Wasser ausgespülte Flaschen füllen und gut verschließen. Kühl und dunkel lagern.

Veilchenzucker mit Wild-Rose

Duftiges Aroma und Farbtupfer für Getränke und Desserts.

1 Handvoll getrocknete Veilchen • 150 g Zucker • je 1 EL getrocknete Knospen von Veilchen und Wild-Rose

Veilchen und Zucker nicht allzu fein vermahlen. Mit den Knospen vermischt in ein dicht verschließbares Glas füllen.

Eingelegte Hopfensprossen

Die eingelegten Sprossen machen sich bestens auf Antipasti-Platten, Canapés, Salaten und Käsetellern.
Zum Einlegen eignen sich auch die jungen Triebe von Brunnenkresse, Giersch, Guter Heinrich, Huflattich, Klette, Melde, Nachtkerze, Pastinak, Portulak, Sauerampfer, Scharbockskraut, Vogel-Sternmiere, Wiesen-Bärenklau und Wiesen-Bocksbart.

150 ml Essig • 1 TL Koriandersamen oder Senfkörner • ½–1 TL Salz • 1 EL Honig • 2 Handvoll Hopfensprossen

Den Essig mit 150 ml Wasser, Koriander, Salz und Honig aufkochen. Die Sprossen 4 Minuten mitkochen, in Gläser legen und mit der möglichst heißen Flüssigkeit bedecken. Gut verschlossen kühl und dunkel aufbewahren.

Wilde Knospen und Sprosse in Öl

Es eignen sich so gut wie alle Knospen und jungen Sprossspitzen für diese Methode. Wichtig ist, sehr sauber zu arbeiten und keine allzu feuchten Pflanzen zu verwenden.

1 große Handvoll Knospen oder Sprossspitzen nach Wahl • 4 Bärlauchwurzeln nach Wunsch • 1 EL Salz • 250 ml Öl

Die Knospen – und, falls verwendet, die Bärlauchwurzeln – im Salz wenden und etwa 6 Stunden stehen lassen. Mit Küchenpapier abtupfen, in Gläser legen und mit dem Öl bedecken. Die gut verschlossenen Gläser kühl und dunkel lagern.

Fermentierte Brombeerblätter

Der Tee wird wie Schwarztee zubereitet. Besonders köstlich ist eine Mischung von Brombeer-, Himbeer- und Wald-Erdbeer-Blättern zu gleichen Teilen.

5 Handvoll sehr saubere Brombeerblätter

einen halben Tag im Schatten welken, jedoch nicht trocknen lassen. Danach die Blätter kräftig stampfen, leicht anfeuchten und in einen großen Stoffsack füllen. An einem warmen Ort aufhängen. Je nach Außentemperatur dauert die Fermentation 3–4 Tage. Sobald die Blätter schwarz geworden sind und die Temperatur im Sack zu sinken beginnt, ist die Fermentation abgeschlossen. Die Blätter rasch und vollständig trocknen und in dichten Behältern kühl und dunkel lagern.

Gänseblümchenkapern

Gänseblümchen blühen das ganze Jahr über – sogar unter Schnee. Es eignen sich für dieses Rezept auch unreife Lindenfrüchte sowie die Blütenknospen von Bärlauch, Löwenzahn, Robinie, Scharbockskraut und Wiesen-Bocksbart. Ein besonders feines Aroma weisen Wegerichknospen auf – sie schmecken nach Pilzen.

2 Handvoll Gänseblümchenknospen • 2 EL Salz • 200 ml Apfelessig • 1 TL Honig • 1 gehackte Schalotte (optional) • 1 Stämmchen Quendel (optional)

Die Gänseblümchenknospen gut waschen und sorgfältig trocknen. Das Salz in 200 ml Wasser auflösen und die Knospen darin über Nacht einlegen. Den Essig mit dem Honig aufkochen, nach Wunsch Schalotte und etwas Quendel mitkochen. Den Essig zu den Knospen gießen und den Ansatz gut verschlossen 2 Wochen bei Zimmertemperatur ziehen lassen, danach kühl und dunkel lagern.

Wildes Pesto

Dieses Pesto kommt sehr gut ohne Parmesan aus, der das feine Aroma bloß überdecken würde.

Je 1 Handvoll Blätter von Giersch und Wiesen-Bärenklau • 6 Bärlauchwurzeln • 4 EL Haselnüsse oder Sonnenblumenkerne, auf Wunsch geröstet • 150 ml Sonnenblumen- oder Kürbiskernöl • ½–1 TL Salz • 1 TL Brennnesselsamen

Alle Zutaten im Mixer pürieren und in kleinen Gläsern kühl und dunkel lagern. Das Pesto sollte stets mit einer dünnen Schicht Öl bedeckt sein, um die Haltbarkeit zu verlängern.

Bärlauchfrüchte mit Acker-Senf in Öl

2 Handvoll junge Bärlauchfrüchte • 1 TL Samen von Acker-Senf oder Brunnenkresse • 300 ml heißes Öl

Die Bärlauchfrüchte sorgfältig waschen und komplett trocknen lassen. Mit den Acker-Senf-Samen in Gläser füllen, mit Öl übergießen und einige Tage reifen lassen. Kühl und dunkel lagern. Anfangs die Gläser hin und wieder etwas bewegen, um etwaige Lufteinschlüsse an die Oberfläche steigen zu lassen. Die Früchte sowie das Öl sind hervorragende Würzmittel.

Wildkräuterkäse in Öl

Dieses Rezept bietet unzählige Varianten, nicht nur in Hinblick auf die Käsesorte. Der Käse kann auch in Blätter von Bärlauch, Giersch oder Wiesen-Bärenklau eingeschlagen werden.

300 g Feta oder Tofu in Würfeln oder Frischkäse in Bällchen • 2 Bärlauchwurzeln in Scheiben nach Wunsch • je 1 TL Dost, Quendel und Brunnenkressesamen • 250 ml Öl nach Wahl

Den Käse mit den Bärlauchwurzeln und Gewürzen in ein Glas schichten und mit dem Öl übergießen. Auf den Glasboden klopfen, um Luftblasen auszutreiben. Gut verschlossen und lichtgeschützt 2 Wochen ziehen lassen.

Bärenklauchutney

Eine sehr aromatische Beigabe zu mildem Gemüse, Käse, Fisch und Fleisch.

500 g gehackte Zwiebeln • 3 EL Öl • 5 gehackte Bärlauchwurzeln • 1 gehackte Chili • 250 ml Apfelessig • 150 g Rohrzucker oder Honig • 1 EL Brunnenkressesamen • 2 TL Salz • 2 Nelkenwurz-Wurzeln oder 1 kleine Stange Zimt • 2 Handvoll gehackte Wiesen-Bärenklau-Blätter

Die Zwiebeln im Öl unter stetem Rühren goldgelb rösten, Bärlauch und Chili kurz mitbraten. Essig, Rohrzucker, Brunnenkressesamen, Salz und Nelkenwurz einrühren. Bei kräftiger Hitze unter gelegentlichem Rühren ohne Deckel einkochen. Bärenklau einrühren, nochmals kräftig aufkochen und sofort in kleine Gläser abfüllen. Kühl und dunkel lagern.

Wildkräuternudeln mit Blüten

Die Nudeln schmecken besonders gut mit Bärlauch, Giersch, Knoblauchsrauke, Sauerampfer oder Wiesen-Bärenklau. Wer rosa Nudeln möchte, ersetzt die Kräuter durch gekochte und pürierte Nachtkerzenwurzeln. Ein feines Pilzaroma erhalten die Nudeln durch Beigabe von 25 g fein pulverisierten getrockneten Steinpilzen oder Parasolen.

Der Teig enthält kein Salz, damit die Nudeln beim oder nach dem Kochen nicht aneinanderkleben. Kräftig gesalzenes Kochwasser genügt.

400 g Hartweizengrieß • 2 EL pürierte Wildkräuter • ½ TL Quendelblättchen • 2 EL kleine Blütenblätter

Den Grieß auf eine glatte Arbeitsfläche häufen. In die Mitte eine Mulde drücken. Wildkräuter und Quendel mit 170 ml sehr warmem Wasser mischen. Das Wasser portionsweise in die Mulde gießen und den Grieß rundum zur Mitte schieben. Den Brei 10 Minuten kräftig zu einem glatten Teig kneten – oder von der Küchenmaschine kneten lassen, was allerdings die Oberarme nicht so schön strafft. Der fertige Teig darf nicht mehr kleben. Mindestens 30 Minuten bedeckt rasten lassen.
Den ausgeruhten Teig mit dem Nudelholz oder der Nudelmaschine dünn ausrollen, beim letzten Durchgang die Blütenblätter auf dem Teig verteilen, gut andrücken und mitrollen. Den Teig zu Blättern für Lasagne und Cannelloni oder in Bänder schneiden. Die Bänder können zu Schleifen oder Röschen geschlungen werden.
Die Nudeln in reichlich Salzwasser bei sehr milder Hitze 3–4 Minuten ziehen lassen, danach abgießen.
Sollen die Nudeln nicht sofort gekocht werden, lassen sie sich einfrieren oder auf Stangen (z. B. eines Wäscheständers) trocknen.

Grüne Kornelkirscholiven in Essig

Als »Oliven« eignen sich auch Schlehen.

2 Handvoll unreife Kornelkirschen • 2 EL Salz • 150 ml Weißweinessig • 4–6 Knoblauchsraukenschoten

Die Kornelkirschen an mehreren Stellen mit einer Nadel anstechen, salzen und knapp mit Wasser bedeckt über Nacht stehen lassen. Am folgenden Tag abgießen, mit Küchenpapier trocken tupfen und in kleine Gläser legen. Den Essig mit 150 ml Wasser und den Knoblauchsraukenschoten aufkochen, die Früchte damit bedecken und mindestens 4 Wochen gut verschlossen ziehen lassen. Kühl und dunkel lagern. Nach jeder Entnahme darauf achten, dass die Früchte mit Flüssigkeit bedeckt bleiben. So halten die »Oliven« mindestens 1 Jahr.

Haselnusskapern

Stürme im August werfen oft unreife Haselnüsse vom Strauch. Kein Grund zur Trauer. Die Nüsse passen besonders gut zu Artischocken, Käse und Fisch.

200 g unreife Haselnüsse • 3 EL Salz • 300 ml Weinessig • 2 TL Acker-Senf-Samen

Die Haselnüsse mehrfach einstechen, mit dem Salz mischen und in einem Glas dicht verschlossen 2 Tage unter gelegentlichem Schütteln ziehen lassen. Das Salz mit Küchenpapier abwischen. Den Essig mit 100 ml Wasser und den Acker-Senf-Samen aufkochen, die Haselnüsse 3 Minuten mitkochen. Mit einem Deckel dicht verschlossen 3 Tage ziehen lassen. Danach die Nüsse in der Flüssigkeit nochmals aufkochen und sehr heiß in kleine Gläser füllen. Mit der Flüssigkeit bedeckt gut verschlossen kühl und dunkel 2 Monate unter gelegentlichem Schütteln ziehen lassen.

Kornelkirschmus

300 g entsteinte Kornelkirschen • 100 g Honig • 1 zarte Prise gemahlene Nelkenwurz oder Gewürznelken

Die Kornelkirschen knapp mit Wasser bedeckt 6 Minuten kochen, pürieren und mit den übrigen Zutaten nochmals aufkochen. Heiß in kleine Gläser füllen. Gut verschlossen kühl und dunkel lagern.

Kornelkirschrelish mit Quendel

Das Relish besticht durch sein feines Aroma und die ausgesprochen attraktive Farbe.

500 g entsteinte Kornelkirschen • 2 gehackte Zwiebeln • 3 Bärlauchwurzeln • 1 kleine Chili • 300 ml Apfelessig • 100 g brauner Rohrzucker oder Honig • 2 TL Salz • 1 TL Quendel • 1 EL rosa Beeren

Alle Zutaten bei mittlerer Hitze unter gelegentlichem Rühren 20 Minuten kochen. Noch heiß in kleine Gläser füllen. Kühl und dunkel lagern.

Rote Kornelkirscholiven in Öl

Als »Oliven« eignen sich auch Schlehen.

2 Handvoll reife Kornelkirschen • 2 EL Salz • 4–6 Knoblauchsraukenschoten • 300 ml Öl

Die Kornelkirschen an mehreren Stellen mit einer Nadel anstechen. Knapp mit Wasser bedecken, das Salz hinzufügen und aufkochen. In Gläsern luftdicht verschlossen 2 Monate kühl und dunkel in der Salzlake ziehen lassen. Die Kornelkirschen abgießen und trocken tupfen. Mit den Knoblauchsraukenschoten in kleine Gläser füllen und mit dem Öl bedecken. Gut verschlossen kühl und dunkel lagern. Nach jeder Entnahme darauf achten, dass die Früchte mit Öl bedeckt bleiben. So halten die »Oliven« mindestens 1 Jahr.

Scharfes Wald-Himbeer-Relish

Optik und Aroma sind einfach umwerfend. Das Relish passt vor allem zu hellem Fleisch, Fisch, Tofu und Käse. Es verfeinert auch Salatdressings und Saucen.

1 Bund Frühlingszwiebeln in Röllchen • 2 EL Öl • 2 gehackte Bärlauchwurzeln • 500 g Wald-Himbeeren • 1 gehackte Chilischote • 80 g brauner Rohrzucker • 8 EL Himbeeressig • 2 EL Honig • ½ TL Salz • 1–2 TL rosa Beeren

Die Frühlingszwiebeln im Öl glasig dünsten. Die Bärlauchwurzeln kurz mitrösten. Die restlichen Zutaten hinzufügen und aufwallen lassen. Sollten die Kerne stören, das Relish durch ein Sieb passieren, nochmals aufkochen und in kleine Flaschen füllen. Gut gekühlt und dunkel lagern.

Sanddornmus

Das Mus eignet sich als Basis für Fruchtsuppen und fein säuerliche Saucen zu mildem Gemüse oder Fisch und Fleisch, auch als Überguss für Desserts oder Müsli und als Zutat für Eiscreme und Mousse.

1 kg Sanddornfrüchte • 350 g Honig oder Ahornsirup • ½ TL Bio-Orangenschale

Die Früchte mit möglichst wenig Wasser 20 Minuten kochen, passieren und mit Honig und Orangenschale noch einmal aufwallen lassen. Möglichst heiß in sehr saubere, gut verschließbare kleine Gläser oder weithalsige Flaschen abfüllen. Kühl und dunkel lagern.

Holundersauce pikant

Die Sauce passt besonders gut zu dunklem Fleisch, fettem Fisch, kräftigem Käse oder geräuchertem Tofu sowie gebratenem Stangensellerie. Sie kann auch mit Birnen gemischt zubereitet werden.

1 kg Holunderbeeren • 100 g brauner Rohrohrzucker • Saft und Schale von 1 Bio-Orange • 1 kleine Stange Zimt oder 1 kleines Stück Ingwer • 2 Gewürznelken • je 1 Prise Salz, Piment und frisch gemahlene Acker-Senf-Samen

Die Holunderbeeren mit etwas Wasser, dem Zucker, dem Orangensaft und den Gewürzen 8 Minuten kochen. Passieren und mit geriebener Orangenschale abschmecken. Möglichst heiß in saubere Gläser füllen und dicht verschlossen lichtgeschützt lagern.

Brombeerrelish mit Dost

Die Sauce passt zu Wild, Meeresfrüchten, kräftigem Käse und gebratenem Gemüse. Sie ist auch als Salatdressing geeignet.

300 g Brombeeren • 125 ml kräftiger Rotwein • 50 g Vollrohrzucker • ½ TL gemahlene Acker-Senf-Samen • ½ TL Dost • 1 kleines Stück Nelkenwurz oder Zimtstange • 1 kleines Lorbeerblatt • 1 sehr kleine Bio-Orange in Scheiben

Die Brombeeren mit den übrigen Zutaten 8 Minuten kochen. Nelkenwurz, Lorbeer und Orange entfernen, das Relish nach Wunsch passieren. Nochmals aufkochen und heiß in Gläser füllen. Gut verschlossen kühl und dunkel lagern.

Sanddornsenf mit Quendel

Je nachdem, wie fein die Senfsamen gemahlen sind, entsteht grober oder glatter Senf. Auch die Samen der Knoblauchsrauke eignen sich für dieses Rezept.

120 ml Sanddornsaft • 100 g Honig • 50 ml Essig • ½ TL Salz • 100 g gemahlene Acker-Senf-Samen • 1 TL getrockneter Quendel

Den Sanddornsaft mit Honig, Essig und Salz aufkochen, Acker-Senf-Samen und Quendel einrühren. Die Mischung über Nacht quellen lassen. Ist der Senf zu dick, etwas zusätzlichen Saft oder Wasser einrühren. Die Masse nochmals erwärmen, doch nicht kochen lassen und heiß in gut verschließbare kleine Gläser füllen.

Aromatisches Haselnussmus mit Pastinak, Quendel und Dost

Das Mus ist eine ausgesprochen reizvolle Beigabe zu Salaten, Suppen, gebratenem Gemüse oder Fleisch und Käse.

2 Handvoll Haselnüsse, auf Wunsch geröstet • 1 TL Pastinakensamen • je 1 kräftige Prise Quendel und Dost • 1 Prise Salz

Alle Zutaten in der Küchenmaschine fein pürieren und in kleine Gläser abfüllen. Kühl und dunkel lagern.

Kastanien in Eichellikör

Die Kastanien sind aromatischer Dekor für Desserts und Eiscremes, püriert köstlich als Füllung von Torten und Hefegebäck, reizvoll als Beigabe zu Käse. In Schokolade getunkt werden sie zum edlen Konfekt.

Die Eichen in unseren Breiten tragen bedauerlicherweise allzu gerbstoffreiche Früchte, die auch nach dem Entbittern nicht das gewünschte Aroma für einen hausgemachten Likör bieten. Der beste Eichellikör stammt aus Spanien.

500 g gegarte Kastanien • 500 ml Eichellikör, ersatzweise Kastanien- oder Haselnusslikör • Mark von 1 Vanilleschote • 1 kleine Stange Zimt

Alle Zutaten in einem weithalsigen Glas gut verschlossen mindestens 2 Monate ziehen lassen.

Vogelbeerchutney

Das Chutney ist auch mit Hagebutten oder Schlehen hervorragend. Es harmoniert besonders mit kräftigem Käse, dunklem Fleisch und Wild.

150 g Vogelbeeren • 50 ml Essig • 2 große gehackte Zwiebeln • 1 EL Öl • 500 g Äpfel oder Birnen ohne Kerngehäuse in Stücken • 1 Stück Nelkenwurz oder 1 kleine Stange Zimt • ½–1 TL Salz • Honig nach Geschmack

Die Vogelbeeren zum Entbittern über Nacht in Essigwasser legen, am folgenden Tag abgießen. (Dieser Schritt entfällt bei Hagebutten und Schlehen.)

Die Früchte in wenig Wasser etwa 10 Minuten kochen. Durch ein Sieb streichen, um die Kerne zu entfernen. Die Zwiebeln im Öl anrösten. Die Vogelbeeren und restlichen Zutaten hinzufügen und 20 Minuten kochen. Die Nelkenwurz entfernen, das Chutney grob pürieren, nochmals kurz aufkochen und heiß in gut verschließbare Gläser füllen. Lichtgeschützt mindestens 3 Wochen ziehen lassen.

Schlehen-Zirbennuss-Creme

Als Aufstrich oder Fülle für Kuchen und Kekse. Auch Kiefernsamen eignen sich für dieses Rezept.

1 Handvoll entsteinte Schlehen • 1 Handvoll Zirbennüsschen • 3 EL Honig • 1 Prise Zimt • Mark von ½ Vanilleschote • 1 EL Kakaopulver oder Rum nach Belieben

Die Schlehen knapp mit Wasser bedeckt 8 Minuten kochen. Ausdampfen lassen. Alle Zutaten in der Küchenmaschine zu einer glatten Creme mixen. Dicht verschlossen kühl und dunkel lagern.

Klettenwurzelpesto à la Dioskorides

Je 1 Handvoll Klettenwurzeln und Zirbennüsschen • 100 g frisch geriebener Parmesan • 2–3 Bärlauchwurzeln • 200 ml natives Olivenöl • 1 Handvoll Basilikum • Salz bei Bedarf • frisch gemahlene Hirtentäschelsamen

Alle Zutaten im Mixer pürieren. Das Pesto in kleine, gut verschließbare Gläschen füllen, dabei öfter aufklopfen, um Lufteinschlüsse zu vermeiden. Kühl und dunkel lagern. Nach Entnahme sollte das Pesto stets mit einer dünnen Ölschicht bedeckt sein. Bei Bedarf Öl nachgießen.

Veilchenhonig

Der Honig aromatisiert Desserts und Getränke sowie Saucen zu Käse, Fisch und Wild. Er wird auch gern bei trockenem Husten eingenommen.

2 große Handvoll Veilchenblüten • 500 g milder Blütenhonig • nach Wunsch 1 Bio-Zitrone in feinen Scheiben

Die Veilchen fein hacken, in einem weithalsigen Glas mit dem Honig vermischen, nach Wunsch Zitronenscheiben hinzufügen. Kräftig aufklopfen, um Luftblasen an die Oberfläche zu treiben. Gut verschlossen 3 Wochen an der Sonne stehen lassen, danach abfiltern und kühl und dunkel lagern.

Veilchenessig

2 große Handvoll Veilchenblüten • 1 l Weißweinessig

Die Blüten in einem weithalsigen Gefäß mit dem Essig 8 Tage an einem warmen Ort ziehen lassen. Täglich schütteln. Abfiltern und gut verschlossen kühl und dunkel lagern.

Franzosenkrautbier

300 g Franzosenkraut • 150 g Brennnesselspitzen • 120 g Löwenzahnblätter • 120 g fein geschnittene frische Klettenwurzel • 15 g fein geschnittene frische Kalmuswurzel • Schale von 2 Bio-Zitronen • ca. 460 g Rohrohrzucker • 30 g Weinstein • Bierhefe (die benötigte Menge hängt vom verwendeten Produkt ab und ist in den beigefügten Gebrauchsanleitungen angegeben)

Das Franzosenkraut, die Brennnesselspitzen, Löwenzahnblätter, Klettenwurzel, Kalmuswurzel und die Zitronenschale ohne weiße Anteile in einem großen Topf mit 4,5 l Wasser mischen und 30 Minuten auf kleiner Flamme kochen. In einen großen Behälter abfiltern und die Kräuter gut ausdrücken. 450 g vom Zucker und den Weinstein im Sud auflösen. Sobald der Sud nur noch lauwarm ist, die Bierhefe darin auflösen und den Behälter zugedeckt 3 Tage lang an einem warmen, zugluftfreien Ort stehen lassen. Das Bier in gut verschließbare Flaschen füllen, in jede Flasche ½ TL Zucker geben und die Flaschen verschließen. Die Flaschen ungestört 7 Tage an einem nicht zu warmen Ort stehen lassen, bis das Bier sich geklärt hat. Kühl, dunkel und nicht allzu lange lagern. Gut gekühlt genießen.

Kornelkirschessig mit Wild-Rose und Quendel

Der Essig nimmt bei dieser Zubereitung einen sehr hübschen Farbton an. Er ist nicht nur eine feine Zutat zu Salaten und Saucen, sondern sorgt überdies als Gesichtswasser für reine Haut und dient als ideale Basis für ein bewährtes Getränk zur Anregung des Stoffwechsels. Dafür morgens auf nüchternen Magen 2 EL vom Essig in ½ l warmem Wasser trinken.

150 g Kornelkirschen • 750 ml Apfelessig • 1 TL Honig • 1 Handvoll Wild-Rosen-Blütenblätter • 2 Zweige Quendel • 2 TL rosa Beeren

Die Kornelkirschen mit einer dicken Nadel mehrfach anstechen und in weithalsige Flaschen legen. Die übrigen Zutaten hinzufügen, die Flaschen verschließen und sanft schütteln. Den Essig lichtgeschützt bei Zimmertemperatur unter gelegentlichem Schütteln 3 Monate ziehen lassen, danach abfiltern.

Brombeerlikör mit Kakaonibs

Der Likör ist auch ein gutes Hausmittel gegen allerlei Beschwerden.

500 g Brombeeren • 250 g Honig oder Kandiszucker • 2 EL Kakaonibs • 1 kleines Stück Nelkenwurz oder Zimtstange • 1 l Wodka

Die Brombeeren leicht zerdrücken. Mit den übrigen Zutaten in einer weithalsigen Flasche 8 Wochen kühl und dunkel ziehen lassen. Gelegentlich schütteln. Abfiltern und in kleine Flaschen abfüllen. Die beschwipsten Früchte lassen sich für Süßspeisen und Saucen zu dunklem Fleisch weiterverwenden.

Haselnusslikör

Fallen im August unreife Haselnüsse vom Strauch, ist dies eine schöne Methode, das feine Aroma einzufangen. Die beschwipsten Nüsse verfeinern nicht nur Süßspeisen, sondern auch Käse und dunkle Fleischsaucen.

200 g unreife Haselnüsse • 150 g brauner Rohrzucker • 1 Vanilleschote • 1 Stück Bio-Orangenschale • 750 ml weißer Rum

Die ungeschälten Nüsse mehrfach einstechen. In einer weithalsigen Flasche mit den übrigen Zutaten mindestens 2 Monate unter gelegentlichem Schütteln an einem warmen Ort ziehen lassen.

Schlehenblütenlikör

Wer Marzipan mag, wird diesen Likör lieben, der überdies die Frühjahrsmüdigkeit vertreibt.

3 Handvoll Schlehenblüten • 3 EL Honig • 750 ml weißer Rum

Die Blüten mit dem Honig und dem Rum in eine weithalsige Flasche füllen und dicht verschlossen unter gelegentlichem Schütteln 2 Wochen an einem hellen Ort, doch nicht in direktem Sonnenlicht ziehen lassen. Abfiltern und in kleine Flaschen füllen. Kühl und dunkel lagern.

Hopfenblütenlimonade mit Quendel

Ein Aperitif muss nicht immer Alkohol enthalten.

10 g frische oder 3 g getrocknete weibliche Hopfenblüten • 1 Bio-Zitrone in Scheiben • 40 g Blütenhonig • 4 Stämmchen blühender Quendel • 1 l Sodawasser

Die Hopfenblüten mit Zitrone und Honig 5 Minuten kochen, abfiltern, abkühlen lassen und den Quendel hinzufügen. Gut kühlen. Mit Soda aufgespritzt servieren.

Wald-Erdbeer-Essig mit Holunderblüten

Dieser hocharomatische Essig gibt Salaten und Saucen, aber auch Käse und Fisch eine besondere Note. Die Erdbeeren sind ein außergewöhnlicher Dekor für Salate, Canapés und Käseplatten.

1 Handvoll Wald-Erdbeeren • Blüten von 1 Holunderdolde • 500 ml Weißweinessig

Alle Zutaten in einer weithalsigen Flasche 3 Wochen ziehen lassen, abfiltern. Danach kühl und dunkel lagern.

Pacharán

Ein traditioneller baskischer Digestif, in seiner Heimat *Patxaran* geschrieben. Wer Anis nicht mag, verwendet einen anderen Schnaps oder Likör.

200 g Schlehen (Patxakarana) • 1 l Anisschnaps oder -likör • 1 Stück Bio-Orangenschale • 1 Vanilleschote • 4 Kaffeebohnen

Die Schlehen mit einer Nadel mehrfach einstechen. Alle Zutaten in einer weithalsigen Flasche 4 Monate ziehen lassen, abfiltern und in kleinen Flaschen kühl und dunkel lagern. Die beschwipsten Schlehen aromatisieren Saucen zu dunklem Fleisch, Käse und Desserts.

Nougatlikör

Das beste Mittel gegen den Winterblues. Pur, im Kaffee, zu Eiscreme und Desserts. Genial in Saucen zu dunklem Fleisch. Der Likör gelingt auch mit Walnüssen oder Mandeln.

150 g gehackte Haselnüsse • 180 g Zucker • 2 EL Kakaonibs • 1 kleine Stange Zimt • ½ Vanilleschote in Stücken • 1 l weißer Rum oder sehr guter Weinbrand

Die Haselnüsse in einer trockenen Pfanne rösten, bis sie zu duften beginnen. Den Zucker in einer weiteren Pfanne leicht karamellisieren, danach mit möglichst wenig heißem Wasser auflösen. Die Haselnüsse mit dem erkalteten Karamell und den übrigen Zutaten in einem weithalsigen Glas 8 Wochen an einem warmen hellen Ort ziehen lassen. Gelegentlich schütteln. Abfiltern und in kleine Flaschen abfüllen.

Die Haselnüsse und Kakaonibs für Desserts und Saucen zu dunklem Fleisch weiterverwenden.

Nelkenwurzbitter

Zur Anregung von Appetit und Verdauung. Stärkt Herz und Nerven.

20 g klein geschnittene Nelkenwurz-Wurzel • Schale von 1 Bio-Orange • 1 l guter Rotwein

Die Wurzel mit der grob geschnittenen Orangenschale ohne weiße Anteile 48 Stunden im Rotwein ziehen lassen. Filtrieren und gut verschlossen kühl und dunkel lagern.

Haselnussmilch

Aromatisches Getränk und feine Basis für Süßes und Pikantes.

300 g Haselnüsse, auf Wunsch geröstet

Die Haselnüsse in 1 l Wasser bedeckt über Nacht einweichen. Danach in einem Sieb unter laufendem Wasser 1 Minute spülen. Mit 1 l frischem Wasser in der Küchenmaschine zu einer cremigen Flüssigkeit zerkleinern.

Ein Sieb mit einem feinmaschigen Tuch auslegen. Die Haselnussmasse hineingießen und abtropfen lassen. Die Ecken des Tuches hochziehen und das Tuch fest eindrehen, um die Flüssigkeit auszupressen. Die »Milch« hält im Kühlschrank bis zu 4 Tage.

Die ausgepresste Nussmasse lässt sich in Smoothies und Gebäck sowie zum Binden von Suppen und Saucen weiterverwenden.

Schlehenfruchtlikör

Die Schlehen sollten sehr reif sein und mindestens eine Frostnacht hinter sich haben. Bei mildem Wetter zum Entbittern die Schlehen einfach für 24 Stunden einfrieren. Wer ein feines Bittermandelaroma schätzt, zerstößt einige Kerne und lässt sie mitziehen.

250 g Schlehen • 500 ml Rotwein • 150 g weißer oder brauner Kandiszucker • 1 Nelkenwurz-Wurzel oder 2 Gewürznelken • 1 kleine Stange Zimt • Mark von ½ Vanilleschote • 500 ml brauner Rum

Die Schlehen mit möglichst wenig Wasser aufkochen. Nach dem Abkühlen mit dem Rotwein in einer weithalsigen Flasche 1 Woche an einem warmen Ort ziehen lassen. Abfiltern, mit Kandis, Nelkenwurz und Zimt 5 Minuten kochen. Erneut abfiltern, mit Vanille und Rum mischen und in kleine Flaschen füllen. Einige Tage reifen lassen. Kühl und dunkel lagern.

Zahlreiche Alltagsbeschwerden lassen sich gut mit Pflanzen behandeln. Bessert sich das Befinden nicht innerhalb weniger Tage oder ist die Erkrankung schwer, ist unbedingt der Rat von Fachleuten einzuholen. Üblicherweise verwendet man die Zubereitungen kurmäßig einige Tage bis 3 Wochen.

Acker-Senf-Pflaster

Bei Rheumatismus und Bronchitis *1–2 EL pulverisierte Acker-Senf-Samen* mit der 2- bis 3-fachen Menge maximal 45 °C heißem Wasser zu einer Paste anrühren, auf ein Stück Alufolie streichen, auflegen und mit elastischen Binden oder Pflastern fixieren. Es entsteht ein starkes Wärmegefühl. Nach spätestens 25 Minuten den Brei sorgfältig abwischen.
Bei starken Hautreizungen das Pflaster sofort entfernen und die gereinigte Stelle mit Olivenöl bestreichen. Bei der nächsten Anwendung Dosis und Einwirkungszeit verringern.

Acker-Senf-Samen-Kur

Bei Verstopfung und zur Vorbeugung von Schlaganfällen. Auch länger bestehende Gehörschäden und Magenleiden sollen hiermit zu heilen sein. *5 g Senfkörner* über Nacht in Wasser einweichen. Die Mischung am folgenden Morgen trinken.

Bärlauchkompresse

Gegen Furunkel und Hautunreinheiten *1 Handvoll Bärlauchblätter* im Mörser zerquetschen, mit etwas *Olivenöl* mischen, auf die betroffene Stelle streichen. Mit Frischhaltefolie fixieren. Nach jeweils 12 Stunden erneuern bis zur Heilung.

Berberitzenmedizin

Zur Anregung des Stoffwechsels *500 g Berberitzen* mit *250 ml Weingeist* und *500 ml Korn* 4–6 Wochen in einem weithalsigen, dicht verschlossenen Glas an einem warmen Ort ziehen lassen. Danach durch ein sauberes Tuch filtrieren, mit *250 g Honig* vermischen und in gut verschließbare Flaschen füllen. Kühl und dunkel lagern. Bei Bedarf 1 Likörglas nach dem Essen.

Birkenkur

Gegen Haarausfall, gereizte Kopfhaut und Schuppen sowie unreine Haut *1 Handvoll frische Birkenblätter, 500 ml Alkohol (60% Vol.), 1 EL Brennnesselblätter, 1 EL Klettenwurzeln und 2 TL Thymian* in einer weithalsigen Flasche 3 Wochen unter gelegentlichem Rühren ziehen lassen, abfiltern und in kleine Tropfflaschen füllen. Morgens und abends den Haarboden mit einigen Tropfen massieren.
Bei unreiner Haut obigen Ansatz kurz vor der Verwendung 1:1 mit Wasser verdünnen und als Gesichtswasser verwenden.

Brennnesselabsud

Zur Entwässerung sowie Anregung des Stoffwechsels und Milchflusses *10 g frische oder 3 g getrocknete Brennnesselblätter* in *250 ml Wasser* 10 Minuten kochen, 5 Minuten ziehen lassen. 10 Tage lang 2 Tassen täglich trinken.

Brombeerblättertinktur

Bei Angina, Blasenentzündung, Durchfall, Weißfluss und Zahnfleischbluten *6 EL getrocknete Brombeerblätter* mit *1 l Weingeist* bedecken. Unter gelegentlichem Schütteln 5 Wochen ziehen lassen, danach abfiltern. Gut verschlossen kühl und dunkel lagern. Bei Bedarf bis zu 50 Tropfen pro Tag in etwas Wasser einnehmen.

Brunnenkressetinktur

Gegen Erkrankungen der oberen Atemwege, Appetitlosigkeit, Gicht und Rheuma, Hautprobleme, Skorbut und in der Rekonvaleszenz ein weithalsiges Glas mit *frischer zerkleinerter Kresse* füllen. Das Glas mit *Alkohol (60% Vol.)* auffüllen, gut verschließen und an einem warmen Ort 10 Tage unter täglichem Schütteln stehen lassen. Danach filtrieren und in kleinen Flaschen gut verschlossen lichtgeschützt aufbewahren. Bei Bedarf bis zu 3 Mal täglich 5 Tropfen in einem Glas Wasser trinken.

Dostwickel

Gegen Menstruationsbeschwerden, Muskelkrämpfe, steifes Genick und Hexenschuss *1 Handvoll frisch gepflückte blühende Sprossspitzen vom Dost* überbrühen, in ein Tuch schlagen und auf die verkrampfte Muskulatur legen.

Ebereschenaufguss

Bei Bronchitis und Husten, Durchfall, Magenverstimmung, Lymphstau und Skorbut *5 g getrocknete Ebereschenblüten und -blätter* mit 250 ml siedendem Wasser übergießen und 10 Minuten ziehen lassen. Bei Bedarf 1 Tasse trinken.

Edelkastanien-Gurgelwasser

Bei Entzündungen in Mund und Rachen *10 g getrocknete Edelkastanienblätter* mit 250 ml siedendem Wasser übergießen und 15 Minuten ziehen lassen. Filtrieren und mehrmals täglich mit dem Absud gurgeln.

Eselsdistelabsud

Zur Anregung des Stoffwechsels *5 g getrocknete Blätter* mit 250 ml Wasser 10 Minuten kochen. 3 Tassen täglich trinken.

Franzosenkrautwein

Als Frühjahrskur, bei Anämie und in der Rekonvaleszenz *2 Handvoll Franzosenkraut* in *1 l gutem Rotwein* 10 Tage ziehen lassen, abfiltern und in kleine, dicht verschließbare Flaschen füllen. Am besten kurmäßig über 3 Wochen jeweils ein kleines Glas nach den Hauptmahlzeiten trinken.

Gänseblümchenabsud

Bei Erkrankungen der Atemwege und der Haut für die innerliche und äußerliche Anwendung *15 g Gänseblümchen* in 250 ml Wasser 5 Minuten kochen und 10 Minuten ziehen lassen. Bei Bedarf 3 Tassen täglich trinken bzw. die betroffenen Hautstellen mehrmals täglich bestreichen.

Gierschaufguss

Bei Gicht und Herzkranzgefäßerkrankungen *2 EL frische Gierschblätter* mit 250 ml siedendem Wasser übergießen, 5 Minuten ziehen lassen. 3 Tassen täglich.
Äußerlich bei Gichtknoten, Hämorrhoiden, Ischias, Rheuma und schlecht heilenden Wunden *3 EL getrocknete Blätter* mit 250 ml siedendem Wasser übergießen, 5 Minuten ziehen lassen, danach abfiltern. Die betroffenen Stellen mehrmals täglich bestreichen.

Gundelrebenkompresse

Gegen Furunkel *1 Handvoll frische Gundelrebe* hacken und auf das Furunkel legen. Alle 12 Stunden frische Gundelrebe auflegen, bis das Furunkel aufgeht.

Guter-Heinrich-Wickel

Gegen Abszesse *1 Wurzel des Guten Heinrichs* zerquetschen und auflegen. Mit einem Verband fixieren und 3 Stunden einwirken lassen. Danach Verband erneuern, bis der Abszess reif ist und entleert werden kann.

Hagebuttenabsud

Bei Erkältungen und Skorbut *30 g Hagebutten* in 1 l Wasser 1 Stunde einweichen, 3 Minuten kochen, 15 Minuten ziehen lassen, abfiltern. Den Absud über den Tag verteilt trinken. Im Gegensatz zu anderen Tees soll der Hagebuttenabsud seinen vollen Vitamingehalt über mehrere Stunden halten.

Haselblütenwein

Bei Erkältungen und Nasenbluten *5 g männliche Haselblüten* mit 250 ml siedendem Wein übergießen, 10 Minuten ziehen lassen, abfiltern und trinken.

Heidelbeeraufguss

Zur Anregung des Kreislaufs *15 g Heidelbeerblüten* mit 250 ml siedendem Wasser überbrühen und 10 Minuten ziehen lassen, abfiltern. 3 Tassen täglich trinken.

Himbeerlotion

Das traditionelle Mittel gegen unreine Haut, Rachenentzündungen und Krampfadern: *5 g Himbeerblätter* knapp mit Wasser bedeckt 10 Minuten kochen, danach abfiltern. Mehrmals täglich auf die betroffenen Stellen streichen bzw. zum Gurgeln verwenden.

Hirtentäschelabsud

Seit Jahrhunderten zur Bruststraffung und Wundbehandlung eingesetzt: *60 g frisches Hirtentäschel* in 1 l Wasser 10 Minuten kochen, abfiltern und erkalten lassen. Zwei- bis mehrmals täglich auftragen oder als Kompresse auflegen.

Holunderblütenaufguss

Innerlich bei Erkältungen, äußerlich als Lotion für zarte Haut: *2 TL Holunderblüten* mit 250 ml siedendem Wasser überbrühen, 5 Minuten ziehen lassen, danach abfiltern. Mit *1 TL Honig* verrühren. 3 Tassen täglich trinken.

Hopfenaufguss

Bei Nervosität und Schlaflosigkeit *8 g Hopfenzapfen* in 250 ml Wasser 3 Minuten kochen, abgekühlt abfiltern. Vor dem Schlafengehen trinken.
Gegen Entzündungen und Ekzeme *8 g Hopfenzapfen* in 125 ml heißem Wasser 10 Minuten ziehen lassen, abgekühlt abfiltern und auftragen.

Huflattichwickel

Gegen Krampfadern und Unterschenkelgeschwüre *3 Handvoll frische Huflattischblätter* mit dem Nudelholz quetschen, in mehreren Schichten auf ein Tuch legen, fest um die betroffenen Stellen wickeln und über Nacht einwirken lassen.

Klettenabsud

Gegen Hautprobleme, Juckreiz und Schwellungen *50 g frische Klettenwurzeln* in 500 ml Wasser 15 Minuten kochen und 10 Minuten ziehen lassen. Die befallenen Hautstellen mehrmals täglich bestreichen.

Knoblauchsraukenessig

Innerlich als Delikatesse, Frühjahrskur, bei Atemwegsbeschwerden und zur Kräftigung des Herzens, äußerlich gegen Hautunreinheiten, Ekzeme, Ödeme, Mandelentzündungen, Mundschleimhautentzündungen, eitrige Wunden und Zahnfleischentzündungen: *2 EL unreife Samenhülsen der Knoblauchsrauke* in einem weithalsigen Glas mit *500 ml Apfelessig* übergießen und unter täglichem Schütteln 2 Wochen ziehen lassen. Danach abfiltern. 2 EL morgens auf nüchternen Magen in einem Glas warmem Wasser verdünnt trinken. Äußerlich pur auftragen. Die abgefilterten Samenhülsen können zum Würzen verwendet werden.

Kornelkirschabsud

Bei Durchfall, Fieber und Gastritis *10 g Kornelkirschrinde* mit 250 ml Wasser aufkochen, 10 Minuten ziehen lassen, abfiltern und bei Bedarf bis zum Abklingen der Symptome 3 Tassen täglich bis zu 3 Wochen lang trinken.

Labkrautabsud

Innerlich gegen stoffwechselbedingte Hauterkrankungen und Nervosität *5 g blühende Sprossspitzen vom Labkraut* in 250 ml siedendem Wasser 2 Minuten kochen, abfiltern und 2 Tassen täglich trinken.
Äußerlich gegen Krampfadern, Sonnenbrand und schlecht heilende Wunden *10 g blühende Sprossspitzen vom Labkraut* in 250 ml siedendem Wasser 2 Minuten kochen, abfiltern, ein Tuch mit dem Absud tränken und als Kompresse auf die betroffenen Stellen legen.

Lindenblütenkompresse

Bei Couperose *10 g Lindenblüten* mit 125 ml siedendem Wasser überbrühen, 10 Minuten ziehen lassen, abfiltern und eine Kompresse damit tränken. Die Kompresse auf die betroffenen Stellen legen und 15 Minuten einwirken lassen.

Löwenzahnabsud

Bei Hauterkrankungen, Gicht und Krampfadern *20 g Löwenzahnwurzeln* in 250 ml Wasser 5 Minuten kochen und abfiltern. Kurmäßig 3 Tassen täglich trinken.

Löwenzahn-Öl-Kaltauszug

Gegen Probleme der Haut und Gelenke *1 Handvoll Löwenzahnblüten* an einem warmen luftigen Ort trocknen lassen. In dicht verschlossenen Gläsern an einem warmen dunklen Ort 6 Wochen mit Öl bedeckt ziehen lassen. Täglich kontrollieren, ob sich auf dem Deckel Kondenswasser gesammelt hat. Falls ja, abtupfen, um einer Schimmelbildung vorzubeugen. Das fertige Öl abfiltern. Kühl und dunkel lagern. 2 Mal täglich in die Problemzonen massieren.

Entschlackungskur

Je 30 g Pastinaken- und junge Löwenzahnblätter, 20 g Brennnesselblätter, 1 Apfel ohne Kerngehäuse und *1 Stück Feldgurke* im Mixer pürieren. Täglich eine Portion trinken, solange die Pflanzen Saison haben.

Meldenabkochung

Bei Hauterkrankungen, Verbrennungen und Nagelbettentzündungen *25 g frische Blätter* in *500 ml Wasser oder Olivenöl* 15 Minuten sieden, abfiltern und 2 Mal täglich auf die betroffenen Partien auftragen. Besonders heilwirksam ist eine Abkochung in Olivenöl auf kleiner Flamme.

Nachtkerzenmedizin der Indigenen

Gegen Ausschläge und Hautalterung *1–2 EL Nachtkerzensamen* im Mörser zu einem Brei zerstampfen und sofort auf die Haut auftragen.
Bei Ausschlägen: Den Brei auf der betroffenen Stelle mit Mull fixieren und nach 12 Stunden erneuern. So lange wiederholen, bis der Ausschlag abheilt.
Zur Schönheitspflege: Den Brei als Maske auftragen und 10 Minuten einwirken lassen oder das Öl abfiltern und die Haut damit einreiben.

Portulakumschlag

Bei Fieber *1 Handvoll gehackte frische Portulakblätter* mit *1 TL Salz* und *1 EL Essig* vermischt auf die Fußsohlen legen, bis sich die Temperatur normalisiert.

Quendelaufguss

So gut kann Medizin schmecken. Bei Husten und Magenbeschwerden *2 TL Quendelblättchen* mit 250 ml kochendem Wasser überbrühen und 8 Minuten ziehen lassen, abfiltern. Mit *2 TL Honig* und dem *Saft von ½ Zitrone* mischen. 3 Tassen täglich trinken.
Schmeckt auch gekühlt als erfrischendes Sommergetränk hervorragend.

Robinienwein

Bei Anämie, Brechreiz und Kopfschmerz, zur Anregung von Leber und Galle *20 g getrocknete Robinienblüten* mit *1 l siedendem Rotwein* übergießen, 15 Minuten ziehen lassen und abfiltern. Jeweils ein Likörglas vor den Hauptmahlzeiten trinken.

Sanddornsaft

Zur Stärkung des Immunsystems *1 l Sanddornsaft* mit *500 g Zucker* 15 Minuten kochen. In gut verschließbare Flaschen füllen. 3 EL täglich.

Sauerampfer-Erste-Hilfe

Bei Bienen- oder Wespenstich den Stachel entfernen. Dabei darauf achten, dass der Giftbeutel nicht verletzt wird. *Frische zerstoßene Sauerampferblätter* auflegen.

Sauerampferaufguss

Zur Blutreinigung und Stärkung *1 EL frische Sauerampferblätter* mit 250 ml heißem Wasser übergießen, 8 Minuten ziehen lassen, abfiltern, 1 Woche lang 3 Tassen täglich trinken.

Scharbockskraut-Dampfbad

Gegen Hämorrhoiden und bei Dammriss durch eine Geburt *100 g Scharbockskraut* mit 1 l siedendem Wasser überbrühen und ungefiltert in eine große Schüssel gießen. Die Flüssigkeit möglichst heiß halten und den Dampf 20 Minuten lang einwirken lassen; 2 Mal täglich anwenden.

Schlehenblütenaufguss

Innerlich gegen Magenkrämpfe, Blähungen, Verdauungsprobleme, Gicht, Rheuma und Hautausschläge; äußerlich gegen Akne: *1 Handvoll frische Schlehenblüten* in 750 ml 60 °C warmes Wasser streuen und bedeckt ziehen lassen. Kurmäßig während der Blütezeit über den Tag verteilt trinken bzw. als Aknelotion verwenden. Die Blüten sollten mitgetrunken werden. Bei Erkältungskrankheiten kann auch ein Aufguss aus getrockneten Blüten getrunken werden.

Schlehenaschenwein

Gegen Gicht *50 g Schlehenholzasche* mit siedendem Wasser zu einem dicken Brei anrühren, danach durch ein feines Tuch filtern. Die Flüssigkeit mit *2 l Wein, 8 Gewürznelken, 3 Stangen Zimt und 5 EL Honig* mischen. Morgens auf nüchternen Magen ein halbes Glas trinken, nach den Mahlzeiten ein ganzes Glas.

Spitzwegerichsirup kalt angesetzt

Gegen Husten, Asthma und erhöhte Harnsäurewerte *100 g Spitzwegerichblätter ohne Stiele* in feine Streifen schneiden und in ein weithalsiges Glas legen. Zwischendurch immer wieder mit etwas von *1 kg Honig* beträufeln. Mit dem restlichen Honig übergießen und gut aufklopfen, um eventuell vorhandene Luftblasen zum Aufsteigen zu bringen. 2 Monate gut verschlossen ziehen lassen. Abfiltern und in kleine Flaschen abfüllen. Gut verschlossen kühl und dunkel lagern. 2–5 TL pro Tag.

Spitzwegerichöl

Äußerlich gegen Wunden, Narben und gereizte Haut für den Dauergebrauch geeignet. Innerlich bei Entzündungen in Mund, Lunge, Magen und Darm: *1 Handvoll frische Spitzwegerichblätter* an einem sonnigen Tag sammeln – sie sollen möglichst trocken sein – und grob zerkleinert in ein weithalsiges Glas legen. Mit *200 ml Oliven- oder Mandelöl* bedecken. Gut verschlossen an einem warmen, dunklen Ort ziehen lassen. Jeden zweiten Tag schütteln, eventuell entstehendes Kondenswasser abtupfen. Nach 3 Wochen abfiltern, kühl und dunkel lagern. 2–5 TL pro Tag bis zum Abklingen der Symptome einnehmen oder auf die betroffenen Stellen tupfen.

Springkrautabsud

Gegen Ödeme, Gicht und Rheumatismus *5 g getrocknetes Springkraut* mit 250 ml Wasser aufkochen, 5 Minuten ziehen lassen und abseihen. Bei Bedarf 1–2 Tassen täglich, doch nicht im Dauergebrauch.

Veilchenaufguss

Innerlich bei Husten und Bronchitis, Kater und Neuralgien; äußerlich bei Hautunreinheiten und Narben. *2 TL Veilchenkraut* mit 250 ml Wasser aufgießen, aufkochen, 5 Minuten ziehen lassen, abfiltern. 2–3 Tassen täglich. Bei Husten mit Honig süßen. Auch zum Gurgeln und als Gesichtswasser verwendbar.

Veilchen in Honig

Gegen Erkältungen *2 Handvoll Veilchenblüten* in *500 g Honig* 3 Wochen ziehen lassen. 2–3 TL täglich.

Veilchenabkochung nach Kneipp

Als Umschlag gegen Gicht *1 EL ganze Veilchen* mit *250 ml Essig* aufkochen, 5 Minuten ziehen lassen, abfiltern. Ein Tuch mit dem Essig tränken und auf die betroffene Stelle legen.

Vogel-Sternmieren-Hautöl

Gegen Dermatitis, Juckreiz und Ekzeme *1 Handvoll Vogel-Sternmiere* im Mixer pürieren und mit *kalt gepresstem Olivenöl* bedeckt 1 Woche bei Zimmertemperatur ziehen lassen. Abfiltern, mit *1 EL Honig* mischen und in gut verschlossenen Flaschen kühl und dunkel lagern. 2 Mal täglich die betroffenen Stellen bestreichen.

Wald-Erdbeer-Aufguss

Bei Durchfall *10 g Wald-Erdbeer-Wurzeln* in 700 ml Wasser 10 Minuten kochen und über den Tag verteilt trinken.

Waldmeistertinktur

Zur Stärkung der Nerven und Anregung des Lymphflusses und der Leber, bei Migräne, Verdauungs- und Menstruationsbeschwerden *5 g getrockneten Waldmeister* in *100 ml Alkohol (60% Vol.)* 2 Wochen ziehen lassen, abfiltern. Bei Bedarf einige Tropfen einnehmen.

Waldmeister-Hautcreme

Da diese duftende Creme gegen Hautunreinheiten, Sonnenbrand, Wunden und Schwellungen keine Konservierungsmittel enthält, sind absolute Sauberkeit bei der Herstellung und gut gekühlte Lagerung erforderlich.
3 Stämmchen Waldmeister trocknen lassen, danach in möglichst wenig Wasser 2 Minuten bei milder Hitze kochen. Vom Herd nehmen und bedeckt 10 Minuten ziehen lassen. Abfiltern. In einem Wasserbad *50 ml Mandelöl* mit *10 g Lanolin* und *5 g Bienenwachs* vorsichtig erwärmen, bis das Wachs schmilzt; *5 g Kakaobutter* einrühren und schmelzen lassen.
Den Waldmeisterauszug bei 40 °C Temperatur tropfenweise durch kräftiges Schlagen rasch, doch sorgfältig in die ebenfalls 40 °C warme Ölmischung einarbeiten. Die Creme in kleine Tiegel füllen, erkalten lassen und danach im Kühlschrank aufbewahren. Mehrmals täglich auf die betroffenen Stellen streichen.

Dieses Grundrezept eignet sich auch für andere Kräuter. Cremes nicht mit den Fingern, sondern mit einem sauberen Spatel entnehmen. Sobald eine Creme nicht mehr frisch duftet, soll sie nicht mehr auf die Haut aufgetragen werden. Sie eignet sich dann noch zur Pflege von Holz und Leder.

Waldmeisterzigaretten zur Nikotinentwöhnung

Zu gleichen Teilen Waldmeister-, Huflattich- und Minzblätter über Nacht in *mit Honig gesüßtes Wasser* legen. Rasch an der Luft trocknen lassen, in längliche Streifen schneiden und in Zigarettenpapier einrollen.

Wald-Weidenröschen-Absud

Bei Blasenentzündungen und Durchfall *8 g getrocknete Weidenröschenblätter* mit 250 ml siedendem Wasser überbrühen und 8 Minuten ziehen lassen. 3 Tassen täglich trinken.

Wiesen-Bärenklau-Wein

Gegen Gedächtnisschwäche, Verdauungsprobleme und Impotenz *50 g klein geschnittene Wiesen-Bärenklau-Wurzeln und -Blätter* in *1 l Rotwein* 24 Stunden ziehen lassen. Abfiltern und je 1 Glas mittags und abends vor dem Essen trinken.

Wiesen-Bocksbart-Abkochung

Bei Husten, zur Unterstützung der Funktion von Leber und Nieren, gegen Rheumatismus *12 g Wiesen-Bocksbart-Wurzeln* in 250 ml Wasser 20 Minuten lang kochen, abfiltern. 10 Tage lang täglich 2 Tassen trinken.

Zirbenaufguss

Gegen Heiserkeit, Gallenbeschwerden und Harnwegsinfekte *8 g junge Zirbentriebe* mit 250 ml siedendem Wasser übergießen, 10 Minuten ziehen lassen und abseihen. 3 Tassen täglich trinken.

DIE WICHTIGSTEN INHALTSSTOFFE

Neben wertvollem Eiweiß und Fetten, Kohlenhydraten und Ballaststoffen, Vitaminen, Mineralstoffen und Spurenelementen enthalten Wildpflanzen zahlreiche Substanzen, die für Farbe, Aroma und nicht zuletzt für medizinische Wirkungen verantwortlich sind. Im Vergleich zu Zuchtpflanzen sind Wildpflanzen durch die höheren Gehalte an wertvollen Inhaltsstoffen wie Konzentrate. Diese Eigenschaft zeigt sich in einem meist intensiveren Geschmack und einer rascheren Sättigung. Allerdings enthalten alle Gewächse – egal ob wild oder gezüchtet – auch potenziell schädliche Stoffe. So kann etwa ein Übermaß an rohen Bohnen oder Muskatnuss üble Folgen haben. Die richtige Zubereitungsart, Dosierung und Anwendung sind daher der Schlüssel zu einer optimalen Verwendung. Zum Glück ist der Gaumen ein hilfreicher Indikator für die Zuträglichkeit der Nahrung.
Die folgende Auswahl aus unzähligen Wirkstoffen, die in den portraitierten Pflanzen enthalten sind, bietet eine Orientierungshilfe im Dschungel der Fachbegriffe.

Alkaloide – Zu dieser Substanzklasse zählen mehr als 10.000 Naturstoffe mit einem weiten Spektrum unterschiedlicher pharmakologischer Eigenschaften. Alkaloide dienen den Pflanzen als Schutz vor Fressfeinden, Bakterien, Pilzen und Viren. Der Gehalt und das Spektrum der Alkaloide hängen nicht nur von der Zugehörigkeit der Pflanze zu einer Gattung ab, sie können auch je nach Pflanzenteil und Umweltbedingungen stark variieren. Alkaloide schmecken meist extrem bitter. Sie werden rasch – auch über Haut und Schleimhäute – aufgenommen und können die Blut-Hirn-Schranke passieren. Zahlreiche Alkaloide haben eine ähnliche Struktur wie Neurotransmitter (Gehirnbotenstoffe) und beeinflussen daher das Zentralnervensystem, das u. a. Organfunktionen steuert. In kleinen Mengen wirken sie häufig anregend oder beruhigend und schmerzstillend, in höheren Dosen sind diese Stoffe giftig. Die bekanntesten Alkaloide sind Koffein, Nikotin, Strychnin und Morphin.

Aminosäuren – Als Bausteine für Zellen, Hormone, Enzyme, Antikörper u. v. m. sind Aminosäuren unverzichtbar. Darüber hinaus haben sie auch pharmakologische Wirkung. Um ein Beispiel zu nennen: Asparagin regt das Gehirn an, fördert die Ausdauer sowie den Abbau von Alkohol und wirkt harntreibend.

Anthocyane – Die wasserlöslichen Farbstoffe sind rot, violett oder blau(schwarz). Sie wirken entzündungshemmend, gefäßschützend, sehkraftstärkend und verhüten Krebs.

Antioxidantien – Diese Substanzen gegen oxidativen Stress schützen vor Krankheiten wie Arteriosklerose, Alzheimer, Parkinson, Rheuma und Krebs.

Ätherische Öle – Pflanzen nutzen ätherische Öle zur Abwehr von Fressfeinden, Bakterien, Pilzen und Viren, aber auch, um die Samen von konkurrierenden Arten am Keimen zu hindern. Ätherische Öle werden über Lunge, Haut und Schleimhäute, Magen und Darm aufgenommen. Sie regen die Drüsensekretion in Atemwegen und Verdauungstrakt an und wirken u. a. schleimlösend, entkrampfend, entzündungshemmend, durchblutungs- und verdauungsfördernd, beruhigend oder kreislaufanregend, häufig auch mild harntreibend. Sie bekämpfen Bakterien, Parasiten, Pilze und Viren. Dolden-, Korb- und Lippenblütler sind überaus reich an ätherischen Ölen.

Bitterstoffe – Zahlreiche besonders heilsame Pflanzen sind reich an Bitterstoffen, bei denen es sich vorwiegend um Verbindungen aus den Gruppen der Glykoside, Isoprenoide und Alkaloide handelt. Bitterstoffe fördern die Durchblutung des Verdauungstraktes, regen die Sekretion von Magensaft und Gallenflüssigkeit sowie die Darmperistaltik an. Überdies bekämpfen Bitterstoffe Bakterien und Pilze und steigern die Immunabwehr.

Amygdalin – ein Glykosid, bei dessen Spaltung Blausäure entsteht, wird als Mittel gegen Tumore und Metastasen beworben. Wirkungen wurden bestenfalls in – umstrittenen – Studien mit intravenösen Gaben erzielt. Als Therapie größere Mengen an amygdalinhaltigen Kernen zu verspeisen ist wegen der Vergiftungsgefahr nicht zu empfehlen.

Blausäure – (Cyanwasserstoff) dient als Fraßschutz. Sie verflüchtigt sich schnell und ist auch durch Wässern oder Erhitzen entfernbar. Zudem besitzt der menschliche Körper ein Enzym zur Entgiftung. Kleine Mengen sind daher unbedenklich. Der Schlehenfruchtlikör aus diesem Buch wird sie daher in der Erbfolge nicht voranbringen.

Carotinoide – Diese Farbstoffe und Vorstufen von Vitamin A wirken antioxidativ. Auch für die Sehkraft ist diese Gruppe wichtig. Häufig vorkommende Carotinoide sind Beta-Carotin und Lycopin.

Cholin – Das quartäre Ammoniumsalz ist Bestandteil von Zellwänden, der Nervenschutzschicht Myelin und dem Neurotransmitter Acetylcholin. Es wird zudem für den Transport von Fettsäuren im Körper benötigt; ein Mangel führt daher zu Fettleber.

Cumarine – Diese nach Heu duftende Untergruppe der Phenylpropanoide ist in zahlreichen Arten vertreten. Da diese Stoffe teilweise glykosidisch gebunden vorliegen, entwickelt sich das Aroma erst bei Verletzung der Pflanze bzw. beim Welken. Besonders hoch ist der

Gehalt in Waldmeister, Zimt und Tonkabohne. Überdosierung kann zu Kopfschmerzen, Benommenheit, Herz- und Leberschäden führen.

Aesculin ist ein Cumaringlykosid, das die Durchlässigkeit der Gefäßwände senkt und den UV-B-Anteil des Sonnenlichtes absorbiert.

Asperulosid wird in Cumarin umgewandelt bzw. in Prostaglandine, hormonartige Verbindungen, die auf Blutgefäße und Gebärmutter wirken.

Furocumarine erzeugen Hautreizungen, die durch Sonnenlicht verstärkt werden (Wiesendermatitis). Sie können auch Allergien auslösen. Häufig vorkommende Furocumarine sind Bergapten und Psoralen.

Fettsäuren – Fette und Öle sind u. a. Energiespeicher, lebenswichtige Bestandteile von Zellmembranen, Vorstufen von Hormonen und für die Aufnahme der fettlöslichen Vitamine A, D, E und K unerlässlich. Das Gehirn besteht übrigens zum Großteil aus Fett. Nach Länge der Molekülketten unterscheidet man kurz-, mittel- und langkettige Fettsäuren. Finden sich Doppelbindungen zwischen den Kohlenstoffatomen, spricht man von ungesättigten Fettsäuren. Je nach Position der Doppelbindungen im Molekül wird in Alpha- und Omega-Fettsäuren unterteilt. Als essenziell werden jene Fettsäuren bezeichnet, die der Mensch nicht selbst herstellen kann und daher mit der Nahrung aufnehmen muss, z. B. Alpha-Linolensäure (eine Omega-3-Fettsäure) und Linolsäure sowie Gamma-Linolensäure (beide Omega-6-Fettsäuren). Besonders günstig in der Zusammensetzung sind die meisten Fette pflanzlichen Ursprunges, wobei in Summe auf ein ausgewogenes Verhältnis von Omega-6 zu Omega-3 (3:1 bis maximal 6:1) geachtet werden sollte. Die heute gängige Ernährung enthält ein Übermaß an Omega-6-Fettsäuren. Omega-3-Fettsäuren sind hoch ungesättigte Fettsäuren, die zur Herzinfarktprophylaxe, Immunsystemstärkung und Aufrechterhaltung der Gehirnfunktionen beitragen, Alpha-Linolensäure stärkt überdies die Knochen.

Flavonoide – Diese Untergruppe der Polyphenole schützt vor oxidativem Stress (und damit auch vor Schäden an der DNS, vorzeitiger Zellalterung und Krebs), UV-Strahlung, Insekten, Bakterien, Viren und Pilzen. Die Substanzen wirken entzündungshemmend, blutgefäßabdichtend, gegen Fettablagerungen (Plaques) in den Gefäßen, Fieber, Allergien und Tumore. Einige regen die Östrogenproduktion an.

Zu dieser Gruppe zählen u. a. Anthocyane (die Blüten und Früchte je nach pH-Wert rot, blau oder violett färben); Anthrachinone (abführende Farbstoffe); Flavone wie z. B. Apigenin und Luteolin (dämpft zusätzlich allergische Reaktionen) sowie dessen Derivat Diosmin (stärkt die Kapillargefäße); Flavonole wie Quercetin (gegen Entzündungen und Allergien, fördert Durchblutung und Wundheilung) und Rutin (dichtet Gefäßwände ab); und weitere hochwirksame Verbindungen.

Gerbstoffe – Diese Untergruppe der Flavonoide schützt die Gewächse vor Fäulnis, Zersetzung und Fressfeinden. Besonders gerbstoffreich sind Rinde, Samen und Wurzeln. Die Substanzen reagieren mit Eiweiß, dichten so die obersten Schichten von Schleimhäuten ab und trocknen sie aus. Dadurch entziehen sie Krankheitserregern den Nährboden und hemmen den Verlust von Flüssigkeiten. Daher wirken sie antimikrobiell und antiviral, antiallergen, blutstillend, wundheilend, entzündungs-, schweiß- und plaquehemmend. Sie dienen auch als Gegenmittel bei Vergiftungen mit Alkaloiden und Schwermetallen.

Generell werden konzentrierte Zubereitungen mit Gerbstoffen innerlich maximal zehn Tage angewendet, da sie die Aufnahme von Vitaminen und Mineralstoffen sowie Verdauungsenzyme behindern und die Magenschleimhaut reizen. Eine Überdosierung kann Brechreiz erzeugen und zu Leberschäden führen. Bei Verstopfung und trockenen Schleimhäuten sowie trockenen Ekzemen sind Gerbstoffe nicht günstig.

Catechingerbstoffe entstehen aus Proanthocyanidinen wie Catechin, Epicatechin. Ellagtannine sind Derivate der

Ellagsäure, z. B. Castalgin, Quercetin (dessen Derivat Hyperosid hemmt Krebs). Lamiaceengerbstoffe sind Derivate der duftenden Zimtsäure . Zu den häufigsten zählt die Kaffeesäure (hemmt die Nitrosaminbildung).

Glucosinolate (früher Senfölglykoside) – Diese charakteristischen Inhaltstoffe von Kreuzblüten- und Kapuzinerkressegewächsen mit meist scharfem Geschmack und Geruch schützen die Pflanze vor Mikroorganismen, Pilzen und Fressfeinden. Die schwefel- und stickstoffhaltigen Substanzen enthalten Senföle (Isothiocyanate) und ein oder mehrere Zuckermoleküle. Senföle wirken hautreizend, durchblutungs- und verdauungsfördernd. Überdies wirken sie gegen zahlreiche Bakterien (sogar einige antibiotikaresistente Stämme) sowie Viren.

Glykoside – Diese Gruppe umfasst zahlreiche zuckerhaltige Verbindungen mit unterschiedlichsten pharmakologischen Wirkungen. Die Bindung von Substanzen an Zuckermoleküle macht sie für die Pflanze selbst unschädlich. Verletzung der Zellen, z. B. Fraß, setzt Enzyme frei, die Zucker abspalten und die Abwehrstoffe aktivieren. Glykoside können unter anderem antibiotisch wirken, die Schlagkraft des Herzens erhöhen, Krämpfe und Schleim lösen, Schweiß treiben sowie die Durchblutung und Darmtätigkeit anregen.

Inosit – Inosit dient als Basis für Signalmoleküle in den Zellen.

Inulin – Der zu den Fructanen (Fructosanen) zählende Reservestoff wird vor allem von Korb- und Doldenblütlern eingelagert. Da er den Zuckerspiegel nicht beeinflusst, ist er bei Diabetes günstig. Durch Bindung von Wasser entsteht ein schleimhautschützender Schleim, der Husten und Reizungen des Verdauungstraktes lindert. Inulin nährt im Darm die Bifidobakterien, kann jedoch in größerer Menge zu Blähungen führen.

Iridoide – Die zu den Terpenoiden (Isoprenoide) zählenden Iridoide halten mit bitterem Geschmack Fressfeinde ab. Sie schützen zudem vor Bakterien und Pilzen. Damit sie für die Pflanze selbst nicht giftig wirken, liegen sie als Glykoside vor. Besonders häufig sind Aucubin und Catalpol. Aucubin lindert Juckreiz, fördert die Harnsäureausscheidung und führt mild ab. In Tierversuchen zeigte es einen leberschützenden Effekt.

Kieselsäuren – Diese siliziumhaltigen Substanzen stärken Bindegewebe, Blutgefäße, Haare, Haut, Nägel und Knochen.

Mannit – Diese Reservesubstanz der Pflanzen wird vom Menschen nicht verstoffwechselt. Es wirkt harntreibend, abführend und senkt den Druck in Gehirn sowie Augen.

Organische Säuren – Organische Säuren wirken u. a. antioxidativ und antimikrobiell. Sie tragen auch zum Aroma bei. Zu den häufigsten zählen Äpfelsäure (verhindert, dass Tiere unreife Früchte fressen und damit unreife Samen verteilen), Ameisensäure (fördert die Durchblutung), Chlorogensäure (anregend und harntreibend, in größeren Mengen magenreizend), Fettsäuren, Oxalsäure, Sorbinsäure (antimikrobiell) und Zitronensäure (u. a. antimikrobiell).

Oxalsäure – Diese Dicarbonsäure behindert die Resorption von Eisen, Kalzium und Magnesium. Bei einer normalen Ernährung sind die aufgenommenen Mengen unbedenklich. Zudem enthält ein gesundes Darmmikrobiom Bakterien, die Oxalsäure abbauen. Allerdings sollten Personen mit Arthritis, Gicht, Nierenschäden und Rheuma oxalsäurereiche Pflanzen meiden (v. a. Sauerampfer, Sauerklee, Mangold, Spinat, Tee, Rhabarber und Kakao). Blanchieren in reichlich Wasser senkt den Oxalsäuregehalt, Zubereitungen mit kalziumreichen Nahrungsmitteln wie Milch, Sesam oder Haselnüsse binden die Oxalsäure. Bei Aufnahme großer Mengen an Oxalsäure können Krämpfe, Lähmungserscheinungen, Nierenschäden und Nierensteine auftreten.

Pflanzenhormone – Diese Substanzen steuern bei den Pflanzen Zellteilung, Wachstum, Blührhythmus, Samenbildung und -keimung sowie Reife.

Phenole – Diese große Gruppe umfasst zahlreiche Stoffe, die zu Farbe (Flavonoide) sowie Duft und Geschmack (Eugenol, Vanillin) beitragen und auch antioxidantiv wirken.

Zu den Polyphenolen zählen zahlreiche Substanzen, die teilweise entzündungshemmend und krebsvorbeugend wirken, Ablagerungen in den Gefäßen verhindern und damit Herzkrankheiten, Schlaganfällen und Demenz vorbeugen. In Pflanzen häufig vertreten sind Ellagsäure und Kaffeesäure (deren Abkömmling die Fließfähigkeit des Blutes erhöht).

Phytoöstrogene – Diese zu den Polyphenolen zählenden Substanzen sind Farb-, Gerb- und Bitterstoffe, die Pflanzen vor UV-Strahlung, Mikroorganismen und Fressfeinden schützen. Ihre Strukturähnlichkeit mit Östrogenen führt bei Überdosierung zu verminderter Fruchtbarkeit. Die im natürlichen Verbund enthaltenen Mengen sind nicht nur unbedenklich, sondern gesundheitsfördernd. Phytoöstrogene verlangsamen den Knochenabbau und können auch vor hormonabhängigen Krebsarten wie Brust-, Gebärmutter- und Prostatakarzinom schützen.

Phytosterine – Vorwiegend in fetten Pflanzenteilen wie Samen und Wurzeln vorhanden, sind diese Verbindungen menschlichen Hormonen und dem Cholesterin ähnlich. Durch Verdrängungsmechanismen ist ein cholesterinsenkender Effekt erzielbar. Phytosterine können hormonell bedingte Probleme wie etwa Beschwerden der Wechseljahre und die Entstehung bestimmter Krebsarten positiv beeinflussen. Eine Überdosierung (durch Nahrungsergänzungsmittel oder angereicherte Nahrungsmittel) stört die Aufnahme von fettlöslichen Vitaminen und Carotinoiden. Häufig vorkommende Phytosterine sind z. B. Campesterin, Beta-Sitosterin und Stigmasterin.

Pyrrolizidinalkaloide sind in zahlreichen Pflanzen vorhanden, die als Heil- und Nahrungsmittel Tradition haben. Höhere Konzentrationen treten vor allem bei Stress durch Fraß, Licht- und Nährstoffmangel oder Dürre auf, haben also eine Schutzfunktion für die Pflanzen. Auch Insekten nehmen diese Stoffe auf, um sich vor Parasiten zu schützen. Pyrrolizidinalkaloide verursachten in Tierversuchen in hoher Dosierung über längere Zeiträume verabreicht Schäden an Leber und Erbgut sowie Krebs. Inwiefern solche Extrembelastungen auf den menschlichen Alltag übertragbar sind, ist ungeklärt.

Salicylsäure – Das Pflanzenhormon wirkt schmerzstillend, entzündungshemmend, antirheumatisch und fiebersenkend.

Saponine – Diese Gruppe umfasst Substanzen mit unterschiedlicher Struktur, die eine Eigenschaft verbindet: Sie schäumen in Wasser und emulgieren Öl. Dadurch erhöhen sie die Resorption anderer Substanzen aus dem Darm. Diese Effekte sind von therapeutischer Bedeutung bei der Einschleusung von Stoffen sowie für die Abdichtung der Gefäßwände bei Venenleiden. Saponine verstärken die Immunreaktion, lösen Schleim, lindern über die Anregung der Harnausscheidung Gicht, Rheuma und Hautkrankheiten. Sie wirken cholesterinsenkend, bakterizid, fungizid und antiparasitär. Massive Überdosierung verursacht eine Reizung von Magen und Darm und den Austritt des roten Blutfarbstoffes aus den Blutkörperchen. Steroidsaponine haben Hormonwirkung. Sie dienen der Empfängnisverhütung, Geburtshilfe und Krebsvorbeugung.

Schleimstoffe – Die kohlenhydrathaltigen Substanzen quellen in Wasser zu Schleim, der den Samen Feuchtigkeit zum Keimen bietet. Schleimstoffe lindern Husten und Reizungen des Verdauungstraktes, senken den Cholesterin- und Blutzuckerspiegel, manche stärken das Immunsystem oder absorbieren Giftstoffe. Durch die Bindung von Wasser wird die Verdauung gefördert.

Terpene – Diese Gruppe von vielen Tausend Substanzen umfasst zahlreiche hochwirksame aromatische Stoffe, die Pflanzen schützen und u. a. desinfizierend, beruhigend, entwässernd, verdauungsanregend, immunsystemstärkend und krebsvorbeugend wirken. Auch in Parfums und Kosmetika sowie in Pheromonfallen kommen Terpene zum Einsatz. Carvacrol fördert den Auswurf (Monoterpen), Betulin schützt die Leber vor Alkoholschäden und wirkt gegen Entzündungen, Herpes, Malaria, HIV und Tumore. Thymol wirkt desinfizierend, krampflösend und schleimlösend.

Brennnessel für aromatischere Kräuter

Neben Kräuter gepflanzt, erhöhen Brennnesseln den Gehalt an ätherischen Ölen in Pflanzen.

Brennnessel für mehr Ertrag

Unter Obstgehölze gepflanzt, vermehrt die Brennnessel den Ertrag.

Brennnessel gegen Raupen

Zwischen das Gemüse gesetzt, halten Brennnesseln Raupen fern.

Brennnesseljauche als Dünger und Pflanzenschutzmittel

Ein Gefäß (kein Metall) voll geschnittener Brennnesseln wird mit Regenwasser oder abgestandenem Wasser bedeckt und unter gelegentlichem Rühren mit einem Holzstock an einem warmen Ort mit Fliegengitter verschlossen vergoren. Gelegentliche Zugabe von Steinmehl mildert den Geruch. Nach 3 Wochen kann der Behälter dicht verschlossen werden. Die Flüssigkeit dient 1:10 verdünnt zum Gießen und Besprühen der Pflanzen.

Lindenasche

Im Garten verstreut hält die Asche Ungeziefer fern. In größeren Mengen macht sie Böden alkalischer.

Löwenzahn und Wiesen-Bocksbart

Die Wurzeln lockern verdichteten Boden und bringen Nährstoffe aus tieferen Schichten an die Oberfläche.

Robinie

Die duftenden Bäume sind eine Bienenweide und reichern den Boden mit Stickstoff an.

Wild-Rosen

Wild-Rosen sind eine gute Bienenweide sowie Nahrungsquelle und Schutzraum für Tiere. Die Wurzeln bewahren den Boden vor Erosion. Manche Arten wie die Bibernell- und die Kartoffel-Rose bilden Ausläufer und stabilisieren mit ihren Wurzeln Abhänge und Böschungen.

	Trocknen	Essig	Öl	Alkohol	Fermentieren oder Vergären	Keim-sprossen	Kandieren/ Salieren
Acker-Senf	Blätter, Samen	junge Blätter	junge Blätter		Blätter	3–5 Tage	Blüten
Bärlauch	Blätter, Samen	Blätter, Blüten, Früchte, Wurzeln	Blätter, Blüten, Früchte, Wurzeln			5–7 Tage	Blüten, junge Fruchtstände
Berberitze	Blätter, Früchte, Wurzeln	Früchte		Früchte, Wurzelrinde			Blüten, Früchte
Birke	Knospen, Blätter, Rinde			Saft			
Brennnessel	Blätter, Samen, Wurzeln	Samen, Früchte	Samen, Früchte	Blätter, Samen, Wurzeln	Blätter	3–5 Tage	
Brombeere & Kratzbeere	Blätter, Früchte	Früchte		Früchte	Blätter		Blüten, Früchte
Brunnenkresse	ganze Pflanze			ganze Pflanze		3–5 Tage	
Dost	blühende Triebspitzen, Stiele	blühende Triebspitzen	blühende Triebspitzen	blühende Triebspitzen		3–5 Tage	blühende Triebspitzen
Eberesche	Blätter, Blüten, Früchte	Früchte		Früchte			Blüten, Früchte
Edelkastanie	Blätter, Früchte, Rinde	Früchte		Früchte			Früchte
Eselsdistel	Blätter, Wurzeln	Blütenböden, Mark	Blütenböden, Mark	Wurzeln	Blätter		
Franzosenkraut	ganze Pflanze	ganze Pflanze		ganze Pflanze	Blätter	3–5 Tage	Blüten
Gänseblümchen	Blüten, Blätter, Samen	Blütenknospen	Blütenknospen			3–5 Tage	ganze Pflanze
Giersch (Geißfuß)	Blätter, Samen, Wurzeln	junge Blütenstände, Blätter	junge Blütenstände, Blätter	junge Blütenstände, Blätter	Blätter, Wurzeln	3–5 Tage	Blüten, Blätter
Gundelrebe	blühendes Kraut	junges blühendes Kraut	junges blühendes Kraut			3–5 Tage	junges blühendes Kraut
Guter Heinrich	Samen	Triebspitzen, Samenstände		Triebspitzen	Blätter	3–5 Tage	junge Fruchtstände
Hasel	Blätter, Kätzchen, Nüsse			Blätter, Nüsse			
Heidelbeere	Blätter, Früchte			Früchte			Blüten, Früchte

	Trocknen	Essig	Öl	Alkohol	Fermentieren oder Vergären	Keim-sprossen	Kandieren/ Salieren
Himbeere	Blätter, Früchte, Wurzeln	Früchte		Früchte	Blätter	3–5 Tage	Blüten, Früchte
Hirtentäschel	ganze Pflanze	Samenschötchen, Wurzeln	Samenschötchen, Wurzeln	Samen		3–5 Tage	Blüten, Samenschötchen
Holunder	Blüten, Früchte	Blüten, Früchte		Blüten, Früchte, Rinde			Blüten, Früchte
Hopfen	Blüten	Triebspitzen, junge Blätter		weibliche Blütenzapfen	Blätter		Triebspitzen
Huflattich	Blüten, Blätter	Blüten mit Stiel		Blüten			Blüten
Klette	Wurzeln, Samen	Wurzeln	Wurzeln	Wurzeln	Wurzeln		
Knoblauchsrauke	junge Samenschoten	alle Teile	alle Teile	alle Teile	Blätter	3–5 Tage	Blüten, junge Samenschoten
Kornelkirsche	Blüten, Blätter, Früchte	Früchte		Früchte			Früchte
Labkraut-Arten	ganzes Kraut			ganzes Kraut			Blüten, Blätter
Linde	Blüten, Blätter, Bast	Blüten, unreife Früchte	Blüten, Blätter, Bast	Blüten, Blätter, Bast	Blätter		Blüten, unreife Früchte
Löwenzahn	alle Teile	Blütenknospen, Blätter	Blütenknospen, Blätter	Blütenknospen, Wurzeln			Blütenknospen, Blütenblätter
Melde-Arten	krautige Teile	Triebspitzen, Blütenknospen, Blätter	Triebspitzen, Blütenknospen, Blätter	Triebspitzen, Blütenknospen, Blätter		3–5 Tage	Blütenknospen
Nachtkerze	Blüten, Wurzeln	Blütenknospen, unreife Früchte	Blütenknospen, unreife Früchte		Blätter		Blüten, unreife Früchte
Nelkenwurz	Blätter, Wurzeln	Wurzeln		Wurzeln			Wurzeln
Pastinak	alle Teile	alle Teile	alle Teile	alle Teile	Blätter, Wurzeln	5–7 Tage	Blüten(knospen), Wurzeln
Portulak	Samen	Blüten, Triebe, Blätter	Blüten, Triebe, Blätter	Blüten, Triebe, Blätter		3–5 Tage	Blüten
Quendel	Blätter, Blüten, Samen	Blätter, Blüten	Blätter, Blüten	Blätter, Blüten		3–5 Tage	Blätter, Blüten

	Trocknen	Essig	Öl	Alkohol	Fermentieren oder Vergären	Keim-sprossen	Kandieren/ Salieren
Robinie	Blüten	Blüten	Blüten	Blüten			Blüten
Sanddorn	Früchte, Samen	Früchte		Früchte			Früchte
Sauerampfer	Blätter, Samen	Blätter, Samen	Blätter, Samen	Blätter, Samen	Blätter	3–6 Tage	Samen
Scharbockskraut	Blätter, Brut- & Wurzelknollen	Blätter, Knospen, Brut- & Wurzelknollen	Blätter, Knospen, Brut- & Wurzelknollen		Blätter		Blütenknospen
Schlehdorn	Blüten, Blätter, Früchte, Rinde	Blüten, Früchte	Blüten, Früchte	Blüten, Früchte, Samen, Rinde	Blätter		Blüten, Früchte
Spitzwegerich u. a. Wegeriche	alle Teile	Blütenknospen	Blütenknospen	Blätter, Wurzeln	Blätter		Blütenknospen
Springkraut	Blätter, Samen	junge Blätter, Triebspitzen, Blüten	junge Blätter, Triebspitzen, Blüten	Blüten		3–5 Tage	Blüten
Veilchen	ganze Pflanze	Blüten	Blüten	Blüten			Blüten
Vogel-Sternmiere	ganze Pflanze	ganze Pflanze	ganze Pflanze		ganze Pflanze	3–5 Tage	Blüten, Knospen
Wald-Erdbeere	Blüten, Blätter, Früchte	Blüten, Früchte	Blüten, Früchte	Blüten, Früchte	Blätter	3–5 Tage	Blüten, Früchte
Waldmeister	Blüten, Blätter	Blüten, Blätter	Blüten, Blätter	Blüten, Blätter			Blüten, Blattquirle
Wald-Weidenröschen	alle Teile	Triebspitzen, Blütenknospen, Blätter	Triebspitzen, Blütenknospen, Blätter	Blüten	Blätter	3–5 Tage	Blütenknospen, Blüten
Wiesen-Bärenklau	alle Teile	alle Teile	alle Teile	alle Teile	Blätter	3–5 Tage	Blüten, unreife Früchte
Wiesen-Bocksbart	Wurzeln, Samen	Triebspitzen, Blütenknospen	Triebspitzen, Blütenknospen	Wurzeln			Zungenblüten
Wild-Rose	Blüten, Früchte, Samen, Wurzeln	Blüten, Früchte		Blüten, Früchte			Blüten, Früchte
Zirbe	Nadeln, Samen, Rinde	Nadeln	Nadeln	unreife Zapfen, Nadeln, Rinde			Nadeln

WILDPFLANZEN SELBST ZIEHEN

Wildpflanzen sind zwar widerstandsfähig und meist nicht allzu anspruchsvoll, wissen jedoch einen angepassten Standort zu schätzen. Neben den Lichtverhältnissen spielen auch das Nährstoffangebot und der Bodentyp eine Rolle.

Die Hauptart des Bodens ist beim Zusammendrücken einer Handvoll Erde erkennbar: Lehmiger Boden lässt sich ohne zu kleben zu einer glatten Kugel formen, Tonboden ist ebenfalls gut knetbar und wird zusätzlich beim Zusammendrücken glänzend, sandiger Boden krümelt, aus Moorboden lässt sich wie bei einem Schwamm Wasser ausdrücken.

Den Kalkgehalt des Bodens testet man am einfachsten mit einigen Tropfen 10-prozentiger Salzsäure. Je stärker die Schaumbildung, desto kalkhaltiger ist die Erde.

Um den pH-Wert des Bodens ohne Messgerät oder Streifchen zu bestimmen, kocht man destilliertes Wasser auf, hackt einige Blätter Rotkraut(-kohl) sehr fein und lässt sie im heißen Wasser 10 Minuten ziehen. Danach die Flüssigkeit abkühlen lassen und in eine Schale filtern. Eine Handvoll Erde einstreuen und umrühren. Ist die Flüssigkeit nach 30 Minuten immer noch violett, ist der Boden neutral; wird sie pink ist der Boden sauer. Blaue bis grüne Farbtöne zeigen alkalische Erde an.

Der pH-Wert der Erde lässt sich ganz einfach mit natürlichen Mitteln regulieren. Ist er zu hoch, fügt man Kalk oder Asche hinzu. Bei zu niedrigem pH-Wert schaffen Kaffeesud, Baumnadeln oder kompostierte Baumblätter Abhilfe.

Ideal zum Gießen ist Regenwasser. Hartes Leitungswasser sollte vor der Verwendung zumindest einen Tag lang abgestanden sein.

* die Pflanze ist eingeschlechtlich (zweihäusig), daher weibliche und männliche Pflanzen setzen

	Frühjahr	Sommer	Herbst	Boden	Lage
Acker-Senf	Aussaat			alle	Sonne
Bärlauch	Aussaat		Wurzel	humusreich	(Halb)Schatten
Berberitze		Ableger	Samen	trocken	Sonne
Birke	Samen			sandig, pH < 6,5	Sonne
Brennnessel *	Aussaat		Wurzelteilung	nährstoffreich	Sonne – Halbschatten
Brom- & Kratzbeere	Aussaat	Grünstecklinge	Steckhölzer	feucht, gut entwässert	Sonne – Halbschatten
Brunnenkresse	Wurzelstecklinge	Wurzelstecklinge		flache Fließgewässer, Topf in täglich frischem Wasser	Sonne – Halbschatten
Dost	Aussaat	Stecklinge	Aussaat	gut entwässert	Sonne
Eberesche	Aussaat	Stecklinge			Sonne
Edelkastanie			Aussaat	kalkarm, tiefgründig, Silikat, Sand, leicht sauer	hell und mild
Eselsdistel	Aussaat			gut entwässert, nährstoffreich	Sonne
Franzosenkraut	Aussaat		Teilung	lehmig, leicht stickstoffhaltig	mild, Sonne – Halbschatten
Gänseblümchen	Aussaat, Teilung			möglichst lehmig	Sonne
Giersch (Geißfuß)	Aussaat		Aussaat, Teilung	gut entwässert, nicht zu trocken	Sonne – Halbschatten
Gundelrebe	Aussaat			feucht, kalkhaltig, nährstoffreich	(Halb)Schatten
Guter Heinrich	Aussaat			nährstoffreich, bevorzugt lehmig	Sonne
Hasel			Stecklinge	tiefgründig, nährstoffreich, lehmig	(Halb)Schatten
Heidelbeere		halbreife Stecklinge	Aussaat	feucht, kalkreich, vorzugsweise etwas sauer	Sonne – Halbschatten
Himbeere		Grünstecklinge	Steckhölzer	feucht, gut entwässert, nährstoffreich	Sonne
Hirtentäschel	Aussaat			gut entwässert	Sonne – Halbschatten
Holunder		Grünstecklinge		nährstoff- und humusreich	Sonne – Halbschatten
Hopfen *	Wurzelstockstücke			vorzugsweise feucht und lehmig	warm und sonnig
Huflattich	Aussaat, Teilung		Teilung	feucht, nährstoffreich	Sonne
Klette	Aussaat			feucht, neutral bis alkalisch	Sonne – Halbschatten
Knoblauchsrauke	Aussaat			feucht und stickstoffreich	Sonne – Schatten
Kornelkirsche	Aussaat		Aussaat, halbreife Stecklinge	kalk- und nährstoffreich	Sonne
Labkraut-Arten	Teilung	Aussaat	Teilung	gut entwässert, neutral bis alkalisch	Sonne

	Frühjahr	Sommer	Herbst	Boden	Lage
Linde	Aussaat			feucht, gut entwässert, neutral bis alkalisch	Sonne – Halbschatten
Löwenzahn	Aussaat			neutral bis alkalisch	Sonne
Melde Spießblättrig			Aussaat	gut entwässert	Sonne
Nachtkerze	Aussaat			möglichst lehmig	Sonne – Halbschatten
Nelkenwurz	Aussaat		Aussaat	feucht und nährstoffreich	Halbschatten
Pastinak	Aussaat			trocken bis mäßig feucht, vorzugsweise Lehm	Sonne
Portulak	Aussaat			feucht, gut entwässert, nährstoffreich	Sonne, kaum Frost
Quendel	Teilung	Grünstecklinge	Teilung	gut entwässert	Sonne
Robinie	Aussaat		Aussaat	gut durchlässig, eher trocken	Sonne, kaum Frost
Sanddorn*	Aussaat	halbreife Stecklinge		möglichst Sand oder Kies	Sonne
Sauerampfer*	Aussaat, Teilung		Teilung	feucht	Sonne – Halbschatten
Scharbockskraut		Brutknospen	Brutknospen	feucht, neutral bis alkalisch	Schatten
Schlehdorn	Samen		Samen, Stecklinge	trocken, durchlässig, kalkhaltig, nährstoffreich	Sonne
Spitzwegerich u. a. Wegeriche	Aussaat			sandig, gut entwässert	Sonne
Springkraut	Aussaat			feucht	alle Lagen
Veilchen	Aussaat, halbreife Stecklinge		Aussaat	mäßig feucht, humusreich	Sonne – Halbschatten
Vogel-Sternmiere	Aussaat		Aussaat	feucht	Halbschatten
Wald-Erdbeere			Aussaat	lehmig, mäßig feucht, neutral bis leicht alkalisch	Sonne – Halbschatten
Waldmeister	Teilung	Aussaat	Teilung	gut entwässert	Halbschatten
Wald-Weidenröschen	Aussaat			möglichst nicht zu trockener Lehmboden	Sonne – Halbschatten
Wiesen-Bärenklau	Aussaat			jeder Boden	Sonne – Halbschatten
Wiesen-Bocksbart	Aussaat			neutral bis alkalisch	Sonne
Wild-Rose			Steckhölzer	gut entwässert, mäßig feucht, neutral bis leicht sauer	Sonne, Wind kein Problem
Zirbe	Aussaat		Aussaat	Kalk- und Urgesteinsböden	Sonne – Halbschatten

BOTANISCHE BEGRIFFE

Ableger – Spross aus Stamm oder Wurzel

◀ **Ähre** – Blütenstand mit einer Achse, an der die Blüten ungestielt sitzen

ausdauernd – mehrere Jahre blühend

Ausläufer – dicht unter oder an der Erdoberfläche verlaufende Seitensprosse, die an den Knoten wurzeln

basal – am Grund, am unteren Ende

Blattachsel – innerer Winkel zwischen Stängel und Blatt

Blattscheide – unterster Blattteil, der den Stängel umfasst

Blattspreite – ausgebreiteter Teil eines Blattes

◀ **Dolde** – schirmförmiger Blütenstand, bei dem alle Blütenstiele an einer Stelle entspringen

Doldenrispe – schirmförmiger Blütenstand mit ungleich langen Blütenstielen und Döldchen, die Blütenstiele entspringen an verschiedenen Stellen

◀ **doppelt gesägt** – Blattrand mit gesägten spitzen Zähnen

Dornen – spitze Gebilde, umgewandelt aus Zweigen oder Blättern (im Gegensatz zu Stacheln nicht leicht ablösbar)

Drüsen – Zellen oder Organe, die ätherische Öle oder andere Substanzen absondern, häufig als Punkte oder Drüsenhaare erkennbar (drüsige Pflanzenteile sind oft klebrig)

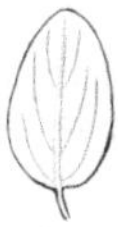

◀ **eiförmig** – die breiteste Stelle der Blattspreite befindet sich in der Nähe des Stielansatzes

einfach – nicht gefiederte Blätter oder unverzweigte Stängel

einjährig – nach einem Vegetationszyklus absterbende Pflanze

◀ **elliptisch** – nach oben und unten abgerundete Blattspreite, die in der Mitte am breitesten ist

endständig – am Ende eines Stängels stehend

Fieder – Einzelblatt eines gefiederten oder handförmig zusammengesetzten Blattes

Flügel – seitliche Kronblätter bei Schmetterlingsblüten

Frucht – Teil der Pflanze, der aus der Blüte entsteht und die Samen enthält

Fruchtknoten – aus den Fruchtblättern gebildetes Organ mit den Samenanlagen

◀ **ganzrandig** – Blattrand ohne Kerbe und Zahn

geflügelt – Stängel mit längs laufenden Leisten

gefurcht – Stängel mit Längsrinne

◀ **gegenständig** – einander gegenüberstehend

gekerbt ▶ – Blattrand mit spitzen Einschnitten zwischen abgerundeten Vorsprüngen

gekielt – Stängel mit Längsfalte

gelappt – (Blüten-)Blatt mit Einschnitten

gerieft – Stängel, Früchte oder Samen mit parallel verlaufenden Rippen

◀ **gesägt** – Blattrand mit spitzen Einschnitten und spitzen Zähnen

gezähnt ▶ – Blattrand mit runden Einbuchtungen und spitzen Zähnen

glockig – Blüten mit verwachsenen, glockig ausgebuchteten Kelch- oder Kronblättern

Griffel – faden- oder säulenförmige Verbindung zwischen Fruchtknoten und Narbe

grundständig – an der Basis der Stängel oder aus dem Boden entspringende Blätter

◀ **handförmig** – Blatt mit Einschnitten in Richtung Stielansatz

herablaufend – Basis sitzender Blätter, die flügelartig am Stängel entlangwächst

Hochblatt – Blatt im Blütenbereich, das sich meist von anderen Laubblättern unterscheidet und mitunter zur Bildung der Blütenhülle beiträgt

Hülle – Gesamtheit der Hochblätter an der Basis von Dolden

Hülse – Frucht, die an zwei Nähten aufspringt

Hybrid – Kreuzungsprodukt zweier Pflanzenarten

Jahrestrieb – innerhalb einer Vegetationsperiode gebildeter Trieb bei Sträuchern oder Bäumen

Kapsel – trockene Frucht mit Innenfächern, welche die Samen enthalten; öffnet sich, um Samen freizugeben

Kätzchen – meist hängender, ährenförmiger Blütenstand aus eingeschlechtlichen Blüten

Kelch – äußerste Blütenhülle (mitunter können Kelchblätter Form und Farbe von Kronblättern aufweisen)

Kern – Samen nach Entfernung der Samenschale oder den Samen enthaltender Steinkern

Knöllchen – Wurzelknollen von Hülsenfrüchten mit Knöllchenbakterien, welche den Luftstickstoff zu binden imstande sind

Knolle – unterirdische Verdickung von Spross oder Wurzel zur Speicherung von Nährstoffen

Knoten – Stängelverdickung am Blattansatz

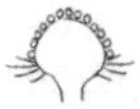

◀ **Köpfchen** – Blütenstand mit verdicktem Blütenstiel

kriechend – an der Erdoberfläche entlangwachsender Stängel

Kronblatt – Teil der Blüte, der Insekten mit Farbe und Nektar anlockt

kreuzgegenständig – aufeinanderfolgende Paare gegenständiger Blätter stehen um 90° versetzt zueinander

länglich – an den Enden leicht abgerundete Blattform, die länger als breit ist

◀ **lanzettlich** – an beiden Enden zugespitzte Blattform

Lappen – durch Einschnitte entstehender Teil von Laub- oder Blütenblättern

leierförmig – Blattform mit gelapptem Rand und vergrößertem Endlappen

◀ **lineal** – längliche Blattform mit beinahe parallel verlaufenden Blatträndern

Lippe – speziell geformtes Kronblatt

männliche Blüte – Blüte, die lediglich Staubblätter aufweist

Milchsaft – Flüssigkeit aus Eiweiß, Gummi, Fett, Kautschuk und Zucker; bei Verletzung der Pflanze durch Eintrocknen Verschluss bildend

Nadel – Blatt der Koniferen

Narbe – oberster Stempelteil, häufig verdickt und klebrig oder pinselförmig ausgeformt, um ein besseres Haften und Keimen der Pollenkörner zu gewährleisten

Nebenblätter – meist kleine, sitzende Anhängsel, die paarweise am Stielansatz von Blättern entstehen und mitunter rasch vergehen (bei manchen Pflanzen sind die Nebenblätter größer als die dazugehörigen Blätter)

Nektar – zuckerhaltiger Saft, meist von den Blüten zum Anlocken von Insekten gebildet

Nerven – aderartige Leitbündel

niederliegend – Stängel, der an der Erdoberfläche entlangwächst, ohne zu wurzeln

Nüsschen – trockene Frucht, die sich nicht spontan öffnet

◀ **paarig gefiedert** – die Teilblätter der Fiedern eines Blattes stehen in Paaren, es ist keine Endfieder vorhanden

Pfahlwurzel – Wurzel mit relativ stark entwickeltem Mitteltrieb

Pollen – Blütenstaub, meist in Form kleiner Körnchen, die im Staubbeutel entstehen und männliche Geschlechtszellen enthalten

◀ **Quirl** – auch Wirtel genannte Anordnung von drei oder mehr Laubblättern oder Blütenstielen, die dem Stängel auf gleicher Höhe radspeichenartig entwachsen

Ranke – fadenförmige Verlängerung der Hauptblattrippe oder umgeformter Stängel zur Fixierung der Pflanze an Stützobjekten

Rhizom – Wurzelstock

Rinde – Schutzüberzug für Wurzeln, Stämme, Zweige und Stängel (junge Rinde ist noch lebendes Gewebe)

Rippe – leistenförmiger Vorsprung

◀ **Rispe** – reich verzweigter Blütenstand

Röhrenblüten – röhrenförmige Blüten, deren Kronensaum nicht zu einer Zunge verbreitert ist

◀ **Rosette** – Blätter an der Basis des Sprosses

Saft – Lösung aus Wasser und Nährsalzen, die von den Wurzeln in die Triebe und Blätter aufsteigt, sowie Lösung aus Nährstoffen, die im Zuge der Photosynthese gebildet wurden und aus den Blättern zu den Wachstumszonen transportiert werden

Samen – Keimling, Embryo, Würzelchen, Stängelstück und ein bis zwei Keimblätter mit Reservenährstoffen

Scheindolde – auch Trugdolde genannter Blütenstand in Form einer Dolde, bei dem jedoch die Blütenstiele nicht einer Stelle entspringen

Scheinfrucht – Frucht, die nicht nur aus dem Fruchtknoten gebildet wird

Schiffchen – die unteren beiden bootsartig verwachsenen Blütenblätter von Schmetterlingsblüten

Schote – trockene Frucht mit bei Öffnung der beiden Klappen stehen bleibender Scheidewand

◀ **schrotsägeförmig** – Blattform mit zur Basis zeigenden, gezähnten Zipfeln

Schuppen – umgewandelte Blätter mit Schutzfunktion bei Knospen, Zwiebeln und Zapfen

sitzend – stängellose Blüten oder Blätter

Spaltfrucht – Fruchttyp, der bei Reife zerfällt

◀ **spatelförmig** – Blattform, bei der die Spitze breiter ist als die Basis

Sporn – hohler, spitzkegelförmiger Teil von Kelch- oder Kronblättern

Spross – Trieb

Stachel – leicht ablösbare, spitze Erhebung an der Oberfläche von Stängeln

Staubbeutel – verdicktes Ende der Staubfäden mit den Keimzellen der Pollen

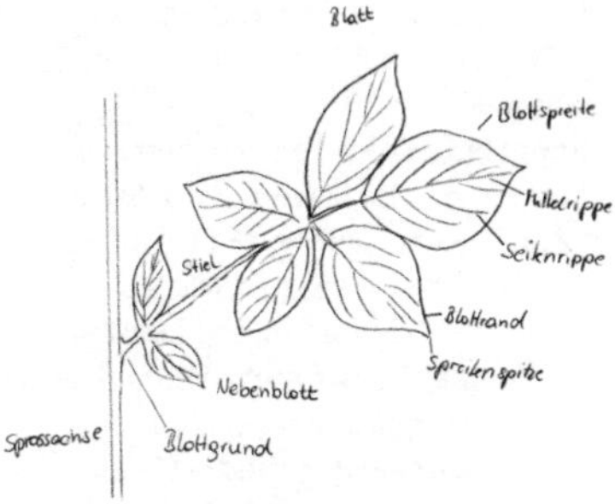

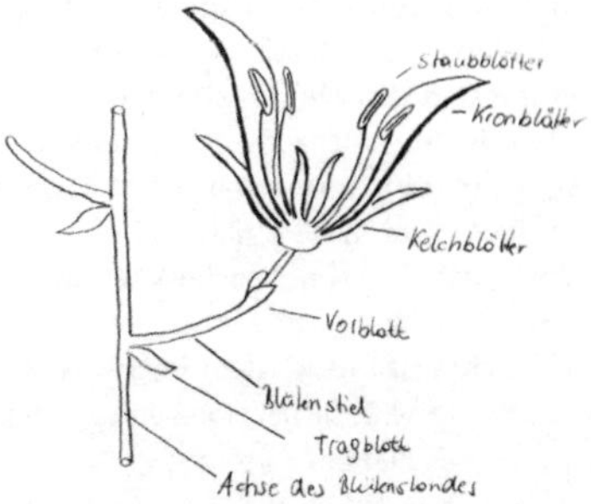

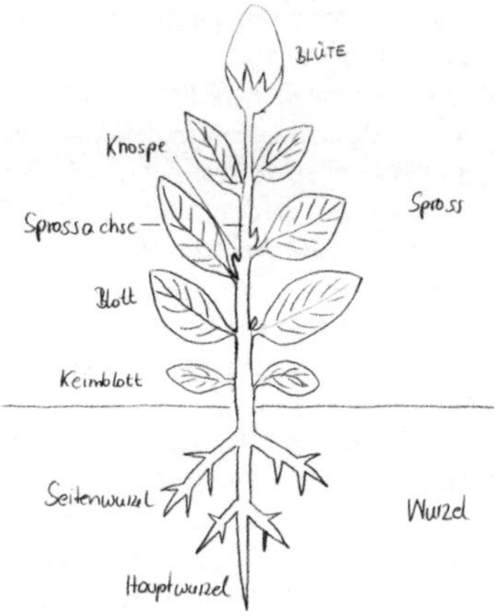

Staubblätter – männliches Fortpflanzungsorgan aus Staubfäden und Staubbeuteln
Staubfaden – Stiel des Staubbeutels
Steckling – sich bewurzelnder Zweig
Steinfrucht – fleischige Frucht mit Samen in einer stark verholzten Schale

◀ **Traube** – Blütenstand mit kurzgestielten Einzelblüten entlang der Hauptachse

unpaarig gefiedert ▶ – ungerade Anzahl der Teilblätter der Fiedern eines Blattes

unterständig – Fruchtknoten unterhalb des Ansatzes von Kelch und Krone der Blüte
Vegetationszyklus – Keimung, Wachstum, Blüte, Samenreife und Absterben
verkehrt eiförmig – Blattform mit deutlich breiterer Spitze als Basis
Vorblätter – kleine Hochblätter an den Blütenstielen
◀ **wechselständig** – dem Stängel auf unterschiedlicher Höhe entspringende Blätter

Wurzel – auch Rhizom genanntes unterirdisches Organ zur Fixierung und Nährstoffversorgung, häufig auch zur Nährstoffspeicherung
Zapfen – umgebildete Sprosse mit verholzten Deckschuppen, in deren Achseln Fruchtschuppen mit zwei nackten Samenanlagen sitzen, die sich zu nussartigen, oft geflügelten Samen entwickeln
Zungenblüten – auch Strahlenblüten genannte Randblüten der Korbblütengewächse, mit zu einer Zunge verbreitertem Kronensaum
zweihäusig – weibliche und männliche Blüten wachsen auf verschiedenen Pflanzen
zweijährig – die Pflanze bildet im ersten Jahr eine Blattrosette und zieht sich am Ende der Vegetationsperiode in die Wurzel zurück. Erst im Folgejahr erscheinen Blüten und Samen
zweispaltig – mehr oder weniger tief durch einen Spalt geteilt
Zwiebel – unterirdisch angeschwollene Stängel als Speicherorgan
zwittrig – Blüte mit weiblichen und männlichen Fortpflanzungsorganen

REZEPTE

Kulinarische Seiten

Bällchen, Wildkräuter- 162
Bärenklauchutney 206
Bärlauchboote 162
Bärlauchfrüchte mit Acker-Senf in Öl 205
Baumsalat mit Honig-Buttermilch-Dressing 156
Berglinsengupfe mit Nachtkerze, Klette und Pastinak 187
Birkenblatt-Gemüse mit Gundelrebenpolenta 178
Blüten und Früchte in Salzkruste (Salieren) 202
Blüten und Früchte kandiert 202
Blütenbutter 151
Brennnesselomelette für »eheliche werck« nach Otto Brunfels 169
Brennnesselsuppe mit Bärlauchblüten 173
Brennnesseltorte, grüne mit Robinienfülle und wilden Blüten 193
Brombeerblätter, fermentierte 204
Brombeerlikör mit Kakaonibs 214
Brombeerrelish mit Dost 210
Chutney, Bärenklau- 206
Chutney, Vogelbeer- 211
Couscous mit Berberitzen und Sanddorn 156
Délicieuse mit kandierten Veilchen 188
Detoxtrunk mit Brunnenkresse und Birke 151
Dip-Duett, Wildkräuter- 165
Distelböden mit Sanddornsenf-Sauce 180
Dost-Spieße mit scharfem Wald-Himbeer-Relish 183
Engländerinnen-Geheimnis 152
Erdäpfelkäs mit Wildkräutersalat 166
Fattoush 157
Forelle, Wildkräuter- mit Pilzen im wilden Wurzelbett 182
Franzosenkrautbier 213
Früchte, Winter- mit Sanddorn und Zirbe 171
Frühlingssalat, wilder, im Körbchen 157
Gänseblümchenkapern 205
Gänseblümchen-Keimsprossen-Salat mit Vogel-Sternmiere und Haselnussdressing 170
Giersch-Chips 162
Giersch–Soufflé 176
Gierschsuppe 171
Gierschtorte, pikante, mit Bärlauch, Vogel-Sternmiere und Scharbockskraut 177
Gorebelküchlein 179
Guter-Heinrich-Blüten in Bierteig 163
Guter-Heinrich-Braten 180
Guter-Heinrich-Konfekt 197
Hafercocktail, gerösteter, mit Holunder und Waldmeister 198
Hagebuttensuppe mit Vogelbeerchutney 174
Haselnusskapern 208
Haselnusslikör 214
Haselnussmilch 216
Haselnussmus, aromatisches, mit Pastinak, Quendel und Dost 211
Haselnusspralinen mit Hagebutten und Zirbennüsschen 200
Haselnusssuppe mit Sanddorn und Berberitzen 174
Haselnusswürfel mit Quendel 169
Heidelbeeren mit Eierschwammerln und Heurigen 183
Himbeersprosse, marinierte, und Klettenmark mit Sanddorn 160
Hirsebrei süß oder pikant 153
Holunderblüten-Eiscreme 190
Holunderblütensirup 203
Holunderflocken mit Zirbennüsschen 154
Holundersauce pikant 210
Hopfenblütenlimonade mit Quendel 215
Hopfensprossen mit wildem Kürbiskernpesto 178
Hopfensprossen, eingelegte 204
Hopfensprossensuppe 171
Hopfenwurzelsalat mit Schlehenoliven und Sanddorn 168
Hüttenkäse mit Kornelkirschrelish 154
Kapern, Gänseblümchen- 204
Kapern, Haselnuss- 209
Kartoffeln, Wildkräuter-, aus dem Ofen mit Vogel-Sternmiere, Gänseblümchen und Zirbe 187
Käse, Wildkräuter-, in Öl 206
Kastanien in Eichellikör 211

Kastanien nach jüdischer Art 185
Kastaniennockerln mit Schlehensauce 199
Kastaniensuppe mit Hagebutten 173
Kefir, aromatischer 152
Keimsprossen, Wilde 150
Klette im Hirsering 184
Klettenblätter mit Linsenfülle und Haselnussdip 181
Klettenwurzelpesto à la Dioskorides 212
Knoblauchsrauken-Kaltschale 172
Knoblauchsraukensorbet 159
Knoblauchsraukenterrine 176
Knospen und Sprosse, wilde, in Öl 204
Kornelkirschbutter mit wilden Blüten 153
Kornelkirschcreme 196
Kornelkirschessig mit Wild-Rose und Quendel 214
Kornelkirschmus 208
Kornelkirscholiven, grüne, in Essig 208
Kornelkirscholiven, rote, in Öl 209
Kornelkirschrelish mit Quendel 209
Kräutercreme mit Giersch, Vogel-Sternmiere und Gundelrebe 152
Labkraut-Ei-Tartelettes mit Gänseblümchen und Wild-Rose 195
Lindencanapés 158
Lindenkonfekt, helles und dunkles 192
Melde, milchsauer vergoren 201
Minibrote, bunte 164
Mohnhäppchen mit Kornelkirschsauce 197
Nachtkerze im Tomatenmantel 165
Nachtkerzen in Weinteig 169
Nachtkerzencocktail mit Kornelkirschen 154
Nachtkerzenflammeri mit Brombeeren und beschwipsten Himbeeren 196
Nachtkerzenproviant mit Nüssen und Dost 167
Nelkenwurzbitter 216
Nougatlikör 216
Nudeln, Wildkräuter-, mit Blüten 206
Oliven, grüne Kornelkirsch-, in Essig 208
Oliven, rote Kornelkirsch-, in Öl 208
Pacharán 215
Pastinaken-Kürbis-Kugel 185
Pastinaken-Tofu, wilder, mit Brennnessel 154
Pesto, Klettenwurzel-, à la Dioskorides 213
Pesto, wildes 205
Pilze, gratinierte, mit Wildkräuterfülle 166
Polentaflan mit Schlehen und Berberitzen 198
Portulaksalat mit Pilzen 158
Portulaksuppe mit Pastinak und Bärlauch 172
Powerdrink, Winter-, mit Wildfrüchten und Zirbennüsschen 156
Quendelblinis mit Wiesen-Bärenklau-Sauce 183
Relish, Brombeer-, mit Dost 211
Relish, Kornelkirsch-, mit Quendel 209
Relish, Wald-Himbeer-, scharfes 210
Riegel, aromatische, mit Giersch, Zirbe und Wiesen-Bärenklau 168
Robinien-Joghurt-Mousse mit Haselnussmilch 190
Robiniensirup 203
Sanddornmus 210
Sanddornsenf mit Quendel 211
Schlehenblütenlikör 215
Schlehenfruchtlikör 217
Schlehenmüsli 156
Schlehenrisotto mit Zirbe und Berberitzen 186
Schlehensuppe 174
Schlehen-Zirbennuss-Creme 212
Shake, Wildkräuter- 151
Smoothie, Wildkräuter- 151
Suppen- und Würzpulver 200
Terrine, Wildkräuter 164
Veilcheneiscreme mit Waldmeistersauce 189
Veilchenessig 213
Veilchenhonig 213
Veilchenzucker mit Wild-Rose 203
Vogelbeerchutney 212
Waldbeerenkuppel 194
Wald-Erdbeer-Cocktail 152
Wald-Erdbeer-Essig mit Holunderblüten 215
Wald-Erdbeer-Salat mit Vogel-Sternmiere und Quendelblüten 168
Wald-Erdbeer-Törtchen mit Haselnuss-Salz-Krokant 195
Waldfruchtsalat mit Kornelkirsche und Quendel 192
Wald-Himbeer-Relish, scharfes 209
Waldmeistercœur à la crème mit Veilchen 190

Waldmeistersauce, pikant 158
Waldmeistersirup 202
Waldmeistersorbet mit Veilchen 189
Wiesen-Bärenklau-Rolle mit Räucherfisch 161
Wiesen-Bocksbart-Sprosse mit Sauce Ravigote 160
Wiesen-Bocksbart-Sprosse mit Wildkräuternudeln 182
Wiesen-Bocksbart-Suppe mit hausgemachten Wildkräuternudeln 172
Wildkräuter, getrocknete 201
Wildkräuterbrote, gegrillte 165
Wildkräuternudeln mit Blüten 206
Wurzeln, wilde aus dem Ofen mit Zirben-Sardellen-Salsa 186
Wurzeln, wilde mit Sanddornsenf 170
Zirbenflocken mit Birkenknospen 192
Zirbenkonfekt mit Berberitzen 199
Zirbentaler, pikante 170

Hausapotheke

Acker-Senf-Pflaster 218
Acker-Senf-Samen-Kur 218
Bärlauchkompresse 218
Berberitzenmedizin 218
Birkenkur 219
Brennnesselabsud 219
Brombeerblättertinktur 219
Brunnenkressetinktur 219
Dostwickel 219
Ebereschenaufguss 220
Edelkastanien-Gurgelwasser 220
Entschlackungskur 224
Eselsdistelabsud 220
Franzosenkrautwein 220
Gänseblümchenabsud 220
Gierschaufguss 220
Gundelrebenkompresse 221
Guter-Heinrich-Wickel 221
Hagebuttenabsud 221
Haselblütenwein 221
Heidelbeeraufguss 221
Himbeerlotion 221
Hirtentäschelabsud 222
Holunderblütenaufguss 222
Hopfenaufguss 222
Huflattichwickel 222
Klettenabsud 222
Knoblauchsraukenessig 222
Kornelkirschabsud 223
Labkrautabsud 223
Lindenblütenkompresse 223
Löwenzahnabsud 223
Löwenzahn-Öl-Kaltauszug 224
Meldenabkochung 224
Nachtkerzenmedizin der Indigenen 224
Portulakumschlag 224
Quendelaufguss 225
Robinienwein 225
Sanddornsaft 225
Sauerampferaufguss 225
Sauerampfer-Erste-Hilfe 225
Scharbockskraut-Dampfbad 225
Schlehenaschenwein 226
Schlehenblütenaufguss 226
Spitzwegerichöl 226
Spitzwegerichsirup kalt angesetzt 226
Springkrautabsud 227
Veilchenabkochung nach Kneipp 227
Veilchenaufguss 227
Veilchen in Honig 227
Vogel-Sternmieren-Hautöl 227
Wald-Erdbeer-Aufguss 227
Waldmeister-Hautcreme 228
Waldmeistertinktur 228
Waldmeisterzigaretten zur Nikotinentwöhnung 228
Wald-Weidenröschen-Absud 228
Wiesen-Bärenklau-Wein 229
Wiesen-Bocksbart-Abkochung 229
Zirbenaufguss 229

Gartenhelfer

Brennnessel für aromatischere Kräuter 234
Brennnessel für mehr Ertrag 234
Brennnessel gegen Raupen 234
Brennnesseljauche als Dünger und Pflanzenschutzmittel 234
Lindenasche 234
Löwenzahn und Wiesen-Bocksbart 234
Robinie 234
Wild-Rosen 234

MARGOT FISCHER

ist Anglistin, Ernährungswissenschaftlerin, Autorin, Lektorin und war in der Forschung sowie als Gastronomin tätig. Zahlreiche Kochbücher und Kleine Gourmandisen des Mandelbaum Verlags entstammen ihrer Feder. Unter anderem »Wilde Genüsse – Enzyklopädie und Kochbuch der essbaren Wildpflanzen« und »Bayou – Kochen in Louisiana«. Zudem übersetzte sie die Standardwerke »Das Buch der Jüdischen Küche« von Claudia Roden und »Die französische Küche« von Elizabeth David, die ebenfalls bei Mandelbaum erschienen sind.

WILDE GENÜSSE

Enzyklopädie und Kochbuch der essbaren Wildpflanzen

»Das Standardwerk der essbaren Wildpflanzen«

Margot Fischers umfassendes Nachschlagewerk in zwei Bänden im Schuber, Band 1 *Enzyklopädie*, mit vielen Farbfotografien, die das Erkennen der Pflanzen erleichtern, Band 2 *Kochbuch* der essbaren Wildpflanzen, in dem alle Rezepte auch in veganen Variationen oder als Raw-Food angegeben sind.

Das Buch lädt gleichermaßen zum Schmökern in der Kulturgeschichte, zur gezielten Information über medizinische Anwendungen oder zum genussvollen Nachkochen von über 500 anregenden Rezepten ein. Hinweise auf Verwechslungsmöglichkeiten und mögliche unerwünschte Wirkungen machen eine sichere Bestimmung und Verwendung der Kräuter einfach. Hinzu kommt eine umfangreiche Übersicht über die saisonale Verwendbarkeit von Trieben, Blättern, Blüten, Früchten, Samen, Wurzeln und Säften von über 200 kulinarisch verwendbaren Wildpflanzen Mitteleuropts.

»Ihre Enzyklopädie der essbaren Wildpflanzen ist mittlerweile ein Klassiker. Übersichtlich informiert sie über Aussehen, Sammelzeit und medizinische Heilwirkungen der Pflanzen. Ein schönes Kompendium vergessenen Wissens.« TAZ

59,– €, Gebunden, 2 Bände im Schuber, 850 Seiten
ISBN 978385476-433-5